Z-207 (121)
→ Deu-D-III-2
MF-

TÜBINGER GEOGRAPHISCHE STUDIEN

Herausgegeben von

D. Eberle * H. Förster * G. Kohlhepp * K.-H. Pfeffer

Schriftleitung: H. Eck

Heft 121

Rolf Karl Beck

Schwermetalle in Waldböden des Schönbuchs

Bestandsaufnahme – ökologische Verhältnisse – Umweltrelevanz

Mit 72 Abbildungen und 34 Tabellen

1998

Im Selbstverlag des Geographischen Instituts der Universität Tübingen

ISBN 3-88121-027-X
ISSN 0932-1438

Die Deutsche Bibliothek - CIP-Einheitsaufnahme

Beck, Rolf Karl:
Schwermetalle in Waldböden des Schönbuchs : Bestandsaufnahme -
ökologische Verhältnisse - Umweltrelevanz ; 34 Tabellen / Rolf Karl
Beck. Geographisches Institut der Universität Tübingen. - Tübingen :
Geographisches Inst. der Univ., 1998
   (Tübinger geographische Studien ; H. 121)
   ISBN 3-88121-027-X

Copyright 1998 Geographisches Institut der Universität Tübingen,
Hölderlinstr. 12, 72074 Tübingen

Zeeb-Druck, 72070 Tübingen

INHALTSVERZEICHNIS

		Seite
	Inhalt	I
	Verzeichnis der Abbildungen	III
	Verzeichnis der Tabellen	VI
1.	Einleitung und Zielsetzung	1
2.	Arbeitsgebiet und geogene Grundlagen	3
2.1	Relief, Geologie, Hydrographie	6
2.2	Klima	9
2.3	Waldbau und Vegetation	9
2.4	Böden	11
2.5	Periglaziallagenproblem und Schwermetalle	13
3.	Auswahl der Profilstandorte auf Grundlage der forstlichen Standortskarte	15
4.	Methodische Hinweise	19
4.1	Analytische Basismethoden	20
4.2	Beprobung und Feldansprache der Profile	21
5.	**Ergebnisse - Bestandsaufnahme**	**22**
5.1	Schwermetall-Quantitäten und Belastungssituation	22
5.1.1	Schwermetall-Quantitäten und Bodensubstrat	24
5.2	Schwermetall-Quantitäten und geologische Profilposition	27
5.3	Bodenprofile - Kennzeichnung und SM-Verhältnisse	31
5.3.1	Methodisches Vorgehen	31
5.3.2	Böden über Lias α	32
5.3.3	Böden über Stubensandstein (km4)	36
5.3.4	Böden auf Decklehm (dl)	44
5.3.5	Böden auf Knollenmergel (km5)	47
5.3.6	Böden auf Rhät (ko)	50
5.3.8	Varianz der SM-Verhältnisse und Steuerfaktoren	54
5.3.8.1	Anthropogener und geogener Einfluß	54

5.3.8.2 Bestandeseinfluß 59

5.3.8.3 Der Einfluß von Löß und Periglaziallagen 61

6. Ergebnisse - ökologische Verhältnisse 64

6.1 Methodischer Ansatz zur Schwermetall-Bilanzierung 64

6.2 Anteil und Bedeutung der SM-Fraktionen von Böden in unterschiedlicher geologischer Profilposition 67

6.2.1 Bilanzierung geologisch und periglazial bedingter SM-Charakteristika 69

6.3 Bilanzierung der SM-Fraktionen im Profiltiefenverlauf 71

6.3.1 SM-Gewinne und -verluste, km4-Sand-Profile 71

6.3.2 SM-Gewinne und -verluste, Profil aus Alluvien (a) 72

6.3.3 SM-Gewinne und -verluste, Profile über Lias α 73

6.3.4 SM-Gewinne und -verluste, Profile über Decklehm (dl) 75

6.3.5 SM-Gewinne und -verluste, Profile über Knollenmergel (km5) 76

6.3.6 SM-Gewinne und -verluste, Profile über km4-Ton/-Schutt 77

6.3.7 SM-Gewinne und -verluste, Rhät-Profile (ko) 78

6.3.8 SM-Gewinne und -verluste - Zusammenfassung 79

6.4 Wechselwirkungen zwischen Interflow- und SM-Verhältnissen 82

6.5 Ausmaß der Bleianreicherung auf den verschiedenen Standortseinheiten 88

6.5.1 Methodik - Relativer Bleianreicherungsgradient 88

6.5.2 Blei-Anreicherungsverhalten und Steuerparameter 89

6.6 Ausmaß der Zinkauswaschung auf den verschiedenen Standortseinheiten 94

6.6.1 Anhaltspunkte einer verstärkten Zinkabfuhr 94

6.6.2 Merkmale und Ausmaß der verstärkten Abfuhr von Zink gegenüber Blei 96

7. Ergebnisse - Umweltrelevanz 103

7.1 Methodik zur Ermittlung des Boden-Sorptionsvermögens gegenüber Schwermetallen 103

7.1.1 Begriffsbestimmung - Sorption 103

7.1.2 Grundsätzliches zur Ermittlung des Sorptionsvermögens 104

7.1.3 Beschreibung der Labormethodik 106

7.2 Sorptionsverhältnisse der Böden auf unterschiedlichen Standortseinheiten 107

7.2.1   Merkmale der Sorptionsverhältnisse interflowloser,
        sandreicher Böden 110

7.2.2   Merkmale der Sorptionsverhältnisse von Böden
        mit Interflowbedingungen 114

7.2.3   Bindungsstärken der SM-Fraktionen in Abhängigkeit der
        allgemeinen Sorptionsleistung des Bodensubstrats 115

7.2.4   Aspekte zur Bewertung der Sorptionsverhältnisse im Profil-
        Tiefenverlauf unter Berücksichtigung der Interflowverhältnisse 117

7.3   Bewertung des Sorptionsvermögens der Böden auf
        den verschiedenen Standortseinheiten 119

7.3.1   Bewertungsschematische Umsetzung der Meßergebnisse ... 124

7.4   Mathematische Beziehungen zur quantitativen Ableitung
        des Schwermetall-Sorptionsvermögens von Böden 129

7.4.1   Berechnungsgrundlagen und -methodik 130

8.   Zusammenfassung 135

9.   Literaturverzeichnis 138

10.   Anhang A1

Verzeichnis der Abbildungen

(SM = Schwermetall)

Abb. 1   Der Naturpark Schönbuch im süddeutschen Schichtstufenland 3

Abb. 2   Lage des Arbeitsgebiets im Naturpark Schönbuch 4

Abb. 3   Geländemodell des Arbeitsgebiets 5

Abb. 4   Geologische Ausstattung des Arbeitsgebiets 7

Abb. 5   Geologische Schichtfolge im Untersuchungsgebiet 8

Abb. 6   Karte der standörtlichen Einheiten im Arbeitsgebiet 16

Abb. 7   Kompartimentmodell eines Waldökosystems nach MAYER 22

Abb. 8   SM-Gehaltsspannen der Böden im Arbeitsgebiet - Einstufung
         nach gesetzlichen Prüf- und Grenzwertverordnungen 23

Abb. 9   Zuordnung der Profile im Arbeitsgebiet zur geologischen Lage 28

Abb. 10 Mittlere SM-Gehalte der Böden auf unterschiedlicher Geologie 29

Abb. 11 SM-Tiefenverteilung von Böden aus Periglaziallagen über Liasα 32

Abb. 12 Idealisiertes Boden- und SM-Tiefenprofil über Liasα 34

Abb. 13 SM-Tiefenverteilung von Böden über Stubensandstein (km4) 36

Abb. 14 Idealisiertes Boden- und SM-Tiefenprofil über km4-Sand 38

Abb. 15 SM-Tiefenverteilung von Böden über km4-Ton und -Schuttlagen ... 40

Abb. 16 Idealisiertes Boden- und SM-Tiefenprofil über km4-Ton -Schuttl. ... 42

Abb. 17 SM-Tiefenverteilung von Böden auf Decklehm (dl) 44

Abb. 18 Idealisiertes Boden- und SM-Tiefenprofil (dl). 45

Abb. 19 SM-Tiefenverteilung von Böden aus Periglaziallagen über
Knollenmergel (km5) 47

Abb. 20 Idealisiertes Boden- und SM-Tiefenprofil (km5). 48

Abb. 21 SM-Tiefenverteilung von Böden aus Periglaziallagen
über Rhätsandstein (ko) 50

Abb. 22 SM-Tiefenverteilung eines Alluvialbodens (a) 52

Abb. 23 Mittlere Anteile der SM-Fraktionen von Böden auf
unterschiedlicher Geologie 67

Abb. 24 Vergleich der SM-Fraktionsmuster von Haupt- und Basislagen
differenziert nach geologischen Profilstandorten 69

Abb. 25 Mittlere SM-Gehalte aus der Gesamtprobenzahl differenziert
nach zunehmender Profiltiefe im Vergleich mit deren
%-Anteil am Gesamt-SM-Gehalt für die Profile:
Stubensandstein (km4-Sand) 71

Abb. 26 Alluvium (a) 72

Abb. 27 Liasα 73

Abb. 29 Decklehm (dl) 75

Abb. 30 Knollenmergel (km5) 76

Abb. 31 km4-Ton /-Schuttlagen 77

Abb. 32 Rhätsandstein (ko) 78

Abb. 33 Gesamtproben ohne Berücksichtigung der Geologie 79

Abb. 34 Vergleich - Mittlere Bleiverhältnisse Oberböden - Unterböden
in verschiedener geologischer Position 81

Abb. 35 Abflußbilanz eines Mehrschichtprofils unter künstl. Beregnung 83

Abb. 36 Schematisierte Interflowtypen in Abhängigkeit von
Bodensubstrat- und Schichtung 84

Abb. 37 Wirkungsbeispiel von oberflächen- und grundnahen Interflow-
verhältnissen auf die Bleiverteilung im Profiltiefenverlauf 85

Abb. 38 Wirkungsbeispiel oberflächennaher Interflow-Verhältnisse
auf die Bleiverteilung im Profiltiefenverlauf 86

Abb. 39 Wirkungsbeispiel ausschließlich grundnahen Interflows auf
die Bleiverteilung im Profiltiefenverlauf 87

Abb. 40 Relative Blei-Anreicherungs-Gradienten der Bodenprofile auf
den untersuchten Standortseinheiten 90

Abb.41	Gegenüberstellung - Relative Blei-Anreicherungs-Gradienten und mittlere Bleianteile der Bodenprofile	91
Abb.42	Absoluter Vergleich von Zink- und Bleigehalten im Profiltiefenverlauf	95
Abb.43	Situation der Zinkverlagerung im Spiegel des Zn/Pb-Quotienten	97
Abb.44	Größenordnung der Zinkverlagerung und -auswaschung in Abhängigkeit ihrer Hauptsteuerfaktoren	100
Abb.45	Sorptionsstärken verschiedener SM im Profil-Tiefenverlauf	105
Abb.46 bis Abb.53	Sorptionsverhältnisse im Profiltiefenverlauf von interflowlosen Böden mit sandreicher Bodenart und extrem saurer bis neutraler Bodenreaktion	108
Abb.54 bis Abb.58	Sorptionsverhältnisse im Profiltiefenverlauf von Interflow-Böden mit tonreicher Stauschicht und extrem bis stark saurer Bodenreaktion im Wasserleiter	111
Abb.59 bis Abb.62	Sorptionsverhältnisse im Profiltiefenverlauf von Interflow-Böden mit weniger tonreicher Stauschicht und sehr stark saurer Bodenreaktion im Wasserleiter	112
Abb.63 bis Abb.66	Sorptionsverhältnisse im Profiltiefenverlauf von Interflow-Böden mit tonreicher Stauschicht und nur mäßig saurer Bodenreaktion im Wasserleiter	113
Abb.67	Vergleich: mittlere generelle und selektive SM-Mobilität in Abhängigkeit vom Gesamtsorptionsvermögen des Bodenmaterials	116
Abb.68	SM-Sorptionsvermögen der Böden auf den untersuchten Standortseinheiten bis zum Anstehenden oder max. 1m Profiltiefe	120
Abb.69	SM-Sorptionsvermögen der Böden auf den untersuchten Standortseinheiten bis zum oberflächennahen Interflow auslösenden Horizont	121
Abb.70	Übersicht: Quantifizierte Haupt-Steuerfaktoren und Bewertung der Böden nach ihrem Filter- und Puffervermögen für SM	126
Abb.71	Bodenarten- und Sorptionsunterschiede der Mineralboden-Horizonte unter Zuordnung der jeweiligen Profil-Interflowverhältnisse	128
Abb.72	Beziehungen zur quantitativen Abschätzung des SM-Sorptionsvermögens verschiedener Kontrollsektionen unter Berücks. der Umweltrelevanz	132

Verzeichnis der Tabellen

Tab. 1 Erläuterungen zur Karte der standörtlichen Einheiten im Arbeitsgebiet 17

Tab. 2 Vergleich natürlicher Hintergrundwerte mit den Werten im Arbeitsgebiet differenziert nach Tongehaltsgruppen 25

Tab. 3 Geogene SM-Gehalte von Böden auf/aus verschiedenen (Ausgangs-)Gesteinen 26

Tab. 4 Mittlere SM-Gehalte der Böden auf untersch. Geologie 29

Schwermetallrelevante Profilparameter Profile über:
Tab. 5   Liasα 33
Tab. 7   km4-Sand 37
Tab. 9   Km4-Ton und -Schuttlagen 41
Tab. 11 Decklehm (dl) 44
Tab. 13 Knollenmergel (km5) 47
Tab. 15 Rhätsandstein (ko) 50
Tab. 17 Alluvien (a) 52

Korrelationsmatrizen SM & Bodenparameter für:
Tab. 6   Liasα 35
Tab. 8   km4-Sand 39
Tab. 10 Km4-Ton und -Schuttlagen 43
Tab. 12 Decklehm (dl) 46
Tab. 14 Knollenmergel (km5) 49
Tab. 16 Rhätsandstein (ko) 52
Tab. 18 Alluvien (a) 53
Tab. 19 aller Proben ohne Berücks. der Geologie 55

Tab. 20 Geogener und anthropogener Einfluß auf die SM-Verhältnisse im Spiegel statistischer Betrachtung bei untersch. Substratbedingungen 56

Tab. 21 SM-Einträge im Freiland und Kronendurchlaß 59

Tab. 22 Bestandeseinfluß im Spiegel statistischer Betrachtung 60

Tab. 23 pH-SM-Beziehungen bei unterschiedlichem Bestandeseinfluß 61

Tab. 24 Statistischer Vergleich schluffreiche Hauptlagen - tonreiche Basislagen 62

Tab. 25 Gesamtüberblick - Vergleich absolute und transformierte SM-Quantitäten 65

Tab. 26 Mittlere SM-Anteile der SM-Fraktionen auf untersch. Geologie 67

Tab. 27 Schwermetallgehalte von Gesteinen des Lias $\alpha 2$ 74

Tab. 28 Berechnungsbeispiele relativer Blei-Anreicherungsgradient 88

Tab. 29 Haupt-Steuerfaktoren und Qualität der Blei-Anreicherungs- gradienten, Auswirkung auf die Bleiverteilung 92

Tab. 30 Vergleich Blei- und Zink-Anreicherungsgradienten 94

Tab. 31 Durchschnittliche Intensität der Physio- und Chemosorption von Metallen in gut durchlüfteten Böden mäßig saurer Reaktion und pH-Bereichen starker Bindung 115

Tab.32	Daten-Übersicht zum vergleichenden SM-Sorptionsvermögen unter Beachtung und Nichtbeachtung der Interflowverhältnisse	123
Tab.33	Berechnungsgrundlagen zur Bestimmung der substratbezogenen Ableitgrößen	125
Tab. 34a	Ableitgrößen und Sorptionsfaktoren - Interflowprofile (Kontrollsektion: oberflächennaher Wasserleiter	131
Tab. 34b	Vergleich: gemessene und berechnete Sorptionsleistungen - Interflowprofile (Kontr.-Sekt.: oberflächennaher Wasserleiter	133

Herzlichen Dank an

Herrn Professor Dr. K.-H. Pfeffer für die Überlassung des Themas, die vielen fachlichen Anregungen und Diskussionen. Insbesondere möchte ich mich bei ihm für die vierjährige Institutsstelle bedanken, die es mir nicht nur erlaubte Erfahrungen in Lehre, Forschung und Verwaltung zu sammeln, sondern gleichfalls die Anfertigung dieser Arbeit in finanziell gut abgesicherten Verhältnissen ermöglichte.

Herrn Professor Dr. Ch. Hannß für die Übernahme des Koreferats.

Herrn Forstdirektor K.H. Ebert, Staatl. Forstamt Bebenhausen für die Erlaubnis die Waldwege befahren und Profilgruben anlegen zu dürfen.

Herrn Forstdirektor Kemner, Forstdirektion Tübingen für das Bereitstellen von Kartenmaterial.

die wissenschaftlichen Hilfskräfte Dirk Richter, Stefan Weingart, Frank-Martin Rapp und Johannes Schmid für ihre zeitweilige Mithilfe im Labor oder im Gelände.

Herrn Dr. H. Borger für seine wohltuende Kollegialität und manche fruchtbare Diskussion.

meine Christine für ihre Anfeuerungen und die alleinige Übernahme der Hausarbeiten während der Endphase der Arbeit.

*

1. Einleitung und Zielsetzung

Die nahezu geschlossene Waldlandschaft des Naturparks Schönbuch, inmitten des hochindustrialisierten und dicht bevölkerten Mittleren Neckarraums, gehört spätestens seit Abschluß des DFG-geförderten "landschaftsökologischen Forschungsprojekts Naturpark Schönbuch" zu den am besten untersuchten Waldgebieten in Deutschland. Hinsichtlich Wasser- und Stoffhaushalt, Bio-, Geo- und forstwirtschaftlicher Studien, liegen bis dato eine Vielzahl wertvoller wissenschaftlicher Erkenntnisse zur Ökologie des Schönbuchs vor. Der von EINSELE 1986 herausgegebene Forschungsbericht ist heute umfangreiche Standardliteratur für alle ökosystemaren Untersuchungen im Schönbuch. Die im Vorwort des Forschungsberichts geäußerte Hoffnung, daß dessen "Ergebnisse, aber auch Unterlassungen, dazu dienen können, die heute so wichtige Ökosystemforschung weiter voranzutreiben und für praktische Anwendungen nutzbar zu machen", soll mit dieser Arbeit aufgegriffen werden.

Mit den vorliegenden Ausführungen über die Schwermetallverhältnisse im Substrat typischer Schönbuch-Waldböden, wird die Kette der ökologischen Fragestellungen um ein weiteres, dort bisher kaum untersuchtes, Glied erweitert. Die Ausgangsbasis für eine derartige Untersuchung kann aufgrund der Ergebnisse des landschaftsökologischen Forschungsprojekts geradezu als ideal bezeichnet werden. Wurden doch eine Vielzahl detaillierter Parameter erfaßt, die auch für die Schwermetallverhältnisse im Bodensubstrat von hoher Relevanz sind. So liegen beispielsweise nicht nur Daten zum Schwermetalleintrag in verschiedene Bestandestypen oder zu SM-Konzentrationen (die Abkürzung SM ersetzt Schwermetall(e)) in Sickerwässern vor (BÜCKING et al. 1986). Von allergrößter Bedeutung für die Verlagerungs- und Abfuhrbedingung von SM, die sich quantitativ und qualtitativ im Boden widerspiegeln, sind zugleich die, v.a. von AGSTER, EINSELE UND SCHWARZ 1986 beschriebenen, substratabhängigen hydrologischen Bodenverhältnisse. Diese stehen wiederum in höchster Abhängigkeit von Aufbau und Zusammensetzung periglaziärer Lagen. Unter Berücksichtigung des geologischen Untergrundes wurden diese für die Mittelgebirgslandschaft des Schönbuchs erstmalig von BIBUS 1986 umfassend beschrieben.

Diese Schnittstelle hinsichtlich der Auswirkungen auf die jeweiligen Schwermetallverhältnisse zu untersuchen, ist Schwerpunkt und Anliegen vorliegender Arbeit. Dabei soll aber nicht die grundlegende Problematik der Getrennterfassung geogener und anthropogener SM-Gehalte in Deckschichtprofilen (vergl. SABEL 1989, EIBERWEISER & VÖLKL 1993) im Vordergrund stehen, wiewohl gezeigt werden kann, daß der Schönbuch durch seinen heterogenen geologischen Bau reichlich Gelegenheit dazu bietet. Die von eben Zitierten gemachte Feststellung, daß die lößbeeinflußte Hauptlage durch niedrigere Schwermetallgehalte gekennzeichnet wird, trifft auch auf die Verhältnisse des Schönbuchs zu und muß bei der Beurteilung von SM-Tiefenverläufen und darauf beruhenden Bewertungen als wichtiger geogener Faktor erkannt und berücksichtigt werden. Dem Umstand der im Vergleich zum Liegenden relativen Schwermetallarmut ist in vorteilhafter Weise aber auch zu verdanken, daß sich Schwermetalle mit immissionsbedingter Komponente in der ökologisch so bedeutsamen Hauptlage leichter zu erkennen geben. Gleichzeitig stellt diese, das alle Mehrschichtböden verbindende Glied, ähnlich schwermetallrelevanter Substratverhältnisse dar und ermöglicht so das vergleichende Studium von Akkumulations-, Transfer- und Abfuhrmöglichkeiten immissionsbürtiger SM auf den verschiedenen Standortseinheiten. Hier nun soll der Untersuchungsschwerpunkt gelegt werden. Es ist der von SEMMEL 1991, 1993, etc. immer wieder geäußerte Hinweis auf die ökologische Bedeutung periglazialer Schuttdecken hinsichtlich der hydrologischen Verhältnisse und daraus u.a. die abzuleitende Beeinflußung der Schwermetall-Belastung.

Nach drei Ergebnisteilen gegliedert erfolg zunächst eine quantifizierende Bestandsaufnahme der Schwermetalle Blei, Zink, Kupfer, Nickel und Chrom von Böden repräsentativer Standortseinheiten des Schönbuchs. In einem weiteren Abschnitt wird der Versuch unternommen, aufgrund der ökologischen Standortsvoraussetzungen die erkannten SM-Verteilungsmuster zu verifizieren und umgekehrt aus der Schwermetallverteilung Erkenntnisse über die ökologischen Standortsbedingungen abzuleiten. Den aus der periglazialen Mehrschichtigkeit resultierenden Interflow-Bedingungen wird dabei besondere Beachtung geschenkt. Im dritten Teil schließlich sollen die bei der künstlichen Kontamination der Böden mit Schwermetallen im Labor gewonnen Erkenntnisse dazu beitragen, die umweltrelevante Filter- und Pufferfunktion der Standorte gegenüber Schwermetallen bewertend zu charakterisieren.

2. Arbeitsgebiet und geogene Grundlagen

Abbildung 1 zeigt die Lage des Naturparks Schönbuch innerhalb des nach Südosten einfallenden, nach Nordosten aufgefächerten süddeutschen Schichtstufenlandes und weist diesen, nach HUTTENLOCHER 1955, der Großlandschaft des Schwäbischen Keuper-Lias-Berglandes zu. Das Arbeitsgebiet selbst ist im zentralen Teil des 1952 gegründeten, 155 km² großen Naturparks lokalisiert, und zwar zwischen den Tälern der beiden Goldersbäche und der in diesem Abschnitt dem Verlauf des Seebachtals folgenden Bundesstraße 27 (Abb. 2,3).

Abb.1: Der Naturpark Schönbuch im süddeutschen Schichtstufenland

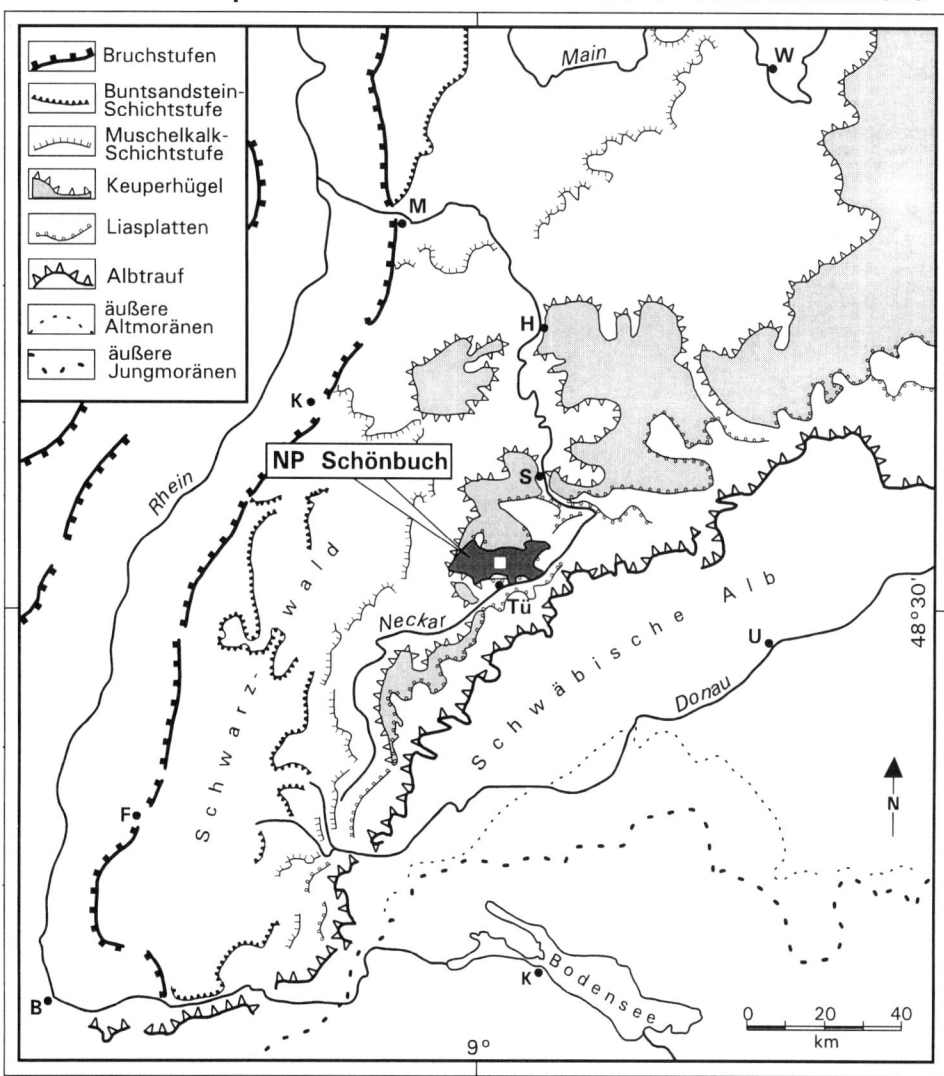

(Abb. umgezeichnet und generalisiert nach Huttenlocher aus BLUME 1971, 82)

Aufgrund der tektonischen Situation verfügt dieser nur etwa 10 km² große Untersuchungsraum im Kleinen über nahezu alle Bau- und Oberflächeneinheiten des Naturpark-Gesamtkomplexes. Lagebedingt davon ausgenommen ist der dem westlichen Schönbuch eigene markant ausgebildete Stufenrand, der die fruchtbare, offene Landschaft des Oberen Gäus an die hundert Meter überragt. Auch an den weiten, weniger stark zertalten Liasplatten mit mächtiger Lößlehmüberkleidung hat das Arbeitsgebiet keinen Anteil. Diese lösen die geschlossene Waldlandschaft allmählich mehr oder weniger scharf gen Norden und Osten auf. Aufgrund ihrer im Vergleich mit dem Keuper-Schönbuch besseren standörtlichen Bedingungen handelt es sich hier weniger um eine morphologische, als um eine anthropogen bedingte Nutzungsgrenze, die sich durch die Geschichte hindurch als recht variabel erwiesen hat (SICK 1969). Das Arbeitsgebiet gehört zu einer Raumeinheit, in der sich beide Schönbuch-Extreme zu einem Übergang verzahnen. Im Westen schließt das tief zerschnittene Goldersbachbergland mit den höchsten Keuperhöhen und weiter nördlich und östlich davon die das Landschaftsbild immer mehr bestimmenden Liasplatten an.

Abb. 2: Lage des Arbeitsgebiets im Naturpark Schönbuch

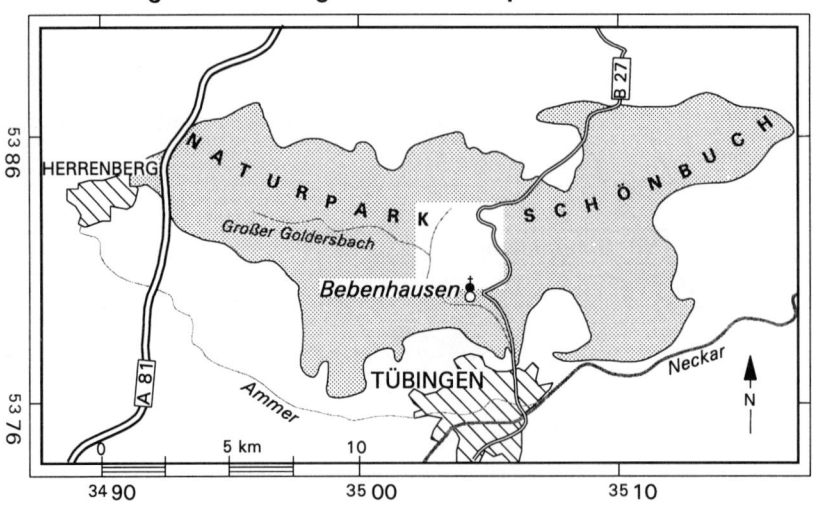

Überblicksartige und detaillierte Abhandlungen über die natur- und kulturräumlichen Gegebenheiten des Schönbuchs sowie seiner historischen Nutzung und Entwicklung durch die Jahrhunderte existieren in einer solchen Vielzahl, daß an dieser Stelle auf Wiederholungen verzichtet wird. Eine ausgezeichnete allgemein-geographische und landeskundliche Einführung bietet der von GREES 1969 herausgegebene Schönbuch-Band. Als Literatur unter landschaftsökologischer Betrachtung sei das von EINSELE 1986 herausgegebene Werk über die Ergebnisse des landschaftsökologischen Forschungsprojekts Naturpark Schönbuch empfohlen.

LAGE DES ARBEITSGEBIETS

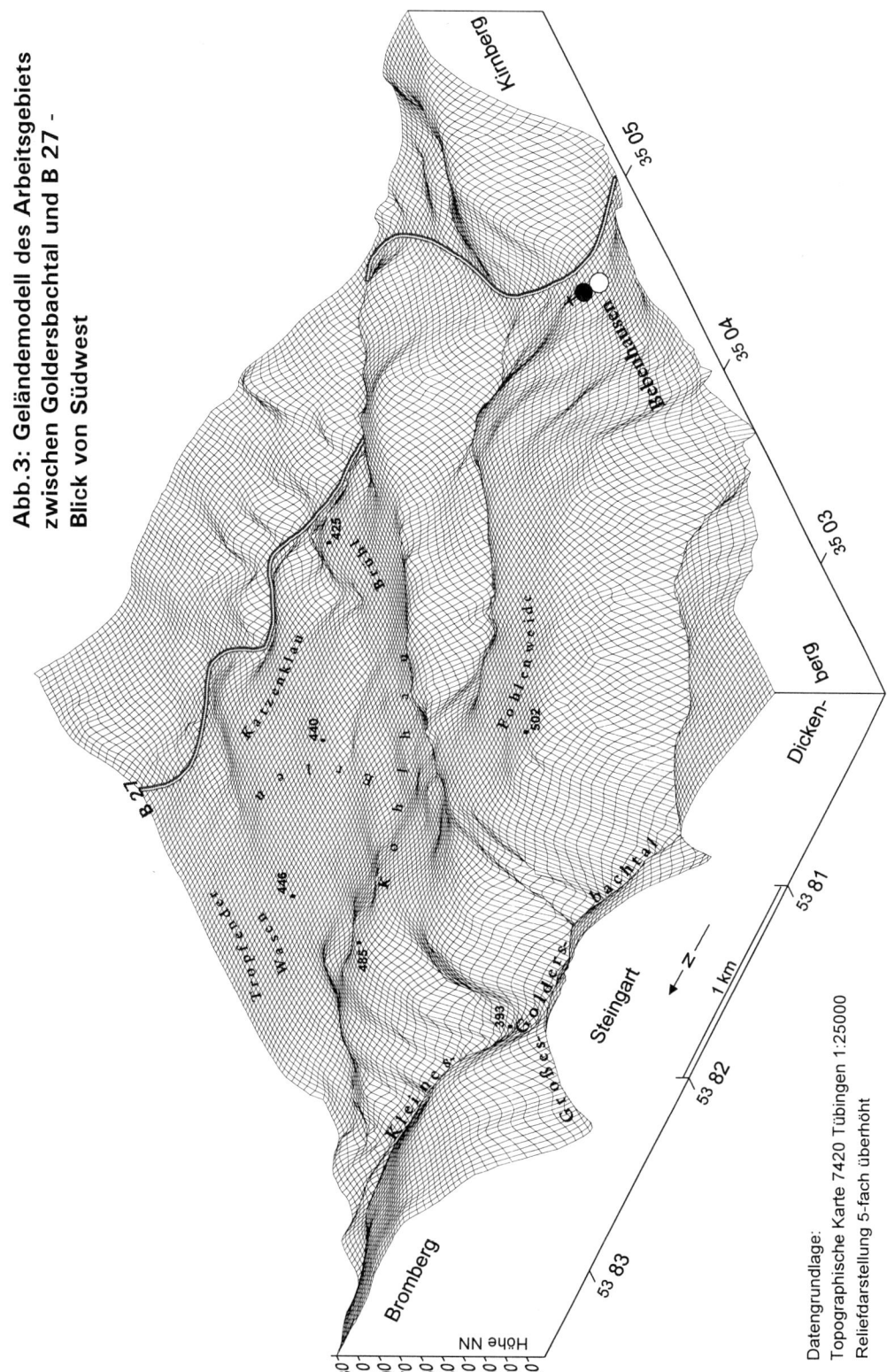

Abb.3: Geländemodell des Arbeitsgebiets zwischen Goldersbachtal und B 27 - Blick von Südwest

Datengrundlage:
Topographische Karte 7420 Tübingen 1:25000
Reliefdarstellung 5-fach überhöht

2.1. Relief, Geologie, Hydrographie

Abbildung 3 vermittelt einen Eindruck der morphologischen Verhältnisse im Arbeitsgebiet. Dessen Erscheinung wird im wesentlichen von zwei Hauptkomponenten beeinflußt. Es ist zunächst das Entwässerungssystem des Goldersbachs zu nennen, das mit seinem "geweihartig verzweigten Talnetz" (HUTTENLOCHER 1969) den inneren Schönbuch in einzelne steile Bergstöcke auflöst. Am südlichen Rand des Untersuchungsgebiets, in der tektonisch angelegten Weitung von Bebenhausen, nimmt dieses Talsystem seinen Anfang. Dort sammeln sich die Nebenbäche des Goldersbachs, um vereinigt dem Neckar zuzufließen. Der Eindruck, daß es sich beim bearbeiteten Gebiet um einen herauspräparierten Bergstocks handelt, kommt im Geländemodell gut zum Ausdruck. Falsch wäre allerdings, von einem isolierten Bergstock zu sprechen. Am nördlichen Rand, in Verlängerung der die Abbildung verlassenden B 27, leitet ein sanfter Reliefanstieg hinüber zu einer benachbarten Liasplatte, die bereits dem nach Osten entwässernden Einzugsgebiet der Schaich angehört. Die wasserscheidennahe Lage im Nordosten und die große Reliefenergie im Süden und Westen bedingen hier eine allgemein von Nord nach Süd zunehmende Ausprägung und Versteilung der Talhänge.

Die zweite das Großrelief bestimmende Hauptkomponente ist im Zusammenspiel von geologischen und tektonischen Verhältnissen zu suchen. Wie die geologische Inselkarte des Arbeitsgebiets in Abbildung 4 zeigt, queren mehrere tektonische Linien von NW kommend das Terrain und treffen in seiner südöstlichen Ecke auf den in etwa SW-NE streichenden Bebenhäuser Graben. In diesem Zusammenhang bewirkt v.a. die von NW heranstreichende Brombergspalte mit ihren Begleitbrüchen und unterschiedlichen Sprunghöhen das abwechselnde Nebeneinander verschiedener Keuper- und Liasschichten (vergl. SCHMIDT, M. 1980). Der den Keuper aufbauende mehrfache Wechsel von widerständigen Sandsteinen und leichter ausräumbaren Ton- und Mergelgesteinen (vergl. Abb. 5) führt zu plateauartigen Verebnungen, wo die Keupersandsteine das höchste Schichtglied bilden. Dies ist im Rhätsandsteinplateau der Fohlenweide und der den nordöstlichen Teil des Arbeitsgebiets einnehmenden großen, stellenweise von Decklehm überlagerten Stubensandstein-Verebnung der Fall. Eine weitere kleinere Stubensandstein-Verebnung findet sich im Bereich des westlichen Kohlhaus. Diese Bereiche sind durch Hangneigungen von weniger als 3° geprägt. Wo die in tektonische Schutzlage abgesunkenen Schichten des Lias *a* nicht von den rutschfreudigen Knollenmergelhängen unterlagert werden, gleichen diese mit Hangneigungen bis 7° die stratigraphisch und tektonisch bedingten Niveauunterschiede der Keuper- Sandsteinplateaus untereinander aus. Wird Lias *a* jedoch von Knollenmergel unterlagert, versteilen sich die Hangneigungen, und der Lias tritt morphologisch als Höhenrücken über den Stubensandsteinplateaus in Erscheinung.

GEOGENE GRUNDLAGEN

Abb. 4: Geologische Ausstattung des Arbeitsgebiets

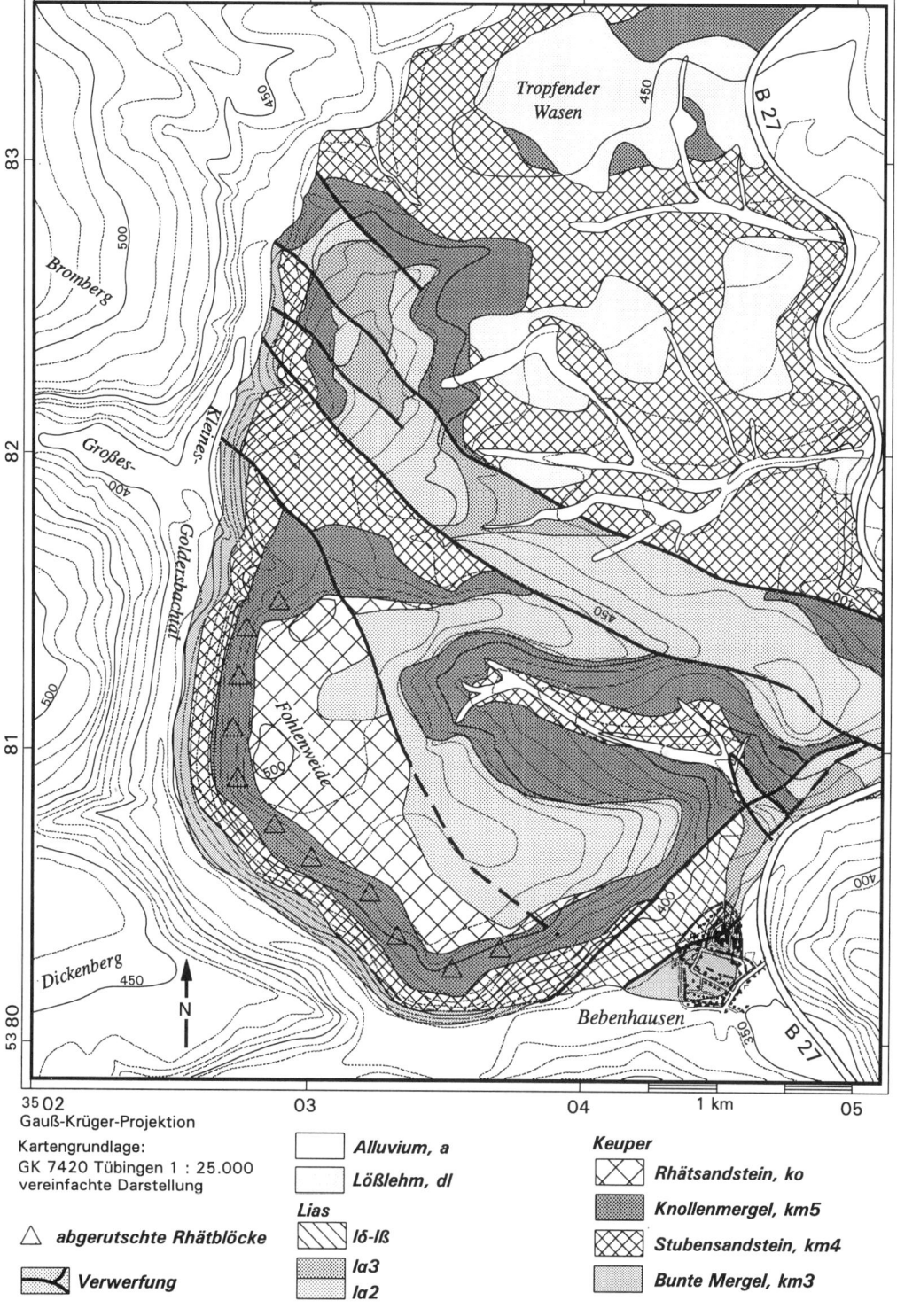

Abb. 5: Geologische Schichtfolge im Untersuchungsgebiet mit Andeutung der stufen- und flächenbildenden Gesteinsschichten im Mittleren und Oberen Keuper und Lias Alpha

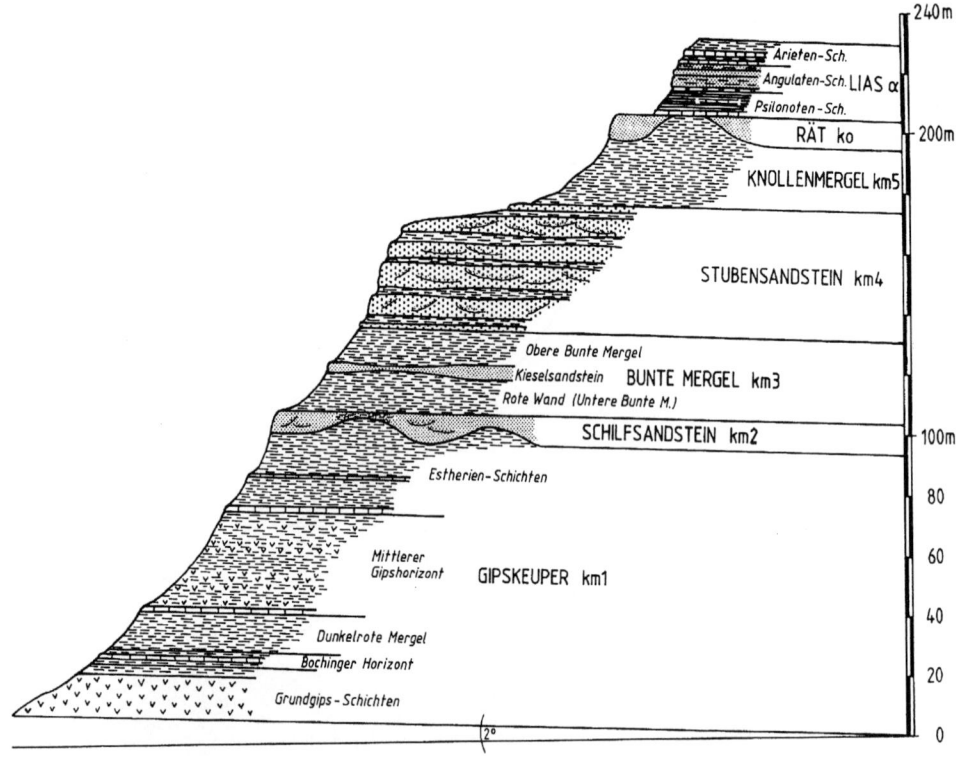

Quelle: EINSELE & AGSTER 1986, 5, Abb. 1.2

Entwässert wird das Untersuchungsgebiet von den konsequent zum Schichtfallen ausgerichteten Nebenbächen des Seebachs, dessen Tal die B 27 durchläuft. Wie oben allgemein formuliert, gewinnt die Einschneidung dieser Nebenbäche mit ihrer südlicheren Lage. Tritt der namenlose Gewässerverlauf zwischen Tropfendem Wasen und Katzenklau noch als flaches Muldentälchen in Erscheinung, hat sich der südlich anschließende Brühlbach in seinem Unterlauf bereits ein kleines Kerbsohlental mit Hangneigungen im Stubensandstein bis über 20° geschaffen. Das dritte Tal in dieser Reihe übertrifft die zuvor genannten Dimensionen bei weitem. Bis auf die Fohlenweide hinauf hat es bereits mit immer steiler werdendem Tal-Längsschnitt den Lias α und Knollenmergel bis auf den Stubensandstein durchschnitten und so eine breite Ausraumzone mit weiten Lias- und Knollenmergelhängen im südlichen Arbeitsgebiet geschaffen. Nur die in die Hochflächen übergehenden steilen Talflanken des Goldersbachtals werden an einigen Stellen durch nicht sehr weit reichende enge Einschnitte im Talhang direkt zum Goldersbach entwässert. Weitere die Entwässerungssituation bestimmende Faktoren liegen am Schnittpunkt von Relief, geologischem Untergrund und den diesen überlagernden periglazialen Schuttdecken begründet. Auf die Schwermetallverhältnisse in den dazugehörigen Böden nimmt, neben der Geologie selbst, die sich dadurch unterschiedlich einstellende Entwässerung großen Einfluß. Im Ergebnisteil wird auf diese Zusammenhänge näher eingegangen werden.

2.2 Klima

Großklimatisch gehört der Naturpark Schönbuch zum subatlantischen, mäßig warmen Klimabereich des südwestlichen Mitteleuropas und fällt in die kolline Höhenstufe (EINSELE 1986, 75). Durch die Regenschattenlage zum westlich vorgelagerten Schwarzwald fallen die Niederschlagswerte mit durchschnittlich unter 800 mm Jahresniederschlag jedoch verhältnismäßig gering aus. Die mittleren Temperaturwerte im Arbeitsgebiet dürften ausgehend von den Klimastationen Hohenheim (402 m) mit 8,4°C und Tübingen (370 m) mit 8,7°C (Daten: 1951-1980, MÜLLER-WESTERMEIER 1990) unter Einbeziehung eines Temperaturgradienten von 0,5°C/100m (DAUBERT 1967, 72) leicht unterhalb der 8°C-Marke rangieren. Für das umgrenzte Arbeitsgebiet liegen zwar keine direkten Klimamessungen vor, dafür aber Gebietsniederschlagsdaten des Goldersbach-Einzugsgebiets (Zeitraum 1951-1995) dem das Gebiet vollständig zuzurechnen ist. Danach betrug der mittlere Gebietsniederschlag 770 mm bei einer Spanne von 554 mm im Jahre 1991 und 1036 mm in 1968 (Daten: freundliche faxnachrichtliche Mitteilung der LANDESANSTALT FÜR UMWELTSCHUTZ BADEN-WÜRTTEMBERG, Karlsruhe). Bei der Niederschlagsverteilung im Einzugsgebiet ist aus dem Vorherrschen der regenbringenden Westwinde aber eine Benachteiligung des Arbeitsgebiets abzuleiten. Das Reliefbild in Abbildung 3 zeigt das Untersuchungsgebiet im Regenschatten des bis auf 581 m Höhe ansteigenden Brombergs und Steingarts mit 566 m NN. Gegen Südwesten sorgt das Hochplateau der Fohlenweide im Verein mit den Liasrücken selbst für eine ähnliche Situation. Die geringsten Niederschläge dürfte somit das zentrale Stubensandsteinplateau mit der Flurbezeichnung "Erlen" erhalten. Was den Schwermetall-Stoffeintrag aus Niederschlagsdepositionen anbetrifft, darf hingegen von einer bevorzugteren Lage ausgegangen werden, sofern sich überhaupt größere Gebiets-Differenzen einstellen.

2.3. Waldbau und Vegetation

Nachweislich Einfluß auf den Schwermetall-Stoffeintrag nimmt die Vegetation in Form des Bestandes, wie nicht nur die Ergebnisse im Rahmen des Schönbuch-Projekts von BÜCKING et al. 1986, sondern v.a. auch die des Sollingprojekts (ULRICH et al. 1986) und viele weitere Untersuchungen belegen. Im Kronendurchlaß steigen die

Stoffeinträge allgemein vom Freiland über Laub- zu den Nadelforsten an. Durch die im Vergleich niedrigeren pH-Werte unter Nadelwald existiert zudem eine höhere Schwermetall-Mobilität. 1989 lagen in etwa gleich große Anteile von Laub- und Nadelhölzern im Schönbuch vor, wobei die Fichte mit 32% und die Buche mit 25% die beiden Hauptbaumarten darstellen. Bei den Nadelhölzern erlangen außerdem die Kiefer, bei den Laubhölzern die Eiche nennenswerte Anteile (BEISEL 1989). In vielerlei Hinsicht ökologisch nachteilig ist das Vorkommen der Fichte in zur Zeit meist noch großflächigen Reinbeständen. Ziel der Forsteinrichtung ist es, unter Berücksichtigung der jeweiligen Standortsverhältnisse den Fichtenanteil langfristig zu reduzieren und in kleinflächigere Mischbestände umzuwandeln, sowie im Einklang mit betriebswirtschaftlichen Zielen einen an die potentiell natürliche Standortsvegetation angepaßten Baumartenbestand anzustreben. Jungwüchse und Kulturen sollen dabei möglichst aus Naturverjüngung entstehen. Pollenanalytische Untersuchungen am Südwestrand des Schönbuchs belegen als natürliche Regionalgesellschaft das Vorherrschen des submontanen Buchen-/Eichenwaldes, wobei der Buche die größte Bedeutung zukommt (in BEISEL 1989). Bei allen Mischwaldformen soll deshalb die Buche mit nennenswerten Anteilen vertreten sein. Auf den frischen, vernässenden Standorten wird der Eiche aufgrund ihrer größeren Standortstoleranz die Aufgabe zukommen, diese typischen Fichtenforst-Standorte naturnaher zu gestalten. Buntlaub-Baumarten sollen laut Standortskarte 1989/98 (⇒ Kap. 3) Bereiche wie Bachtäler, feuchte Rinnen und Senken einnehmen oder bei extremeren Standortsbedingungen der Eiche beigemischt werden. Im Arbeitsgebiet nimmt die Fichte in Reinbeständen heute noch größere Flächen ein, und dies weitgehend unabhängig von den herrschenden Standortsbedingungen. An vielen ehemaligen Fichtenstandorten ist aber der Umbau des Waldes hin zu buchen- und eichenreichen Mischbeständen durch Aufforstung oder Naturverjüngung bereits im Gange oder vollzogen. Wie an Boden-Profilen solcher Standorte gezeigt werden kann, ist das "Fichtenerbe" in Form stark saurer Bodenbedingungen bzw. Podsolierungserscheinungen aber noch immer gegenwärtig. Viele Flächen im Untersuchungsgebiet repäsentieren dagegen in Altbeständen Verhältnisse, die dem potentiell natürlichen Bestand sehr nahe kommen. Durch Naturverjüngung und Einzelstammentnahme sind mancherorts sogar Buchen-/Eichenwälder mit stockwerkartigem Aufbau vorhanden, die nur noch wenig an einen Forst erinnern lassen. Zum Waldökosystem des Schönbuchs gehört aber nicht nur der Wald, sondern es finden sich unter Rücksichtnahme auf Rotwildbestände und Erholungsfunktion des Schönbuchs auch parkartige Waldbilder. Vor allem an Bachläufen und entlang viel begangener Wege sind Freiflächen vorhanden. Abgelegen von Besucher-Verkehrswegen wurden offene, wiesenbestandene Flächen als Wildruhezonen geschaffen (EBERT 1989). Freiflächen nehmen zwar nur einen kleinen Teil des Untersuchungsgebietes ein, ermöglichen hinsichtlich der Schwermetallverhältnisse jedoch vergleichende Betrachtungen zu den reinen Waldstandorten.

2.4 Böden

MÜLLER & LANGBEIN 1986 beschreiben die Bodenverhältnisse zusammenfassend wie folgt: "Im Schönbuch herrschen gesteinsabhängige Böden vor, wobei zweischichtige Böden (Sandkerf und Lehmkerf) mit tonigem Material im Liegenden eine weite Verbreitung haben." Auch im Arbeitsgebiet ist die Gesteinsabhängigkeit der Böden stark ausgeprägt, was von den Bodenschwermetallgehalten unschwer abzuleiten sein wird. Es soll aus dem Gesagten aber nicht der Eindruck entstehen, als ob, vom geologischen Ausgangssubstrat ausgehend, sich ausschließlich daraus ungestörte Verwitterungsdecken entwickelt hätten. Fast überall, selbst in den Plateaulagen, ermöglichte die Hangneigung mehr oder weniger starke solifluidale Bewegungen und Substrat-Vermischungen während des Pleistozäns. Gekoppelt mit dem durch die periglaziale Lage bedingten äolischen Lößeintrag tritt zusätzlich eine Fremdmaterialkomponente hinzu. In bestimmten Lagen kann diese Komponente sogar das für die holozäne Bodenentwicklung nahezu alleinig bestimmende Ausgangssubstrat werden. Im Arbeitsgebiet ist dies dort der Fall, wo die geologische Karte (s. Abb. 4) Decklehm ausweist, der aus Lößanwehungen entstandenen sein soll und hier auf dem leeseitig gelegenen Stubensandsteinplateau in erosionsgeschützter Lage inselhafte Verbreitung findet. Als Charakterböden haben sich dort, je nach Entwässerungs- und Substratbedingungen, (Phäno-)Parabraunerden bis Pseudogleye gebildet. Im Profilaufbau findet sich zuoberst stets eine mehrere Dezimeter mächtige, lockere, schluffig-lehmige Schicht über dichterem und tonreicherem Lehm (Deckschutt über Mittel- oder Basisschutt i.S. SEMMEL 1968, s.a. BIBUS 1986; Hauptlage über Mittel- oder Basislage nach AG BODEN 1994). Wo Knollenmergelhänge in das Plateau übergehen, erkennt man allein schon am Farbwechsel, daß es sich bei der auf die Hauptlage folgenden Schicht um eine periglaziale Fließerde, also eine Mittellage handeln muß. An Stellen, wo die Decklehmvorkommen ganz von Stubensandstein, ohne randlich höhere Bereiche umsäumt werden, kann das dichtere Liegende jedoch nicht mehr zweifelsfrei als Fließerdebildung angesprochen werden. Eher wahrscheinlich ist eine wirkliche Parabraunerdedynamik mit Tonlessivierung.

Die im geologischen Sinne decklehmfreien Stubensandsteinplateaus selbst sind durch Braunerden bis (Phäno-)Parabraunerden verschieden starker Hydromorphiemerkmale gekennzeichnet. Der geologische Untergrund tritt an der Beimischung bis Dominanz einer im Profilverlauf zunehmenden Sandkomponente bereits deutlich in Erscheinung. Dies gilt besonders für die Hanglagen des Stubensandsteins. In stark geneigten Positionen finden sich fast reine, skelettreiche Sandböden, welche nur noch in der Basislage entwickelt sind. Im Extremfall herrschen Ranker bis Braunerde-Ranker vor. Komplizierter werden die Verhältnisse, wo hangaufwärts der Stubensandstein von Knollenmergel und/oder Lias α überlagert wird. Einzig verbindendes Element stellt dann die schluffreiche und zumeist skelettarme Hauptlage dar, deren Mächtigkeit im

Arbeitsgebiet starken Schwankungen unterworfen ist. Diese wird zumeist von tonreichem Basislagenmaterial des geologisch Hangenden, mit teilweise beträchtlichen Skelettanteilen aus Stubensand- und Liassteinen unterlagert. Die daraus entwickelten Böden mit Pelosolcharakter zeigen selten einen homogenen Aufbau. Vielmehr liegen Wechsel verschiedener Substratzusammensetzungen vor, die als unterschiedliche Horizonte in Erscheinung treten (s. hierzu BIBUS 1986). Verhältnisse dieser Art finden sich in sämtlichen Hangpositionen mit hangender Fremdgeologie. Profiltiefe, Substratmischung und Skelettgehalt variieren zwar standortsbedingt, der Pelosol- oder Braunerde-Pelosol- Charkter der Böden bleibt aber aufgrund der steten Beteiligung von tonreichem Mergelmaterial erhalten.

Die Böden auf Lias α-Hängen zeigen sich von den durch die triassische Schichtabfolge geprägten recht verschieden. Sie weisen insgesamt eine größere Substrat-Einheitlichkeit auf. Zum einen ist dies, wo Lias nicht von Rhät überlagert wird, mit dem Fehlen einer hangenden Fremdgeologie zu begründen, zum anderen eine Folge der geringeren Hangneigung. Als Bodensubstratbildner kommen nur das periglazial aufbereitete und verflossene Lias-Material selbst und ein zusätzlicher Lößanteil in Frage. Vom Grobaufbau der Böden her ist zuerst wieder die lockere, schluffig-lehmige Hauptlage zu nennen, die, verglichen mit oben, durchweg mächtiger ausgebildet ist. Darunter folgen tonreichere Horizonte, die zum Anstehenden Lias-Mergel oder -Sandstein überleiten. Bodentypologisch scheinen hier durchweg Parabraunerden vorzuliegen. Ah- und Al-Horizont sind in der Hauptlage ausgebildet, darunter folgt immer ein Bt. Erst an Stellen, wo Lias von Rhätsandstein überlagert wird, wie im Bereich der Fohlenweide der Fall, wird eindeutig klar, daß die Bt-Horizonte der Lias-Profile nicht auf Lessivierungen zurückgeführt werden können, da sich zwischen Al und Bt vereinzelte Rhätsandsteine, ja sogar ganze Steinpflaster zwischenschalten können. Die Bt-Horizonte sind somit bereits der Basis- oder einer Mittellage zuzurechnen. In Übereinstimmung mit den Ergebnissen von BIBUS 1986, der erstmals die periglazialen Deckschichten im Schönbuch umfassend beschreibt, wird für diese Böden der Begriff Phänoparabraunerde weiter verwendet, obwohl die Kartieranleitung (AG BODEN 1994) diesen bedauerlicherweise ausgemustert hat.

Die Bodenverhältnisse auf dem Rhätsandsteinplateau der Fohlenweide ähneln stark denen des Stubensandsteinplateaus. Auch hier herrschen im Normalfall Braunerden mit sandig-lehmiger Bodenart und teils tonigeren Partien im Unterboden vor, allerdings mit dem Unterschied, daß das Bodenprofil im Schnitt geringere Mächtigkeiten aufweist. Eine Besonderheit an vielen Stellen ist aber das großflächige Fehlen der sonst fast überall vorhandenen Hauptlage, in Folge anthropogen verursachter Bodenerosion früherer Zeiten. Eine weitere Besonderheit dieser Gegend sind die stirnseitig zum Rhätsandsteinplateau die Knollenmergelhänge überziehenden Blockwildnisse aus abgerutschten Rhätblöcken mit ganz eigenen, extrem skelettreichen Bodenverhältnissen.

Bei den gegebenen Substratbedingungen wirken sich die reliefbedingte hydrologische Situation sowie die forstliche Nutzung entscheidend auf die Bodentypologie aus. In abflußträgen Lagen oder solchen mit starkem Hangwasserzuzug stellen sich redoximorphe Merkmale und Pseudovergleyung ein. Unter Fichtenforsten, vor allem auf Stubensandstein- und Rhätstandorten können aufgrund starker Bodenversauerung ausgeprägte Podsolierungserscheinungen beobachtet werden.

Eine detaillierte Darstellung der Böden im Arbeitsgebiet enthält die forstliche Standortskarte des Fbz. Bebenhausen im Maßstab 1: 10 000 (⇒ Kap. 3), mit deren Hilfe die Auswahl der Profilstandorte erfolgte. Eine generalisierte, zu Bodengesellschaften zusammengefaßte Darstellung enthält die Bodenkarte von Baden-Württemberg 1:25 000 (GEOLOGISCHES LANDESAMT BADEN-WÜRTTEMBERG 1990).

2.5 Periglaziallagenproblem und Schwermetalle

Es wurde erläutert, daß die Böden im Untersuchungsgebiet periglazial geprägt sind und somit, wo starke anthropogen verursachte Erosion ausblieb, ein mehrschichtiger Profilaufbau dominiert. Die periglaziären Lagen sind unterschiedlich in ihrer Zusammensetzung und damit auch in Eigenschaften, die sich auf die natürlichen wie anthropogen bedingten Schwermetallverhältnisse auswirken. Nach AG BODEN 1994 soll dabei eine stratigraphische Einteilung in Ober, Haupt, Mittel- und Basislage anhand bestimmter Kriterien und diagnostischer Geländemerkmale vorgenommen werden. Bei den Geländearbeiten zeigte sich aber, daß eine zweifelsfreie Ansprache allein damit nicht möglich ist. Dies gilt in erster Linie für die Abgrenzung der Mittellage. VÖLKL 1995, 26 ff, beklagt neben dem Zustand mangelnder einheitlicher Einordnungskriterien die zusätzlich in der Literatur unterschiedlich verwendeten Begrifflichkeiten. Terminologisch wäre es m.E. nebensächlich, von ...-Folgen (SCHILLING & WIEFEL 1962), ...-Schutten (SEMMEL 1968), ...-Zonen (RICHTER et al. 1970), ...-Decken (ALTERMANN et al. 1988) oder ...-Lagen (AG BODEN 1994) zu sprechen, wäre damit immer Gleiches gemeint. Dies ist jedoch oft nicht der Fall. Im Rahmen vorliegender Arbeit wird der in der bodenkundlichen Kartieranleitung vorgegebene Periglazial-"Lagen"-Begriff verwendet. Es wird damit einmal dem notwendigen Versuch der Vereinheitlichung Tribut gezollt, zum anderen besteht nach VÖLKL 1995, 27, eine enge Anlehnung nach "Begriff und inhaltlicher Definition" mit der Semmel'schen Gliederung, welche BIBUS 1986, MÜLLER & LANGBEIN 1986 sowie JUNG 1991 zur Beschreibung der Situation im Schönbuch verwenden. Da es in dieser Arbeit nicht um stratigraphische Fragestellungen geht, muß aber auch der Hinweis gestattet sein, daß es für die aus einem mehrschichtigen Bodenprofil zu ziehenden ökologischen Konsequenzen überhaupt keine Rolle spielt, ob nun beispielsweise eine im Unterboden auftretende Schicht mit anderen physikalisch-chemischen Eigenschaften die Mittellage oder oberer Teil der Basislage ist. Nicht Namen und Alter, sondern allein die Eigenschaften sind von Bedeutung. Bei der Beschreibung der Bodenprofile wird deshalb, wie allgemein üblich, überall dort, wo aufgrund von Textur- und Dichteunterschieden sowie Art, Menge und Lagerung der Skelettanteile etc. ein eindeutiger Schichtwechsel vorliegt, dem entsprechenden Bodenhorizont eine römische Zahl vorangestellt. Die für die Schwermetallverhältnisse ökologisch sehr bedeutsame Hauptlage kann mit den angewandten Untersuchungsmethoden im Abgleich mit BIBUS 1986 zweifelsfrei zugeordnet werden. In den Profildarstellungen wird sie mit "HL" für Hauptlage gekennzeichnet. Auf eine weitere stratigraphische Eingrenzung, die ohne spezielle Untersuchungen und Catenen in einigen Fällen zweifelhaft bliebe, wird verzichtet.

Die geogenen Schwermetallverhältnisse im Boden werden von den Periglaziallagen allgemein so beeinflußt, daß eine klar bilanzierbare Ableitung aus dem geologisch Anstehenden, wie von BOR & KRZYZANOWSKI 1987 an homogenen Substraten vorgeführt, nicht möglich ist, da weder der Anteil noch die Art der Fremdkomponenten eindeutig bestimmbar sind. Es ist außerdem überlegenswert, inwieweit die unterschiedlichen physikalischen Eigenschaften der Schichtglieder die holozäne Pedogenese beeinflussen und damit auf eventuelle Schwermetallverlagerungen Einfluß nehmen. EIBERWEISER & VÖLKEL 1993 räumen pedogenetischen Prozessen bei der Schwermetallverlagerung lediglich geringfügigen Einfluß ein, wobei sie aus der Schwermetallverteilung sogar einen Indikator für Schichtwechsel ableiten wollen. Auch die hier erzielten Ergebnisse zeigen, daß Schichtwechsel meist mit deutlichen Wechseln der Schwermetallgehalte einhergehen. Sie zeigen aber auch, daß - zumindest bei den Bodenverhältnissen des Schönbuchs - diese Wechsel häufig durch SM-Auswaschung und -Verlagerung induziert oder überprägt werden.

Bodenökologisch wirken sich Schichtwechsel physikalisch durch eine Änderung von Bodenwasser- und Lufthaushalt aus. BIBUS 1986 und PFEFFER 1996 beschreiben für den Schönbuch, daß sich die Hauptwurzelzone der Vegetation stets an die bodenphysikalisch günstigere Hauptlage anlehnt, wobei die folgenden, zumeist tonreicheren und dichteren Lagen kaum berührt werden. Bezüglich anthropogener Schwermetalleinträge und Verlagerungsmöglichkeiten sowie einer potentiellen Schadstoffaufnahme durch die Vegetation etc. kommt der Schichtigkeit der Böden, wie SEMMEL 1993, 41 aus den unterschiedlichen Eigenschaften ableitet, und was hier vorzuführen sein wird, eine Schlüsselfunktion zu.

3. Auswahl der Profilstandorte auf Grundlage der forstlichen Standortskarte

Die Wahl der Profilstandorte muß naturgemäß auf die bei einer Untersuchung verfolgten Absichten und Fragestellungen abgestimmt werden. Je konkreter die Fragestellung ist, umso gezielter kann die Wahl des Untersuchungsgegenstands getroffen werden. Wäre es beispielsweise Absicht, die Schwermetallgehalte in Böden des Schönbuchs auf verschiedenen Ausgangsgesteinen zu beschreiben, fiele die Wahl der Profilstandorte ausschließlich auf die unterlagernde Geologie. Im ökosystemaren Sinne ist diese aber nur Teil eines umfassenderen Wirkungsgeflechtes, das sich neben anderen Faktoren im Boden widerspiegelt. Die Absicht der Bestandsaufnahme der Boden-Schwermetallverhältnisse muß der geologischen Situation aufgrund der geogen unterschiedlichen Beeinflussung Rechnung tragen und gleichzeitig Repräsentativcharakter für die Schönbuchregion aufweisen. Die Intention, gleichzeitig charakteristische, ökorelevante Verhältnisse und Auswirkungen herauszuarbeiten, erfordert aber zusätzlich ein Höchstmaß an Standorten unterschiedlicher, doch ebenfalls repräsentativer Qualitäten. Ausgehend von einer beschränkten Anzahl bearbeitbarer Profile wird dahingehend ein Kompromiß erfolgen müssen, daß nicht jede geologische Position und nicht jede Standortsqualität getrennt untersucht werden kann. Die flächenmäßig bedeutendsten Anteile sollten aber jeweils miterfaßt werden.

Eine die gestellten Anforderungen vereinende Grundlage ist im wesentlichen mit der forstlichen Standortskarte gegeben. Mit ihrer Hilfe konnte eine Auswahl ökorelevanter Profilstandorte getroffen werden, ohne daß langwierige Voruntersuchungen im Gelände notwendig waren. Bei der Bohrstocksondierung der dort ausgegliederten Standortseinheiten hat sich immer wieder deren erstaunliche Genauigkeit erwiesen.

In der Standortseinheit werden nach FORSTDIRKEKTION TÜBINGEN 1977 "Einzelstandorte zusammengefaßt, die sich hinsichtlich ihrer waldbaulichen Möglichkeiten und Gefahren nahestehen. Die Benennung wird aus den Merkmalen natürliche Standortsgesellschaft, Wasserhaushalt und Bodensubstrat gebildet." Ebenen und flachgeneigte Lagen werden dabei von steileren Hängen getrennt, Bodenart und Schichtungsverhältnisse berücksichtigt. Bei der Wahl der wichtigsten verschiedenen Standortseinheiten als Beprobungskriterium ergibt sich aus Gründen der Wechselbeziehung zur geologischen Situation zwangsläufig deren Miterfassung.

Die Abbildung 6 zeigt die im Arbeitsgebiet vorkommenden und bearbeiteten Standortseinheiten mit Lage und Nummer der 21 angelegten Profile.

Abb. 6: Karte der standörtlichen Einheiten im Arbeitsgebiet

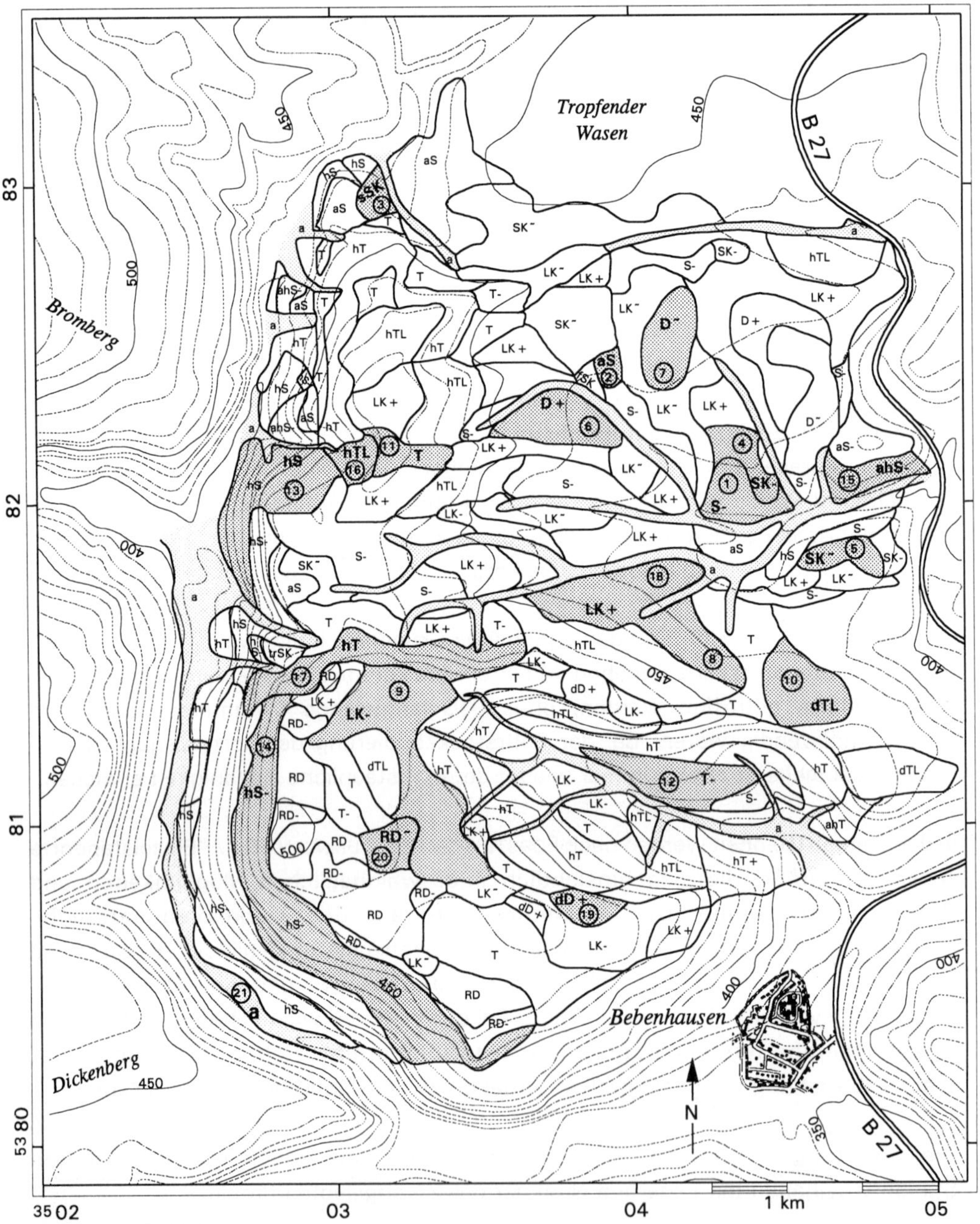

Gauß-Krüger-Projektion

Kartengrundlagen:

TK 7420 Tübingen 1 : 25.000

Standortskarte Fbz. Bebenhausen 1 : 10.000, 1989/98

(12) T- bearbeitete Standortseinheit mit Profillage und Bezeichnung

a Standortseinheit "a" (s. Erläut.), das Fließgewässersystem nachzeichnend (Darstellung nicht geschlossen)

Tab. 1: Erläuterungen zur Karte der standörtlichen Einheiten im Arbeitsgebiet [1]

Kürzel	Bezeichnung mit "Soll"-Bestand (Ist-Bestand, falls abweichend)	charakteristischer Bodentyp	bearbeitet, Profil-Nr.
STANDORTSEINHEITEN DER EBENEN UND FLACHGENEIGTEN LAGEN **1. Standorte auf sandigen Böden (Sande und Sandkerfe)**			
S-	Buchen-Eichenwald auf mäßig trockenem Sand (Mischwald)	schwach podsolierte Braunerden	1
aS	Eichen-Birkenwald auf stark saurem Sand	stark podsolierte Braunerden	
sSK	Buchen-Eichenwald auf mäßig frischem, versauerten Sandkerf [2] (Nadelwald)	Zweischicht-Braunerden, podsolig, z.T. schwach pseudovergleyt	3
SK-	Buchen-Eichenwald auf mäßig saurem Sandkerf (Bu/Ei-Jungaufforstung post. Nadelw.)	podsolige Zweischicht-Braunerden, z.T. leicht pseudovergleyt	4
SK ~	Buchen-Eichenwald auf vernässendem Sandkerf (Wiese)	pseudovergleyte Zweischicht-Braunerden	5
2. Standorte auf lehmigen Böden (Feinlehme, Decklehme, Tonlehme, Lehmkerfe)			
RD	Buchen-Eichenwald auf lehmig-steiniger Rhät-Verwitterungsdecke	wenig entwickelte, schwach podsolige Braunerden	
RD-	Buchen-Eichenwald auf flachgründig-steiniger Rhät-Verwitterungsdecke	wenig entwickelte, podsolierte Braunerden bis Podsole	
RD ~	Buchen-Eichenwald auf wechselfeuchter, lehmig steiniger Rhät-Verwitterungsdecke (Nadelwald)	Braunerde-Pseudogley bis Pseudogley	20
dD +	Buchen-Eichenw. auf durchlässiger Lias-Verwitterungsdecke	Braunerden, teilweise schwach pseudovergleyt	19
D +	Buchen-Eichwald auf grundfrischem Decklehm	Pseudogley-Parabraunerden bis Parabr.-Pseudogley	6
D ~	Eichen-Mischwald auf vernässendem Decklehm	Braunerde-Pseudogley	7
LK +	Buchen-Eichenwald auf frischem Lehmkerf (8 = Nadelwald, 18 = Wiese)	zweisch. Braunerden und Phänoparabraunerden, schwach pseudovergleyt	8 18
LK-	Buchen-Eichenwald auf mäßig saurem Lehmkerf (Mischwald)	podsolige Zweischicht-Braunerden	9
LK ~	Eichen-Mischwald auf vernässendem Lehmkerf	zweisch. Pseudogley-Braunerde bis Braunerde-Pseudogley	

Fortsetzung Tab. 1

Kürzel	Bezeichnung mit "Soll"-Bestand (Ist-Bestand, falls abweichend)	charakteristischer Bodentyp	bearbeitet, Profil-Nr.
dTL	Buchen-Eichenwald auf mäßig frischem Liastonlehm	Parabraunerde	10
3. Standorte auf Tonböden			
T	Eichen-Hainbuchenwald auf mäßig frischem Ton	Braunerde-Pelosole	11
STANDORTSEINHEITEN DER HÄNGE **1. Hangstandorte mit überwiegend sandiger Bodenart**			
hS	Buchen-Eichenwald auf mäßig frischen Sandhängen (Mischwald)	podsolige Braunerden	13
hS-	Buchen-Eichenwald auf mäßig trockenen Sandhängen	podsolige, oft flachgründige Braunerden	14
ahS-	Eichen-Birkenwald auf trocken-sauren Sandhängen (Nadelwald)	podsolige Ranker und stark pods. Braunerden	15
2. Hangstandorte mit überwiegend lehmiger Bodenart			
hTL	Buchen-Eichenwald auf mäßig frischem Tonlehm-Hang (Bu/Ei-Jungaufforstung post Nadelwald)	Braunerde bis Parabraunerde	16
3. Hangstandorte mit überwiegend toniger Bodenart			
hT	Eichen-Hainbuchenwald auf Ton am Hang	Pelosole auch Braunerde-Pelosole	17
ahT	Eichen-Hainbuchenwald auf versauertem Ton am Hang	podsolige Braunerde-Pelosole und Pelosole	
SONSTIGE STANDORTSEINHEITEN			
a	feuchte, nährstoffreiche Rinnen und Senken (Sammeleinheit)(hier Wiese)	kolluviale Braunerde Braunerde aus Kolluvium	21

[1] zusammengestellt aus FORSTDIREKTION TÜBINGEN 1977; es werden nur die Standortseinheiten aufgeführt, die im Arbeitsgebiet in nennenswerten Flächenanteilen vorhanden sind.

[2] als Kerfe werden zweischichtige Böden aus hangendem lockeren Substrat und dichterem, tonigerem Liegenden bezeichnet. Meist Hauptlage über Basislage, in Ausnahmen Hauptlagen über Mittellagen.

4. Methodische Hinweise

Die formulierten Ziele und Ergebnisse dieser Arbeit sollen aus Gründen der Nachvollziehbarkeit im Hinblick auf die praktische Anwendung im wesentlichen mit einfacher Standardanalytik sowie vertretbarem Zeit- und Kostenaufwand erreicht werden. Besondere Beachtung kommt den Schwermetallen Blei, Zink, Kupfer, Nickel und Chrom zu, wobei auf den Ergebnissen fußend wiederum Blei und Zink besonders herausgestellt werden.

Zur Gehaltsermittlung der Schwermetallfraktionen wird der Königswasseraufschluß eingesetzt. Nach der VwV Anorganische Schadstoffe (UMWELTMINISTERIUM BADEN-WÜRTTEMBERG 1993) wird der daraus gewonnene SM-Anteil als Gesamtgehalt bezeichnet, was streng genommen nicht zutreffend ist, da der in königswasserresistenten Mineralien enthaltene Teil nicht mit aufgeschlossen wird. Ökologisch kommt diesem meist verschwindend geringen Anteil aufgrund seiner Immobilität aber auch keine Bedeutung zu. Höchste ökologische Bedeutung kommt dagegen den weniger fest gebundenen, mobilen Schwermetallfraktionen zu, da diese über Pflanzen in die Nahrungskette oder über das Bodenwasser in die Grundwasserleiter gelangen können. Mit zeitaufwendigen sequentiellen Extraktionsverfahren (ZEIEN & BRÜMMER 1991) könnte nun versucht werden, diese Anteile für jeden einzelnen Horizont zu differenzieren und deren mögliche Bindungsformen festzustellen (ZEIEN 1995). Es darf bereits vorweggenommen werden, daß die gemessenen Schwermetallgehalte im Untersuchungsgebiet keine besorgniserregenden Konzentrationen erreichen, so daß ein entsprechendes Vorgehen zur direkten Gefahreneinschätzung nicht notwendig erscheint. Es besteht dennoch die Notwendigkeit, das Waldökosystem Schönbuch neben weiteren Aspekten in der angesprochenen Richtung zu kennzeichnen.

Der hier verfolgte methodische Ansatz geht davon aus, daß die Natur selbst über Niederschlag und Bodenwasserverhältnisse ständig Extraktionen am Boden durchführt, die sich in der vertikalen Schwermetallverteilung niederschlagen müssen. Diese können gewissermaßen, durch die individuellen Standortsbedingungen variiert, ebenfalls als sequentiell betrachtet werden. Der Unterschied zur Laborextraktion besteht lediglich darin, daß nicht der Extrakt, sondern der verbliebene und verlagerte SM-Anteil im Boden betrachtet wird. Erschwerend kommt hinzu, daß in einem nicht geeichten System gearbeitet wird, da die Ausgangsgehalte unbekannt bleiben. Die Herausforderung besteht darin Kriterien und Methoden zu finden, die es möglich machen, Mobilitätsgunst - oder ungunst der Standortsverhältnisse aus den SM-Werten abzuleiten. Schwermetallen mit eindeutig anthropogener Eintragskomponente kommt dabei über ihre relativen Anreicherungsunterschiede eine Schlüsselfunktion zu.

Diese Vorgehensweise funktioniert allerdings nur, wenn die recht unterschiedlichen geogen bedingten Gehaltsdifferenzen innerhalb der Profile weitgehend ausgeglichen werden können. Mit Hilfe einer simplen mathematischen Transformation wird versucht, diese Forderung näherungsweise umzusetzen.

Zur direkten Bewertung der substratbedingten Schwermetalltoleranz unter Einbeziehung wichtiger, den SM-Haushalt beeinflussender Geländebefunde wird in einem weiteren Schritt das Probenmaterial mit Schwermetallen im Labor versetzt. Die untersuchten Standortseinheiten sollen damit nach ihrem Sorptions- oder Filter- und Puffervermögen gegenüber Schwermetalleinträgen charakterisiert werden.

Neben den beiden analytischen Säulen Königswasseraufschluß und Sorptionsmessung sind zur Deutung und Bewertung der Schwermetallverhältnisse sowie zur Charakterisierung von Bodenprofil und -Substrat weitere bodenchemische und -physikalische Parameter hinzuzuziehen. Besonderes Gewicht kommt dem pH-Wert, der organischen Substanz, dem Ton- und Sesquioxidgehalt zu, deren gewichtete Intensität bezüglich der Physio- und Chemosorption von Schwermetallen bei unterschiedlichen Substratverhältnissen bekannt und gut untersucht ist (BLUME & BRÜMMER 1987 und 1991). Unter Zuhilfenahme statistischer Auswerteverfahren wird außerdem versucht, Beziehungen und Gesetzmäßigkeiten der einzelnen Ökosystemparameter auf Schwermetallzustand und -gefährdungspotential im Boden abzuleiten.

Die analytischen Basismethoden werden folgend (⇒ Kap. 4.1) aufgelistet. Methoden und Auswertungsschritte mit weiterer Erläuterungsnotwendigkeit werden an betreffender Stelle im Ergebnisteil beschrieben und diskutiert.

4.1 Analytische Basismethoden

Folgende Parameter, Elemente oder Verbindungen wurden mit den nachstehenden Methoden ermittelt:

Metalle: Pb, Zn, Cu, Ni, Cr, (Cd unterhalb der Nachweisgrenze), Fe, Mn, Al, K, Ca, Mg. Aufschluß: Königswasseraufschluß nach AbfKlärV (BMU 1992). Messung: mit Flammen AAS Perkin Elmer A 1100
Korngrößenanalyse: Bestimmung der Korngrößenfraktionen T, fU, mU, gU, fS, mS, gS mit der kombinierten Sieb- und Pipettmethode nach KÖHN
Kohlenstoffgehalt C_t der org. Substanz: Nasse Veraschung mit Schwefelsäure-Kaliumdichromat nach LICHTERFELDER. Spektralphotometrische Messung nach Oxalatstandardlösungen bei 578 nm mit PU 8675 VIS.
pH-Wert: Bestimmung in 0,01 M $CaCl_2$-Lösung im Verhältnis 1:2,5, potentiometrisch mit Glaselektrode und temperaturkompensiert.

Karbonatbestimmung: nach HCl-Vortest, gasvolumetrisch nach SCHEIBLER & FINKENER
Gesamtstickstoff N_t: Aufschluß nach KJELDAHL mit Kjeldahlkatalysator FA. MERCK, anschließender Wasserdampfdestillation und titrimetrischer Bestimmung.
Gesamtphosphor P_t: aus Königswasseraufschluß und spektralphotometrischer Messung aus Molybdat-Mischlösung.
Farbbestimmung: Im luftgetrockneten Zustand mit MUNSELL-SOIL-COLOR-CHARTS
Weitere, aus bestimmten Bodenparametern ableitbare Schätzgrößen werden bei Verwendung besonders gekennzeichnet.
Die genannten Untersuchungen wurden am luftgetrockneten und unbehandelten Feinboden < 2 mm durchgeführt.

4.2. Beprobung und Feldansprache der Profile

Die Feldansprache der aufgenommenen Profile stützt sich auf 21 Schürfgruben, die nach Vorsondierung mit dem Bohrstock angelegt wurden. Sofern widrige Geländeverhältnisse nicht dagegenstanden, wurden die Profilgruben an den Kreuzungspunkten des forstlichen 100 x 200 m - Stichprobenrasters, welches den Naturpark überzieht, aufgegraben. Die Labor- und Geländedaten werden so von weiterem Nutzen sein und den Forstbehörden zur Verfügung gestellt. Die bodenkundliche Profilansprache ist im wesentlichen an den Vorgaben der AG BODENKUNDE 1994 ausgerichtet. Die Profilbeprobung wurde horizontweise in Form einer Mischbeprobung über den gesamten Horizont durchgeführt. Auflagenhorizonte wurden nur im Falle ausreichender Mächtigkeit miterfaßt.

Besondere Aufmerksamkeit bei der Profilaufnahme wurde auf die Erfassung von Interflow auslösenden Horizonten gelegt. Das Anlegen der Profilgruben erfolgte deshalb aus Gründen der stärkeren Bodendurchfeuchtung während der Winterhalbjahre 1994 und 1995 möglichst nach Regenfall. Am Austritt von Wasser an Schicht bzw. Horizontgrenzen sowie an nachträglich vollgelaufenen Profilgruben konnte so, bis auf wenige Ausnahmen, diese für Standort- und Schwermetallsituation so wichtige Grenze im Gelände festgehalten werden. Bei einigen Profilen war der Wassereindrang sogar so stark, daß Notbeprobungen wärend der Grabarbeiten durchgeführt werden mußten. Neben der Bodenart und Dichtelagerung lassen auch die Durchwurzelungstiefen entsprechende Rückschlüsse auf die Interflowverhältnisse zu.

Die aufgenommen Bodenmerkmale wurden im Ergebnisteil in Profilzeichnungen umgesetzt sowie in Übersichten eingearbeitet oder sind dem Anhang zu entnehmen.

5. Ergebnisse - Bestandsaufnahme

5.1 Schwermetallquantitäten und Belastungssituation

Erst die Menge macht das Gift. Dieser Erkenntnis PARACELSUS' folgend, ist die erste und naheliegendste Frage, welche sich bei der Bestandsaufnahme eines Gebietes stellt, diejenige nach der quantitativen Gefahreneinstufung der Schwermetalle. Die Frage der Quantität ist einfach zu beantworten, da es sich um eine reine Meßgröße handelt. Weit komplizierter ist es, die Ergebnisse zu bewerten. Das natürliche System Boden besteht aus mannigfaltigen Komponenten und ablaufenden Prozessen, die in wechselseitiger Wirkung Schwermetallgehalt und -transfers in andere Teile des Waldökosystems bestimmen. Je nach mobiler Menge, die in die Bodenlösung gelangen kann, liegen bei entsprechend hohem SM-Gehalt Gefahrenpotentiale vor oder nicht. MAYER 1981 zeigt zusammenfassend (Abbildung 7) die Komplexität der möglichen SM-Elementflüsse zwischen den Kompartimenten eines Waldökosystems. Fügt man gedanklich für das hier untersuchte Kompartiment Boden nur noch die wichtigsten Parameter hinzu, von denen die entsprechenden Elementflüsse abhängen,

Abb. 7: Kompartiment-Modell eines Waldökosystems mit Darstellung der Elementflüsse

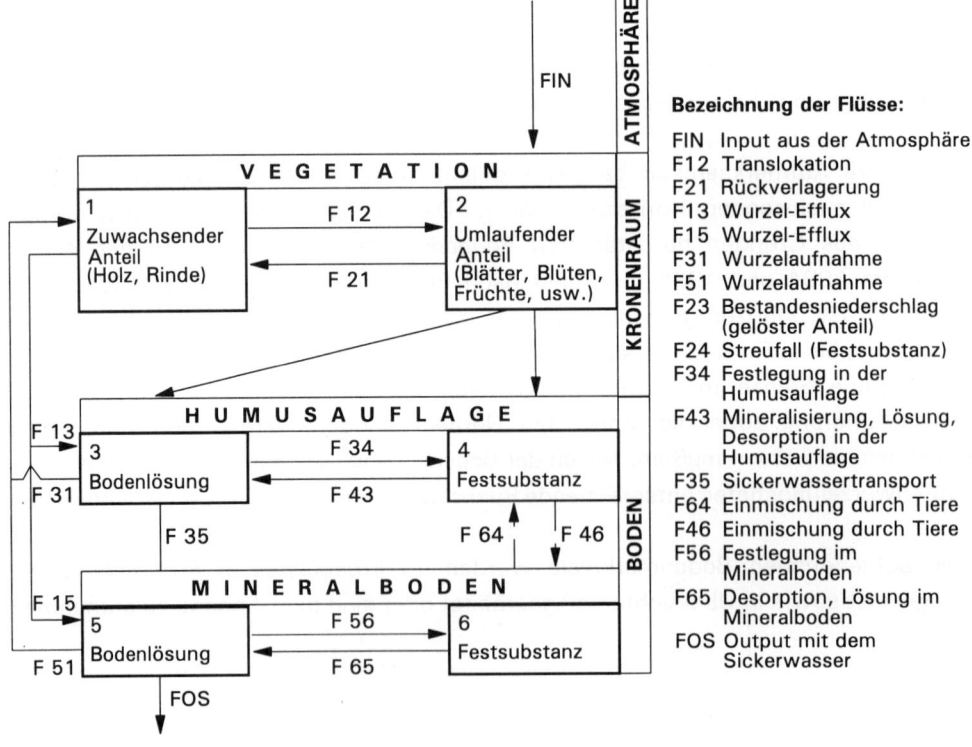

Quelle: MAYER 1981, 18, Abb. 1; umformatiert

- pH, Eh, organische Komplexe, Tonminerale, Oxide, organische Substanz (MIEHLICH UND GRÖNGGRÖFT 1989, 200, u.v.a.m.) - wird die Komplexität der Zusammenhänge weiter erhöht. Gleichzeitig werden die Schwierigkeiten einer annähernd objektiven Gefahrenabschätzung deutlich.

Im Folgenden wird zunächst, anhand der Daten aus dem Königswasseraufschluß, ein Überblick über die auftretenden Schwermetallgehalte gegeben. Die Grenzwerte der Klärschlammverordnung (BMU 1992) und die im Bodenschutzgesetz des Landes (UMWELTMINISTERIUM BADEN-WÜRTTEMBERG 1993, 1030) angesetzten Prüfwerte (Pges) dienen dabei als Orientierungshilfe zu einer ersten Einordnung der Gefährdungs- oder Kontaminationssituation im Schönbuch. Das Bodenschutzgesetz kennt je nach Nutzung verschieden hohe Prüfwerte. In Abbildung 8 werden die strengen Prüfwerte (Kinderspielflächen) herangezogen.

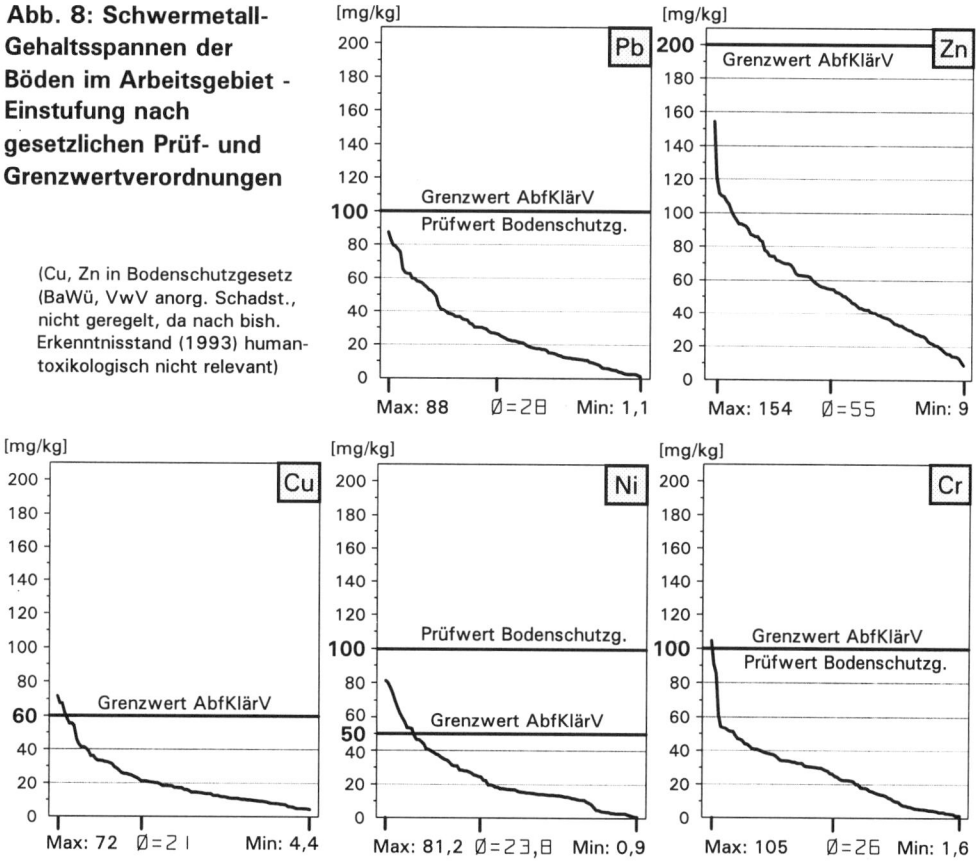

Abb. 8: Schwermetall-Gehaltsspannen der Böden im Arbeitsgebiet - Einstufung nach gesetzlichen Prüf- und Grenzwertverordnungen

(Cu, Zn in Bodenschutzgesetz (BaWü, VwV anorg. Schadst., nicht geregelt, da nach bish. Erkenntnisstand (1993) humantoxikologisch nicht relevant)

Erläuterungen zu Abb. 8: Die dargestellten SM-Gehalte sind der Übersichtlichkeit wegen nach absteigenden Gehalten sortiert dargestellt. Die Gehaltskurve setzt sich aus allen 105 beprobten Mineralboden- und Auflagehorizonten zusammen. Max/Min: höchst und niedrigst aufgetretener Wert; Ø: Gesamtdurchschnitt

Die angeführten Grenz- und Prüfwerte für Schwermetalle in Böden stellen - mit all ihren Unzulänglichkeiten - die bisher einzigen für das Arbeitsgebiet als verbindlich anzusehenden Orientierungswerte zur Abschätzung einer Belastungssituation dar.

Den Orientierungswerten folgend, liegt die überwiegende Mehrheit der Bodenproben im Arbeitsgebiet bei erfreulich niedrigen Werten. In nur wenigen Fällen werden die Grenzwerte der AbfKlärV unwesentlich überschritten. Bei differenzierter Betrachtung nach Substrat und geologischem Standort können die Überschreitungen bei Cu, Ni und Cr zudem eindeutig geogener Natur zugeordnet werden. Diese Gehalte treten im Zusammenhang mit sehr tonreichen Lias-Unterböden auf, für die entsprechende oder noch höhere Werte im Rahmen des Normalen liegen. Auch die Gehalte der Schwermetalle mit - wie später nachgewiesen wird - stark anthropogenem Anteil wie Zink und vorallem Blei sind allesamt unterhalb der Grenzwerte angesiedelt.

5.1.1 Schwermetallquantitäten und Bodensubstrat

Die Kurvenverläufe der einzelnen Schwermetallfraktionen in Abbildung 8 weisen von den höchsten zu den niedrigsten Werten ein generell starkes Gefälle auf, in welchem sich die geogenen Hintergrundwerte der unterschiedlichen Substratverhältnisse widerspiegeln. Zur weiteren Differenzierung, ob eine begründete Belastungssituation unterhalb und auch oberhalb der Grenzwerte vorliegt, müssen die Einzelwerte auf ihren natürlichen oder geogenen Hintergrund hin geprüft werden. Kriterien, die dabei zur Anwendung kommen, sind einmal der Vergleich mit unbelasteten Böden auf entsprechender geologischer Ausgangsbasis und zum anderen der Substratabgleich über die Bodenart, respektive den Tongehalt. Tonböden weisen unter natürlichen Bedingungen generell höhere Schwermetallgehalte auf als das andere Extrem der Sandböden. Die Abhängigkeit der Schwermetallführung vom Tongehalt ist in der Literatur unzählige Male dokumentiert und hat sich bereits im Rahmen der mehrfach zitierten VwV Anorganische Schadstoffe in einer Vorschrift zur Ermittlung natürlicher Hintergrundwerte niedergeschlagen. Tabelle 2 beantwortet die Frage, ob die im Arbeitsgebiet auftretenden SM-Gehalte im Rahmen der nach Tongehaltsgruppen differenzierten Hintergrundwerte liegen. Anschließend erfolgt mit Tabelle 3 der oben angesprochene Vergleich mit SM-Bodengehalten von unbelasteten Böden auf vergleichbarem geologischen Ausgangssubstrat. Beiden Vorgehensweisen kommt gegenüber dem reinen Vergleich mit Grenz- oder Prüfwerten aufgrund der vorgenommenen Differenzierungen sowie den realistischeren Höchstwerten zur Abschätzung anthropogener Kontamination ein größerer Aussagewert zu. Es darf allerdings nicht vergessen werden, daß Faktoren wie unterschiedlich hohe Lößkomponenten, Solimixtion, lokale Vererzungen und kleinräumige geologische Substratwechsel innerhalb der vorgenommenen Abgrenzungen wiederum stark differenzierend wirken können.

SM-QUANTITÄTEN & BELASTUNGSSITUATION

Tab. 2: Vergleich natürlicher Hintergrundwerte (Hges) mit den Werten im Arbeitsgebiet differenziert nach Tongehaltsgruppen

	Werte [mg/kg]	T1 0-8 %	T2 > 8-17 %	T3 > 17-27 %	T4 > 27-45 %	T5 > 45-65 %	T6 >65 %
Pb	H(ges)	25	35	40	50	55	55
	Min-Max Ø	2 - 65 / 22	2 - 83 / 26	10 - 77 / 38	1 - 63 / 18	2 - 51 / 19	
Zn	H(ges)	35	60	75	95	110	150
	Min-Max Ø	9 - 43 / 24	14 - 87 / 41	25 - 154 / 73	14 - 112 / 59	26 - 110 / 66	
Cu	H(ges)	10	20	30	35	50	60
	Min-Max Ø	5 - 23 / 12	4 - 23 / 12	10 - 41 / 21	5 - 67 / 25	5 - 72 / 37	
Ni	H(ges)	15	25	40	55	70	100
	Min-Max Ø	1 - 11 / 4	1 - 20 / 12	14 - 60 / 24	12 - 74 / 32	15 - 81 / 48	
Cr	H(ges)	20	35	50	60	75	90
	Min-Max Ø	2 - 18 / 5	4 - 40 / 17	14 - 105 / 37	12 - 91 / 35	18 - 85 / 48	

Erläuterungen zu Tab. 2:
T1-T6: Tongehaltsgruppen nach UMWELTMINISTERIUM BADEN-WÜRTTEMBERG 1993.
H(ges): Hintergrundwert, der nach seinem Gesamtgehalt den geogenen Hintergrundbereich nach oben hin abgrenzt. Der Hintergrundbereich wurde an natürlichen Böden mit unterschiedlichen Tongehalten und aus verschiedenen Ausgangsgesteinen bestimmt. Daten: UMWELTMINISTERIUM BADEN-WÜRTTEMBERG 1993.
Min-Max: Minimal- und Maximalwert im Arbeitsgebiet
Ø: Mittelwert im Arbeitsgebiet
Probenzahl im Arbeitsg. bei: T1 = 12, T2 = 27, T3 = 13, T4 = 24, T5 = 18
Die Werte beziehen sich nur auf den Feinbodenanteil der Mineralbodenhorizonte

Im Durchschnitt betrachtet, wird die obere Abgrenzung der geogenen Hintergrundwerte nur bei der Tongehaltsgruppe 1 - Cu unwesentlich überschritten. Die Maximalwerte aber zeigen, ohne daß es sich dabei um Einzelfälle handeln würde, teilweise beachtliche Überschreitungen, die selbst bei großzügiger Auslegung bedenklich stimmen müssen. Es drängt sich gleichsam die Frage auf, ob hierfür anthropogen verursachte Schwermetalleinträge verantwortlich sein können. Oder ob, wie oben beschrieben, andere geogene Ursachen zur Wirkung kommen. Ohne daß jetzt schon eine genauere Zuordnung der vom Hintergrundgehalt stark abweichenden Proben erfolgen muß, lassen sich allein anhand der Auffälligkeiten von Tabelle 2 folgende Schlüsse ziehen: Bei Blei und Zink treten Überschreitungen um mehr als das Doppelte des oberen Hintergrundwertes bei den ersten drei Tongehaltsgruppen (0 bis 27 %) auf, um sich dann (T4-T5) dem vorgesehenen Rahmen anzupassen. Es sind also die relativ tonarmen Horizonte, die überdurchschnittliche Belastungsmerkmale aufweisen. Diese sind den sandigen Böden des Stubensandstein und zum allergrößten Teil den schluffreichen, lockeren Oberböden zuzurechnen. Die weniger auffälligen tonreichen Proben fallen bei den Schönbuchböden generell in den Unterbodenbereich. Kupfer, vorallem aber Nickel und Chrom zeigen ein gerade umgekehrtes Bild, wobei die Überschreitungen weniger gravierend und häufig ausfallen. Außerdem liegen diese durchaus noch im Rahmen des natürlichen Schwankungsbereichs (⇒ Tabelle 3). Tabelle A2 (⇒ Anhang) ordnet, diese Interpretation bestätigend, die wesentlichen Überschreitungen den einzelnen Bodenproben zu.

Sind die Oberböden stärker belastet als die Unterböden, ist dies ein Hinweis auf das Vorhandensein immissionsbedingter Bodenkontaminationen im Arbeitsgebiet! Die Tatsache, daß vor allem Zink und Blei diese Tendenz aufweisen, verstärkt diese Behauptung zusätzlich. Aus den Immissionsmessungen im Rahmen des Schönbuch-Projekts (Bücking et al. 1986, 291) ist bekannt, daß Zink bei Abhängigkeit vom Waldbestand die mit Abstand höchste Eintragsrate aller untersuchten Schwermetalle aufweist. Der ausgewiesene Bleieintrag steht zwar weit hinter Zink zurück, unterliegt aber, wie noch zu zeigen sein wird, einer viel stärkeren Anreicherung. Auch auf die Beziehung zwischen Eintragssituation und den Verhältnissen von Zink und Blei im Boden wird später detaillierter eingegangen werden.

Tab. 3: Geogene Schwermetallgehalte von Böden auf/aus verschiedenen (Ausgangs-) Gesteinen

Werte [mg/kg]	Wechselfolgen-Keuper ⌀	80% der Beob.	Tonsteine-Keuper ⌀	80% der Beob.	Löß ⌀	80% der Beob.	Tonsteine-Jura ⌀	80% der Beob.	Kalksteine-Jura ⌀	80% der Beob.
Blei	20	8 - 31	23	6 - 45	26	15 - 43	33	16 - 53	31	18-45
Zink	46	20 - 76	50	36 - 65	57	37 - 78	120	63 - 165	97	53 - 153
Kupfer	10	3 - 18	39	17 - 95	17	9 - 23	32	15 - 65	27	15 - 45
Nickel	24	5 - 44	43	25 - 61	29	16 - 42	88	32 - 142	60	35 -98
Chrom	34	10 - 56	52	33 -74	37	21 - 49	47	31 - 72	66	40 - 100

Quelle: zusammengestellt aus LFU 1994

Tabelle 3 vermittelt einen Eindruck über die Größenordnungen geogener Schwermetallgehalte von Böden dem Arbeitsgebiet entsprechender geologischer Ausgangssubstrate, wie sie im Rahmen des landesweiten Bodenmeßnetzes der LFU ermittelt werden (Stand 1994). Die Daten stammen aus flächenrepräsentativen Unterbodenhorizonten ländlicher Räume und sollen die lithogen bedingten Hintergrundgehalte der entsprechenden Böden charakterisieren. Die in Tabelle 2 aufgeführten Werte im Untersuchungsraum passen im Groben recht gut in die geologische Spanne der Werte aus Tabelle 3. Dies bedeutet aber nicht automatisch, daß eine Belastungssituation auszuschließen ist. Die wesentliche Übereinstimmung mit den Meßergebnissen ist wenig verwunderlich, da im Arbeitsgebiet, mit Ausnahme von Blei, die höchsten Schwermetallgehalte im tonreichen Unterboden auftreten. Die Datenbasis ist somit für die anderen Schwermetalle dieselbe, leisten doch die Oberböden keinen Beitrag zu den Gehaltsspitzen. Somit ist die einzige Aussage, die Tabelle 3 im Vergleich mit den Gehaltsspitzen im Untersuchungsgebiet zuläßt, diejenige, daß im Unterbodenbereich nicht mit einer auffälligen Schwermetallkontamination gerechnet werden muß. Es ist anzumerken, daß selbst diese Interpretation fragwürdig wird, wenn man berücksichtigt, daß die von der LfU ausgewiesenen Vergleichswerte für Jura und Keuper auf der Zusammenfassung unterschiedlicher geologischer Fazies und Substrate beruht.

Die Lößwerte unterliegen dieser Zusammenfassung nicht und stellen somit eine wertvolle Grundlage zur Abschätzung einer SM-Gehaltserhöhung oder -erniedrigung durch Lößbeteiligung dar. SABEL 1989 macht darauf aufmerksam, daß eingearbeiteter Lößlehm bei Böden auf Gesteinen mit niederen geogenen Schwermetallgehalten gehaltserhöhende Wirkung hat. Umgekehrt gilt, daß Böden mit hohen Schwermetall-Ausgangsgehalten durch Lößbeimengung eine Verdünnung erfahren. Das die oberen Profilhorizonte der untersuchten Böden prägende schluffreiche Bodensubstrat der Hauptlage mit hohem periglazial eingearbeiteten Lößanteil kann im beschriebenen Ausmaß, nach den Angaben in Tabelle 3, kaum für eine geogene Erklärung der Zn-Pb-Situation herangezogen werden.

Zusammenfassend lassen sich auf Grenzwerten, geogenen Hintergrund-, Prüf- und Vergleichswerten fußend, keine extrem abnormen Schwermetallgehalte im Untersuchungsgebiet feststellen. Gleichzeitig weisen die angestellten, bisher noch groben Vergleiche, bereits auf anthropogen erhöhte Blei- und Zinkgehalte hin. Ein Beweis dafür kann aus der bloßen Gesamtschau der Schwermetallquantitäten nicht abgeleitet werden. Dafür müssen die Einzelprofile unter Berücksichtigung der jeweiligen geogenen Verhältnisse ausgewertet werden.

5.2 Schwermetallquantitäten und geologische Profilposition

Im Folgenden werden die in unterschiedlicher geologischer Position befindlichen Profile vorgestellt. Es wird gezeigt, welcher Einfluß auf die Schwermetallführung davon ausgeht. Die Gehalts- und Schwermetalltiefenvergleiche der unter diesem Kriterium eingeordneten Profile werden den bisher generellen Überblick spezifizieren.

Abb. 9: Zuordnung der Profile im Arbeitsgebiet zur geologischen Lage

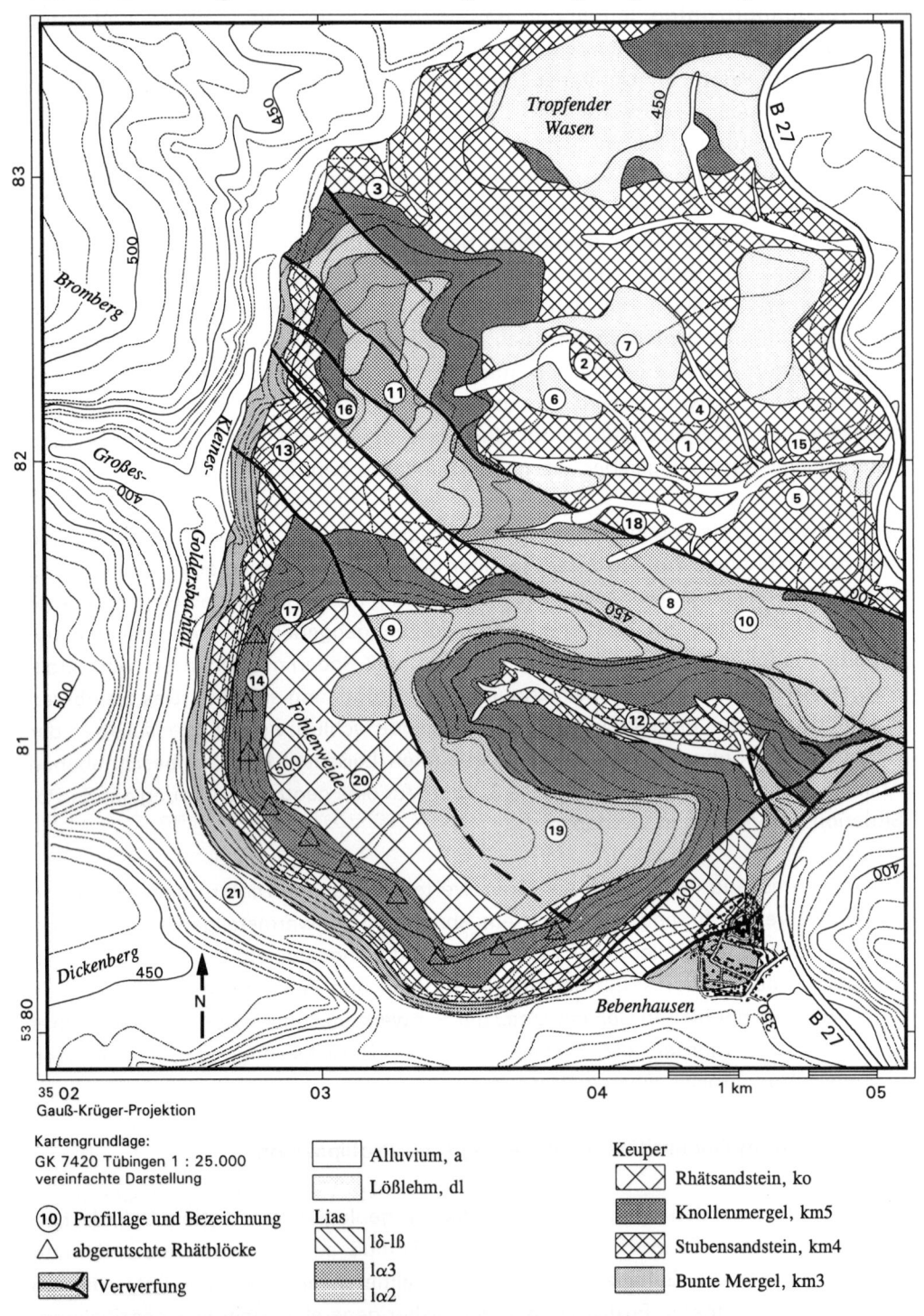

Kartengrundlage:
GK 7420 Tübingen 1 : 25.000
vereinfachte Darstellung

- (10) Profillage und Bezeichnung
- △ abgerutschte Rhätblöcke
- Verwerfung

Alluvium, a
Lößlehm, dl

Lias
- lδ-lß
- lα3
- lα2

Keuper
- Rhätsandstein, ko
- Knollenmergel, km5
- Stubensandstein, km4
- Bunte Mergel, km3

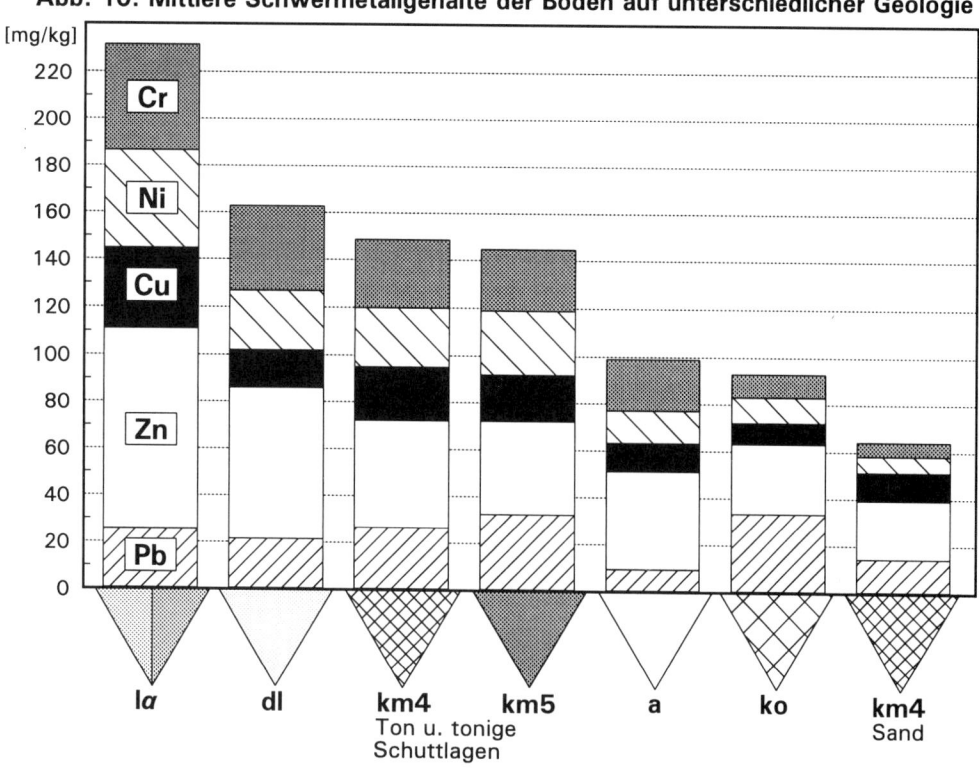

Abb. 10: Mittlere Schwermetallgehalte der Böden auf unterschiedlicher Geologie

Tab. 4: Mittlere SM-Gehalte der Böden auf unterschiedlicher Geologie (Datentabelle zu Abb. 10)

Werte [mg/kg]	l α	dl	km4-Ton/ Schuttl.	km 5	a	ko	km4-Sand
Blei	25	21	26	32	9	33	14
Zink	86	65	46	40	42	30	25
Kupfer	34	16	23	20	12	9	12
Nickel	42	25	25	27	14	11	7
Chrom	45	36	29	26	22	10	6
Gesamt-SM	232	162	148	144	99	93	63

Erläuterung: Zur Bildung der Mittelwerte werden die Mineralbodenhorizonte der entsprechenden Profile ohne Humusauflagen herangezogen. **Gesamt-SM** = Mittelwertsumme der fünf bestimmten Schwermetallgehalte

Die Gesamt-Quantitäten der fünf Schwermetallfraktionen in den untersuchten Böden zeigen in erster Näherung eine starke Abhängigkeit vom geologischen Profilstandort. So weisen die Profile auf Lias α im Mittel den höchsten, die Sand-Profile auf Stubensandstein den geringsten Gesamt-Schwermetall-Gehalt auf. Diese Tendenz paust sich unabhängig von unterschiedlichen periglazialen Lagen vom Profiltiefsten bis in den Oberboden (⇒ Abb. 11-17). Die km4-Standorte müssen aufgrund ihrer starken periglazialen Überprägung in den Hangpositionen sowie petrographischer Unterschiede wegen zweigeteilt werden. Unter dem Begriff "km4-Ton und Schuttlagen" werden die Profile zusammengefaßt, an denen der Stuben-"Sandstein" im petrographischen Sinne wenig oder keinen Anteil hat. Dies ist der Fall, wenn das Profil von einer tonig-mergeligen Variante des Stubensandsteins unterlagert wird, oder aber der km4-Sandstein von tonreichen Solifluktionsdecken mit Lias und Knollenmergelanteil überlagert wird. Die Bezeichnung km4-Sand steht für die Profile mit hoher Dominanz des anstehenden km4-Sandsteins. Diese notwendige Zweiteilung findet ihre Bestätigung im Vergleich mit den in Abbildung 10 dargestellten SM-Differenzen.

Setzt man die Gesamt-SM-Gehalte der Lias-Profile = 100, ergibt sich die Reihenfolge: lα > dl (70%), km4-Ton und Schuttlagen (64%), km5 (62%), > a (43%), ko (40%), km4-Sand (27%).

Es zeigt sich, wie oben bemerkt, eine durchaus starke Beeinflußung des SM-Gesamtgehalts durch die Geologie. Dieses qualitative Ergebnis ist aufgrund der in Tabelle 3 vorgenommenen Einteilung der LFU 1994 nicht anders zu erwarten gewesen. Auch die Gesteins- und Bodenanalysen von ZAUNER 1996 aus südwestdeutschem Jura und Keuper, sowie die Ergebnisse von GRUPE 1989 im Keuper bei Rottenburg belegen die geologische Einflußnahme. Nicht zu erwarten gewesen ist dagegen der sich in Tabelle 4 darstellende Beitrag der einzelnen SM-Fraktionen zum Gesamtbetrag. Ein Blick auf die bereits angesprochenen Bleiverhältnisse genügt, um festzustellen, daß ursächlich hierfür nicht die Geologie verantwortlich gemacht werden kann. Es sei denn, Böden auf Lias zeichneten sich durch relativ geringe Bleigehalte aus. Die eben angeführte Literatur belegt jedoch gerade das Gegenteil.

Weiter ist festzustellen, daß, wenn auch nicht so offensichtlich wie bei Blei, die Einzelbeiträge zum SM-Gesamtgehalt je nach Geologie unterschiedlichen Charakter besitzen. Ob dies geologisch, periglaziär, pedogenetisch oder anthropogen verursacht ist, wird sich in der Gesamtschau nur schwer feststellen lassen, da anzunehmen ist, daß alle angeführten Einflüsse wechselnd stark daran beteiligt sind. Eine weitere Schwäche ist, daß die in Tabelle 4 aufgeführten SM-<u>Gehalts</u>-Angaben im Grunde keinen direkten quantitativen Vergleich zwischen den einzelnen Elementen der verschieden geologisch beeinflußten Bodensubstrate erlauben. Es kann aus den Gehaltsangaben z.B. eine Aussage derart gemacht werden, daß der mittlere absolute Kupfergehalt auf Lias mit 34- am höchsten und jener auf Rhätsandstein mit 9 mg/kg am geringsten ausfällt. Ursächlich in Beziehung setzen lassen sich diese Werte nicht. Ob nun etwa eine für Rhätsandsteinböden charakteristische Kupferarmut vorliegt, oder sich der geringe Gehalt aus den SM-relevanten Bodenparametern ableitet, muß mit der Gehaltsangabe allein unbeantwortet bleiben. Dieselben Probleme der Vergleichbarkeit treten auch unter dem Aspekt der Bewertung anthropogener Einträge auf. Es ist deshalb notwendig, die Gehaltsangaben so zu transformieren, daß ein Vergleich unter den einzelnen Fraktionen möglich wird. Bevor aber diesbezügliche Überlegungen angestellt werden (⇒ Kap 6.1), besteht die Notwendigkeit zu überprüfen, welche Faktoren die Gehaltsabhängigkeiten innerhalb und außerhalb der geologischen Situation schaffen. D.h. die Schwermetallgehalte müssen im einzelnen den schwermetallrelevanten Standorts- und Bodenparametern im Profilverlauf gegenüber gestellt werden. Der übergeordnete geologische Einfluß bleibt dabei als Gliederungsmerkmal erhalten.

5.3 Bodenprofile - Kennzeichnung und Schwermetallverhältnisse

5.3.1 Methodisches Vorgehen

Die Schwermetallgehalte werden in ihrem Tiefenverlauf den jeweiligen Bodenprofilen und schwermetallrelevanten Bodenparametern in übersichtlicher Weise gegenübergestellt. Profilaufbau, SM-Charakteristika und Substratverhältnisse jedes einzelnen Profils sind dabei den Abbildungen und dazugehörenden Tabellen leicht zu entnehmen. Erkenntnisziel des Dargestellten soll sein, die Grundzüge der Schwermetallverteilung und die diese beeinflussenden Substratverhältnisse innerhalb der übergeordneten geologischen Gliederung aus den Einzelprofilen herauszupräparieren. Zu diesem Zweck wird ein die charakteristischen Verhältnisse repräsentierendes Leit- oder Idealprofil für jede geologische Einheit konstruiert. Von dieser Basis aus können standort- und substratbedingte Besonderheiten in ihrer Wirkung auf die Schwermetallverteilung besser erkannt werden. Zudem ist es wenig sinnvoll, die Schwermetallpeaks in jedem Einzelprofil getrennt zu diskutieren. Übt ein SM-relevanter Bodenparameter überdurchschnittlichen Einfluß auf ein oder mehrere Schwermetallelemente aus, wird dies in einer nach der geologischen Situation geclusterten Korrelationsmatrix hervorgehoben. Die Statistik liefert zwar keine Antworten für den Einzelfall, kann aber - richtige Interpretation vorausgesetzt - wichtige Zusammenhänge und wechselseitige Abhängigkeiten zwischen SM und Bodenmatrix sowie Standortsbedingungen transparent werden lassen. Um diesem Anspruch gerecht zu werden, ist jedoch neben der Geologie nach weiteren Gesichtspunkten zu differenzieren. Auch vergleichende Auswertungen sind hierzu notwendig. Das Kapitel schließt daher mit dem Versuch, die im Einzelfall mehr oder weniger deutlich sichtbaren Hauptursachen der SM-Verhältnisse bei variierenden Standortsbedingungen statistisch zu verifizieren.

5.3.2 Böden über Lias *a*

Abb. 11: SM-Tiefenverteilung von Böden aus Periglaziallagen über Lias α

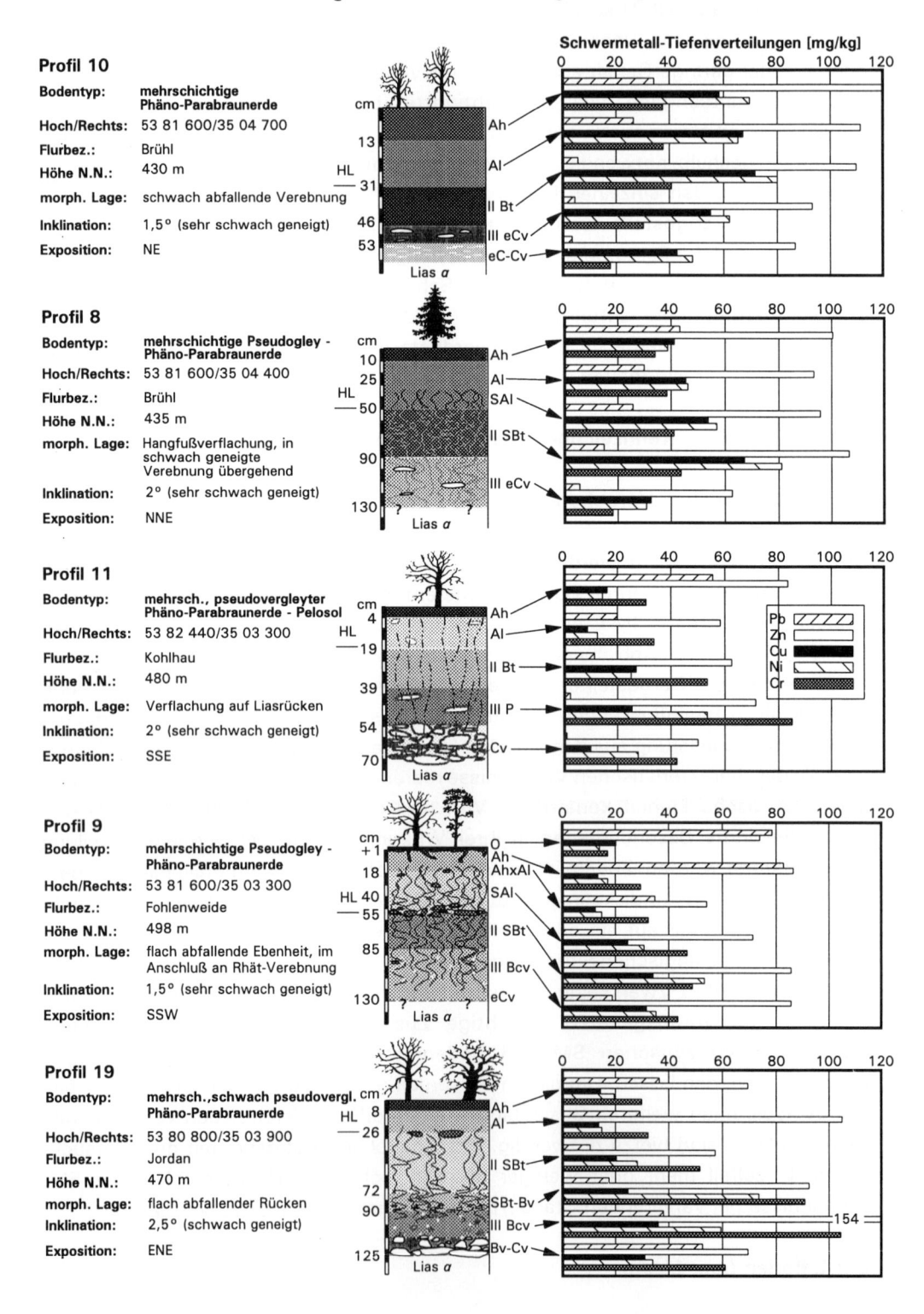

Profil 10
Bodentyp:	mehrschichtige Phäno-Parabraunerde
Hoch/Rechts:	53 81 600/35 04 700
Flurbez.:	Brühl
Höhe N.N.:	430 m
morph. Lage:	schwach abfallende Verebnung
Inklination:	1,5° (sehr schwach geneigt)
Exposition:	NE

Profil 8
Bodentyp:	mehrschichtige Pseudogley - Phäno-Parabraunerde
Hoch/Rechts:	53 81 600/35 04 400
Flurbez.:	Brühl
Höhe N.N.:	435 m
morph. Lage:	Hangfußverflachung, in schwach geneigte Verebnung übergehend
Inklination:	2° (sehr schwach geneigt)
Exposition:	NNE

Profil 11
Bodentyp:	mehrsch., pseudovergleyter Phäno-Parabraunerde - Pelosol
Hoch/Rechts:	53 82 440/35 03 300
Flurbez.:	Kohlhau
Höhe N.N.:	480 m
morph. Lage:	Verflachung auf Liasrücken
Inklination:	2° (sehr schwach geneigt)
Exposition:	SSE

Profil 9
Bodentyp:	mehrschichtige Pseudogley - Phäno-Parabraunerde
Hoch/Rechts:	53 81 600/35 03 300
Flurbez.:	Fohlenweide
Höhe N.N.:	498 m
morph. Lage:	flach abfallende Ebenheit, im Anschluß an Rhät-Verebnung
Inklination:	1,5° (sehr schwach geneigt)
Exposition:	SSW

Profil 19
Bodentyp:	mehrsch.,schwach pseudovergl. Phäno-Parabraunerde
Hoch/Rechts:	53 80 800/35 03 900
Flurbez.:	Jordan
Höhe N.N.:	470 m
morph. Lage:	flach abfallender Rücken
Inklination:	2,5° (schwach geneigt)
Exposition:	ENE

Tab. 5: Schwermetallrelevante Profilparameter - Profile über Lias α

Profil 10 - mehrschichtige Phäno-Parabraunerde

Horizont	pH (CaCl₂)	Ct [%]	CaCO₃ [%]	Sesquioxidbildner [mg/kg] Fe	Al	Mn	Summe [%]	Korngrößen [Gewichts-%] T	U	S	Bodenart	Bemerkungen
Ah	5,4	5,5	0	35550	26938	2294	6,5	34,6	50,3	15,1	Tu3	
Al	5,7	2,5	0	37674	29593	1988	6,9	43,4	44,5	12	Lt3	
II Bt	6,3	2,1	0	40625	37257	1551	7,9	63,4	30,6	5,9	Tu2	
III eCv	7,4	1,2	15,8	32477	25472	933	5,9	42,8	49,8	7,5	Lt3	
eC-v	7,6	1	36,4	25417	18226	750	4,4	53,5	42,1	4,4	Tu2	

Vegetation: Buchen-Jungwuchs (vorher Nadelwald)
Standortseinheit dTL (mäßig frischer Liastonlehm)

Profil 8 - mehrschichtige Pseudogley - Phäno-Parabraunerde

Horizont	pH (CaCl₂)	Ct [%]	CaCO₃ [%]	Sesquioxidbildner [mg/kg] Fe	Al	Mn	Summe [%]	Korngrößen [Gewichts-%] T	U	S	Bodenart	Bemerkungen
Ah	5,8	12	0	30138	22924	826	5,4	24,8	53,4	21,8	Lu	
Al	6,3	4,2	0	34710	30716	985	6,6	45,6	46,9	7,5	Tu2	
SAl	6,5	3,1	0	41110	36703	1659	8	45,1	46,5	8,4	Tu2	
II SBt	6,9	1,7	0	48344	37927	1528	8,8	63,4	31,5	5	Tu2	
III eCv	7,6	1,1	46,7	24558	17035	872	4,25	33,4	54,4	12,2	Tu3	Interflow

Vegetation: Fichtenmonokultur
Standortseinheit LK⁺ (frischer Lehmkerf)

Profil 11 - mehrschichtiger, pseudovergleyter Phäno-Parabraunerde - Pelosol

Horizont	pH (CaCl₂)	Ct [%]	CaCO₃ [%]	Sesquioxidbildner [mg/kg] Fe	Al	Mn	Summe [%]	Korngrößen [Gewichts-%] T	U	S	Bodenart	Bemerkungen
Ah	4,1	8,4	0	22614	12083	993	3,6	14,9	53,4	31,6	Uls	
Al	3,4	2,8	0	27496	16340	501	4,4	23,4	47,3	29,3	Ls2	
II Bt	3,7	1,2	0	43499	24061	550	6,8	33,6	51,5	14,9	Tu3	
III P	4,4	1,8	0	63993	39335	1240	10,5	55,1	29,3	15,6	Tl	
Cv	5,7	1,7	0	35348	20004	541	5,6	29,9	43,2	26,9	Lt2	

Vegetation: Buchenbestand mit vereinzelten Fichtengruppen
Standortseinheit T (mäßig frischer Ton)

Profil 9 - mehrschichtige Pseudogley - Phäno-Parabraunerde

Horizont	pH (CaCl₂)	Ct [%]	CaCO₃ [%]	Sesquioxidbildner [mg/kg] Fe	Al	Mn	Summe [%]	Korngrößen [Gewichts-%] T	U	S	Bodenart	Bemerkungen
O	3,6	40,6	0	8333	6604	818	1,6					
Ah	4,6	5,7	0	20668	15842	2119	3,9	14,7	50,3	35	Uls	
AhxAl	3,8	2,2	0	32125	16875	900	5	21,3	68,1	10,6	Ut4	
SAl	4	1,3	0	44307	34530	297	7,9	49,7	44,5	5,8	Tu2	
II SBt	5,6	0,9	0	38358	35172	870	7,4	54,6	43,2	2,2	Tu2	
III Bcv	7,5	0,8	*	33608	28892	243	6,3	40,7	53,9	5,4	Tu3	*konkretionär

Vegetation: Buchen-Lärchen-Altbestand
Standortseinheit LK⁻ (mäßig saurer Lehmkerf)

Profil 19 - mehrschichtige, schwach pseudovergleyte Phäno-Parabraunerde

Horizont	pH (CaCl₂)	Ct [%]	CaCO₃ [%]	Sesquioxidbildner [mg/kg] Fe	Al	Mn	Summe [%]	Korngrößen [Gewichts-%] T	U	S	Bodenart	Bemerkungen
Ah	4,3	3,8	0	23517	14592	1473	4	16	61	23	Uls	
Al	2,9	2,5	0	25651	16517	976	4,3	23,1	67,7	9,2	Ut4	
II SBt	3,9	1,2	0	45258	30453	212	7,6	65,9	30,9	3,2	Tt	
SBt-Bv	5,8	0,6	0	64339	33042	1103	9,9	37,2	30,2	32,6	Lt3	
III Bcv	6,6	0,5	*	86783	33167	3691	12,4	24,8	32,3	42,9	Ls3	*konkretionär
Bv-Cv	6,5	0,6	0	92042	17975	4675	11,5	23,3	40,7	36	Ls2	

Vegetation: Buchen-Eichen-Altbestand
Standortseinheit dD⁺ (mäßig frische, durchlässige Liasverwitterungsdecke)

Abb. 12: Idealisiertes Boden- und Schwermetalltiefenprofil über Lias α

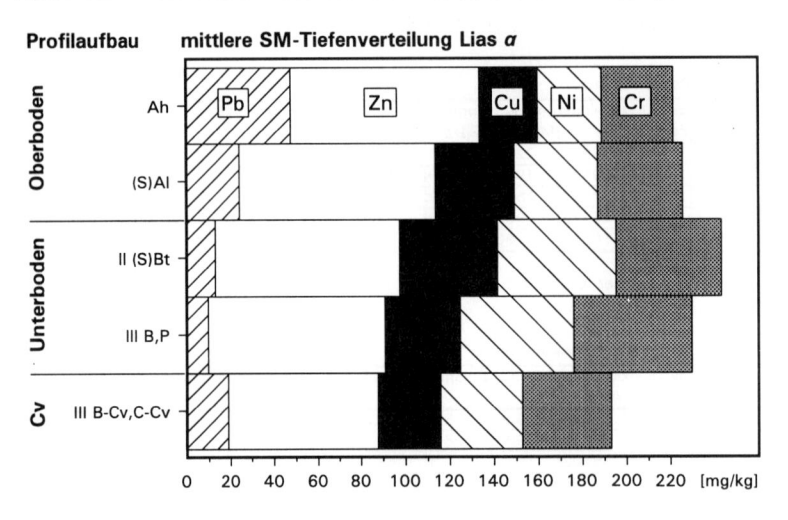

Alle fünf vorhergehend beschriebenen Bodenprofile auf Lias α zeichnen sich trotz standörtlich bedingter Unterschiede im Detail durch die gemeinsame Bodentypologie der Phäno-Parabraunerden aus. Die Ah- und Al-Horizonte sind in der schluffreichen, lockeren Hauptlage ausgebildet. Darunter folgt stets ein dichterer II Bt-Horizont, der aufgrund von Gesteinseinlagen sowie markanten Farb- und Bodenartsdifferenzen nach unten einen Schichtwechsel zur Mittel- oder mehrschichtigen Basislage markiert. Diese leiten im Tiefenverlauf zu den vollständig aus dem Anstehenden hervorgegangen Cv's mit teilweise hohem Lias-Skelettanteil über. Eine weitere Gemeinsamkeit besteht, mit Ausnahme des flachgründigen Profils 10, im Auftreten einer Pseudovergleyung, deren Intensität mit der Profilmächtigkeit zunimmt. Ursächlich hierfür ist die den Lias-Profilen eigene, abflußträge morphologische Lage mit Hangneigungen um 2° sowie wasserstauende tonreiche Unterböden. Das Anstehende und seine direkte Verwitterungszone bieten im Profilvergleich den größten Variationsreichtum. Dies hängt mit den, so SCHMIDT 1980, 72, recht verschiedenartig ausgebildeten Angulatenschichten (lα2) zusammen, die von Schiefertonen mit plattigen Sandsteineinlagen über feinkörnige kompakte Sandsteinbänke bis zum Malbstein reichen. Sofern die Verwitterung noch nicht zu weit fortgeschritten ist, befindet sich freier primärer Kalk in den Cv-Horizonten, was sich in pH-Werten über dem Neutralpunkt niederschlägt. Der darüberliegende Horizont zeigt in solchen Fällen, sofern es sich beim Anstehenden um Sandstein handelt, sekundäre Kalkausfällungen. Die Kalksandsteinfazies verwittert in aller Regel zu einem schluff- oder sandreichen Substrat mit entsprechendem Porenraum, wodurch die Kalkfällung begünstigt wird. Bei solchen Bedingungen liegt dann, zusätzlich zur Hauptlage, eine weitere gut wasserleitende Schicht unterhalb des Bt-Stauhorizontes vor. Aufgrund der hohen pH-Werte kommt diesem Aquifer-Bereich eine hervorragende Filtereigenschaft für Schwermetalle zu. Thematisch hierzu wird auf spätere Kapitel verwiesen.

In den eben beschriebenen Profilbereichen, die zweifelsfrei als Basislage angesprochen werden können, treten folglich auch die größten Abweichungen von der gemittelten SM-Tiefenverteilung auf. Besonders plastisch wird dies am Beispiel von Blei, das im Profilverlauf kontinuierlich gegen das Anstehende hin abnimmt. Nicht so bei Profil 19 und andeutungsweise bei Profil 9. Hier muß entweder eine Bleiquelle im Anstehenden vorhanden sein, oder aber es handelt sich um ausgefälltes Blei, das dem dort möglichen Interflow bei hohem pH entstammt (⇒Kap. 6.4). Auch die anderen SM sind hiervon betroffen. Gleichförmigkeit in der SM-Abstufung herrscht bei den übrigen Fraktionen im Restprofil. Die Oberböden weisen gegenüber den Unterböden minimal geringfügiger ausfallende Gesamtschwermetallgehalte auf. Die Quantitäten von Cu, Ni und Cr passen sich dabei dem Gesamt-SM-Verlauf an. Das SM-Maximum wird in der Regel im II Bt-Horizont erreicht. Zink zeigt analog zu Blei größere Oberboden-Mengenanteile, im Vergleich zu Blei jedoch mit weit weniger ausgeprägtem Gradienten hin zum Anstehenden.

Dieser Umstand ist zunächst wenig einsichtig, wird berücksichtigt, daß der im Rahmen des Schönbuchprojekts gemessene Zinkeintrag (BÜCKING et al 1986, 291), jenen von Blei um das Mehrfache übersteigt, was sich tendenziell auch mit den Meßergebnissen anderer Waldökosysteme deckt (zusammengefaßt bei REHFUESS 1990, 250). Unabhängig von Geologie und Substrat weisen auch die anderen Profile diese Diskrepanz zwischen Blei und Zink auf. Der Einschub an dieser Stelle möge als kurzer Hinweis auf diese im Tiefenverlauf aller Profile wiederkehrende Beobachtung aufgefaßt werden. Der Erklärungsversuch bedarf eines eigenen Kapitels.

Tab. 6: Korrelationsmatrix Lias α - SM & Bodenparameter

Lineare Regression sämtliche Horizonte über Lias, n = 28									
	Pb	Zn	Cu	Ni	Cr	Fe	Mn	Al	Ton	Ct
Pb										
Zn	0,02									
Cu	-0,07	**0,39**								
Ni	-0,16	**0,4**	**0,72**							
Cr	-0,03	0,1	0	0,15						
Fe	-0,03	0,08	0,03	0,18	**0,75**					
Mn	0,16	0,21	0,06	0,08	0,14	**0,38**				
Al	-0,27	0,17	**0,31**	**0,53**	**0,34**	0,29	0			
Ton	**-0,54**	0,01	**0,32**	**0,43**	0,05	0,07	-0,04	**0,66**		
Ct	**0,38**	-0,002	-0,02	-0,09	-0,12	-0,2	-0,008	-0,23	-0,28	
pH	-0,09	0,12	**0,39**	**0,38**	0,001	0,05	0,07	0,08	0,15	-0,08

5.3.3 Böden über Stubensandstein (km4)

Abb. 13: SM-Tiefenverteilung von Böden über Stubensandstein km4-Sand

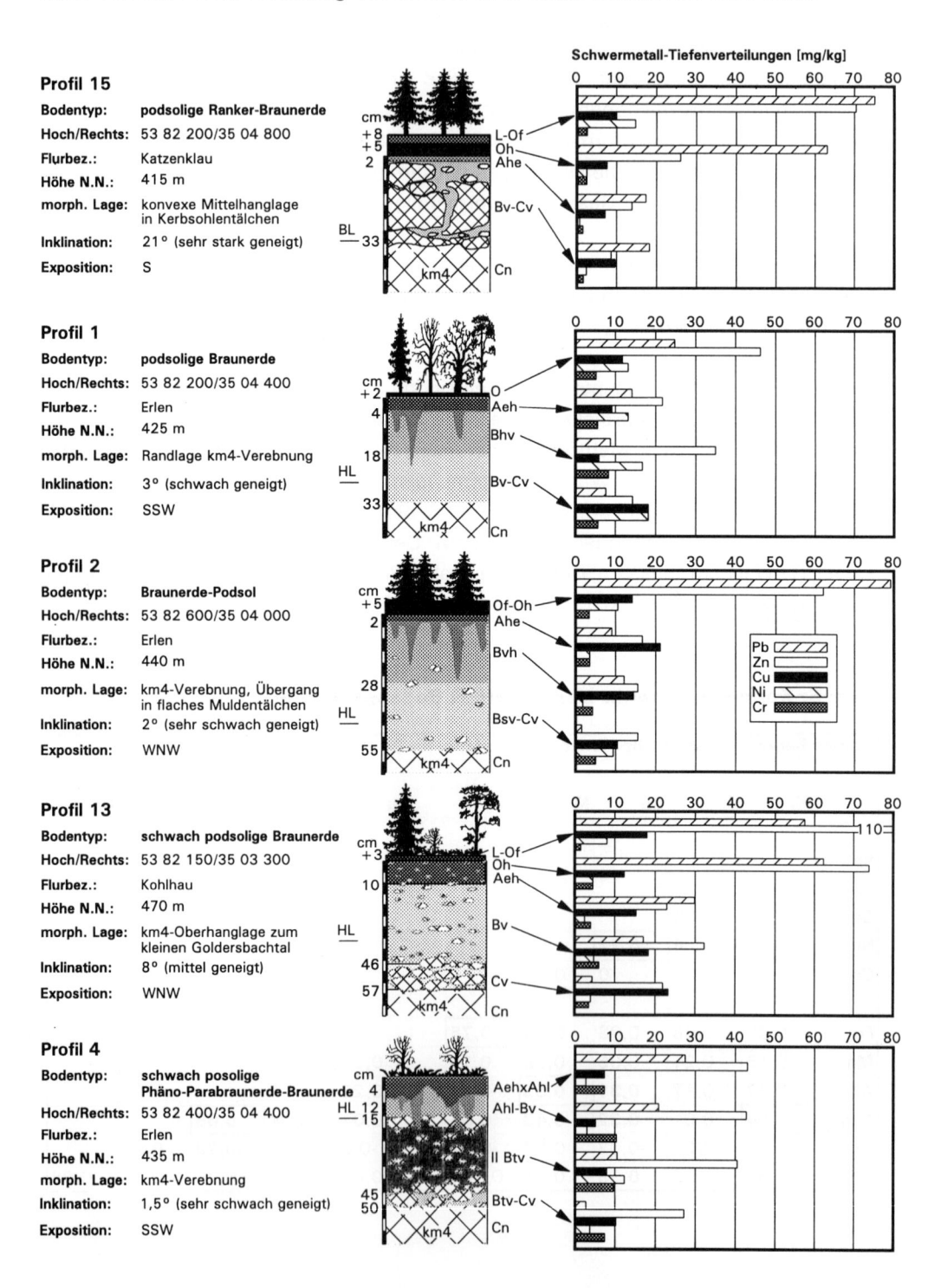

Profil 15
Bodentyp:	podsolige Ranker-Braunerde
Hoch/Rechts:	53 82 200/35 04 800
Flurbez.:	Katzenklau
Höhe N.N.:	415 m
morph. Lage:	konvexe Mittelhanglage in Kerbsohlentälchen
Inklination:	21° (sehr stark geneigt)
Exposition:	S

Profil 1
Bodentyp:	podsolige Braunerde
Hoch/Rechts:	53 82 200/35 04 400
Flurbez.:	Erlen
Höhe N.N.:	425 m
morph. Lage:	Randlage km4-Verebnung
Inklination:	3° (schwach geneigt)
Exposition:	SSW

Profil 2
Bodentyp:	Braunerde-Podsol
Hoch/Rechts:	53 82 600/35 04 000
Flurbez.:	Erlen
Höhe N.N.:	440 m
morph. Lage:	km4-Verebnung, Übergang in flaches Muldentälchen
Inklination:	2° (sehr schwach geneigt)
Exposition:	WNW

Profil 13
Bodentyp:	schwach podsolige Braunerde
Hoch/Rechts:	53 82 150/35 03 300
Flurbez.:	Kohlhau
Höhe N.N.:	470 m
morph. Lage:	km4-Oberhanglage zum kleinen Goldersbachtal
Inklination:	8° (mittel geneigt)
Exposition:	WNW

Profil 4
Bodentyp:	schwach posolige Phäno-Parabraunerde-Braunerde
Hoch/Rechts:	53 82 400/35 04 400
Flurbez.:	Erlen
Höhe N.N.:	435 m
morph. Lage:	km4-Verebnung
Inklination:	1,5° (sehr schwach geneigt)
Exposition:	SSW

Tab. 7: Schwermetallrelevante Profilparameter - Profile über km4-Sand

Profil 15 - podsolige Ranker-Braunerde

Horizont	pH (CaCl$_2$)	Ct [%]	CaCO$_3$ [%]	Sesquioxidbildner [mg/kg]			Summe [%]	Korngrößen [Gewichts-%]			Bodenart	Bemerkungen
				Fe	Al	Mn		T	U	S		
L-Of	3,3	33,1	0	1106	1022	153	0,23					
Oh	2,8	22,3	0	1453	1986	26	0,35					
Ahe	2,9	5,8	0	787	1748	4	0,25	4	14,7	81,3	Su2	
Bv-Cv	3,4	1,9	0	1175	2368	3	0,35	5,8	16,1	78,1	Sl2	

Vegetation: Fichtenmonokultur
Standortseinheit ahS⁻ (trocken-saurer Sandhang)

Profil 1 - podsolige Braunerde

Horizont	pH (CaCl$_2$)	Ct [%]	CaCO$_3$ [%]	Sesquioxidbildner [mg/kg]			Summe [%]	Korngrößen [Gewichts-%]			Bodenart	Bemerkungen
				Fe	Al	Mn		T	U	S		
O	4,2	27,3	0	3203	4181	707	0,81					
Aeh	3,4	6,8	0	3731	4830	38	0,86	8,8	19,2	72	Sl3	Huminstoff-
Bhv	3,6	3,1	0	5793	7929	30	1,38	12,8	26,1	61,1	Sl4	tapeten
Bv-Cv	3,8	1,1	0	3635	5096	52	0,88	8,8	19,9	71,4	Sl3	

Vegetation: Buchen-Eichen-Jungwuchs mit eingestreuten Nadelhölzern, zuvor reiner Fichtenforst
Standortseinheit S⁻ (mäßig trockener Sand)

Profil 2 - Braunerde-Podsol

Horizont	pH (CaCl$_2$)	Ct [%]	CaCO$_3$ [%]	Sesquioxidbildner [mg/kg]			Summe [%]	Korngrößen [Gewichts-%]			Bodenart	Bemerkungen
				Fe	Al	Mn		T	U	S		
Of-Oh	3,3	44,1	0	1850	1715	233	0,38					
Ahe	3,1	5,2	0	3368	3918	26	0,73	7	16,3	76,6	Sl2	Huminstoff-
Bvh	3,5	1,9	0	4823	5093	33	0,99	8,5	19,3	72,3	Sl3	tapeten
Bsv-Cv	3,6	1,4	0	3476	6794	76	1,03	11,2	15,5	73,3	Sl3	rostfleckig

Vegetation: Fichtenmonokultur
Standortseinheit aS (stark saurer Sand)

Profil 13 - schwach podsolige Braunerde

Horizont	pH (CaCl$_2$)	Ct [%]	CaCO$_3$ [%]	Sesquioxidbildner [mg/kg]			Summe [%]	Korngrößen [Gewichts-%]			Bodenart	Bemerkungen
				Fe	Al	Mn		T	U	S		
L-Of	3,9	32	0	1976	2866	3129	0,8					
Oh	3,4	20,9	0	2653	3277	874	0,68					
Aeh	3,1	4,1	0	2067	3040	58	0,52	4,1	11	84,9	Su2	
Bv	3,8	2	0	1724	3818	208	0,58	6	13,1	80,9	Sl2	
Cv	3,3	0,9	0	1476	3197	149	0,48	8	12,1	84,1	Su2	

Vegetation: ausgelichteter Fichten-Kiefernwald mit Buchennaturverjüngung; Seegras
Standortseinheit hS (mäßig frischer Sandhang)

Profil 4 - schwach podsolige Phäno-Parabraunerde-Braunerde

Horizont	pH (CaCl$_2$)	Ct [%]	CaCO$_3$ [%]	Sesquioxidbildner [mg/kg]			Summe [%]	Korngrößen [Gewichts-%]			Bodenart	Bemerkungen
				Fe	Al	Mn		T	U	S		
AehxAhl	3,5	6	0	7858	6618	466	1,49	6,9	33,8	59,2	Su3	vermengt
Ahl-Bv	3,8	2,9	0	9477	7950	573	1,8	8,4	42,1	49,5	Slu	
II Btv	4,1	1,6	0	9081	8392	438	1,79	9,7	35,5	54,8	Sl3	
Btv-Cv	4,2	1,3	0	7462	6391	212	1,41	6,7	33,8	59,6	Su3	

Vegetation: Buchen-Jungaufforstung, ehemals Fichtenmonokultur; Gras- und Krautbedeckung
Standortseinheit SK⁻ (mäßig saurer Sandkerf)

Abb. 14: Idealisiertes Boden- und Schwermetalltiefenprofil über km4-Sand

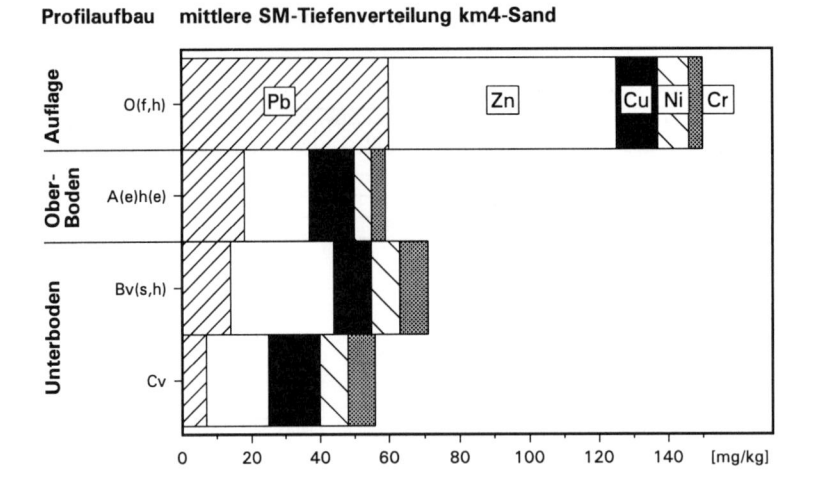

Profilaufbau   mittlere SM-Tiefenverteilung km4-Sand

[Auflage: O(f,h); Oberboden: A(e)h(e); Unterboden: Bv(s,h), Cv — Balkendarstellung mit Pb, Zn, Cu, Ni, Cr; x-Achse: 0–140 mg/kg]

Direkt im Anschluß an die SM-Situation der Böden über Lias *a* bieten die Böden über km4-Sand ein besonders kontrastreiches Bild. Gleichzeitig ist dies die Kennzeichnung extremster Unterschiede in Schwermetallquantität und -qualität im Arbeitsgebiet. Für die SM-relevanten Bodenparameter trifft diese Aussage in gleicher Weise zu und dokumentiert eindrücklich deren Wirkung auf die SM-Verhältnisse.

Die fünf beschriebenen Profile zeichnen sich durch ihre relative Flachgründigkeit und die Dominanz sandiger Bodenarten aus. Das Profiltyp-Spektrum reicht in Abhängigkeit der Hangneigung von der Ranker-Braunerde bis zur Phänoparabraunerde-Braunerde. Eine weitere Gemeinsamkeit dieser Braunerde-Subtypen findet sich in der allgemein ausgeprägten Podsoligkeit, deren Ursache im sandigen Substrat unter stark sauren pH-Bedingungen zu suchen ist. Der Umstand, daß sich alle Profile auf ehemaligen oder immer noch vorhandenen Fichtenmonokulturen befinden, trägt zur Podsolierung das Seinige bei. Mit Ausnahme des Profils 4, welches durch Aufforstungsmaßnahmen verursachte Vermischung im Oberbodenbereich aufweist, ist den km4-Böden das Vorhandensein einer ausgeprägten organischen Auflage gemeinsam.

Betreffend der SM-Verhältnisse ist festzuhalten, daß Cu, Ni und Cr ähnlich den Lias-Böden keine wesentlichen Besonderheiten im Profilverlauf aufweisen. Was bei den Lias-Profilen durch den substratbedingt hohen geogenen Hintergrundanteil im Tiefenverlauf sowie die mobilitätshemmenden pH-Werte abgemildert wurde, kommt hier bei Blei und v.a. Zink in klassischer Weise zum Ausdruck. Es ist der beiden Schwermetallen bereits zugeschriebene immissionsbedingte Anteil. Eindrücklich ist der pH- und Substrateinfluß auf die Schwermetallquantität aus der Tiefenverteilung abzulesen. Die organische Substanz der Auflage mit ihrer großen Adsorptionsfähigkeit für Schwermetalle ermöglicht die dargestellte überproportionale Menge im Vergleich mit dem Mineralbodenanteil. Auf die Auflage folgt der sehr stark saure Mineralboden, der kaum noch in der Lage ist, Schwermetalle in größerem Umfang zu binden. Huminstofftapeten, welche von den eluvierten Ah-Horizonten ausgehen, belegen die Auswaschungsdynamik. Die Bv-Horizonte zeigen infolgedessen einen leicht höheren SM-Gesamtgehalt, da sich dort die mit den organischen Komplexen verlagerten Schwermetalle in einem relativen Zwischenanreicherungsstadium aufgrund leichter pH-Erhöhung befinden. Zur Verlagerungsdynamik trägt die gute Perkolierbarkeit und das Fehlen einer nennenswerten Tonkomponente der Sandböden bei. Zum Einfluß der organischen Substanz auf Schwermetalle im sauren Waldboden, vergl. KÖNIG et al. 1986.

Die SM-Tiefenverteilung läßt bereits erkennen, daß die Böden auf km4-Sand durch erhöhte Schwermetallmobilität gekennzeichnet sind. Hierzu passend weisen Sickerwasseruntersuchungen im Schönbuch von MONN 1989 km4-Böden unter Nadelwald die höchsten SM-Gehalte zu. Dies und die Tatsache der vergleichsweise geringen absoluten Bodenschwermetallgehalte lassen bereits auf einen geringeren SM-Ausfilterungsbeitrag dieser Böden schließen (⇒Kap. 7).

Tab. 8: Korrelationsmatrix km4-Sand - SM & Bodenparameter

Lineare Regression sämtliche Horizonte über km4-Sand, n=21									
	Pb	Zn	Cu	Ni	Cr	Fe	Mn	Al	Ton	Ct
Pb										
Zn	0,51									
Cu	0	0								
Ni	0	0,05	-0,01							
Cr	-0,18	0	-0,15	0,05						
Fe	-0,16	0	-0,16	0	0,81					
Mn	0,13	0,66	0,02	0	-0,02	0				
Al	-0,38	-0,03	-0,1	0,04	0,81	0,81	0			
Ton	-0,64	-0,33	-0,03	0,03	0,38	0,35	-0,15	0,64		
Ct	0,8	0,56	0	0,06	-0,18	-0,16	0,2	-0,33	-0,65	
pH	-0,1	0,06	0	0,15	0,35	0,32	0,14	0,35	0,06	-0,01

Ohne bereits die Auswertung der Korrelationsdaten vorwegnehmen zu wollen, sei im oben angesprochenen Zusammenhang auf die hohen Beziehungen zwischen Blei und Zink mit der durch den Kohlenstoffgehalt repäsentierten organischen Substanz hingewiesen.

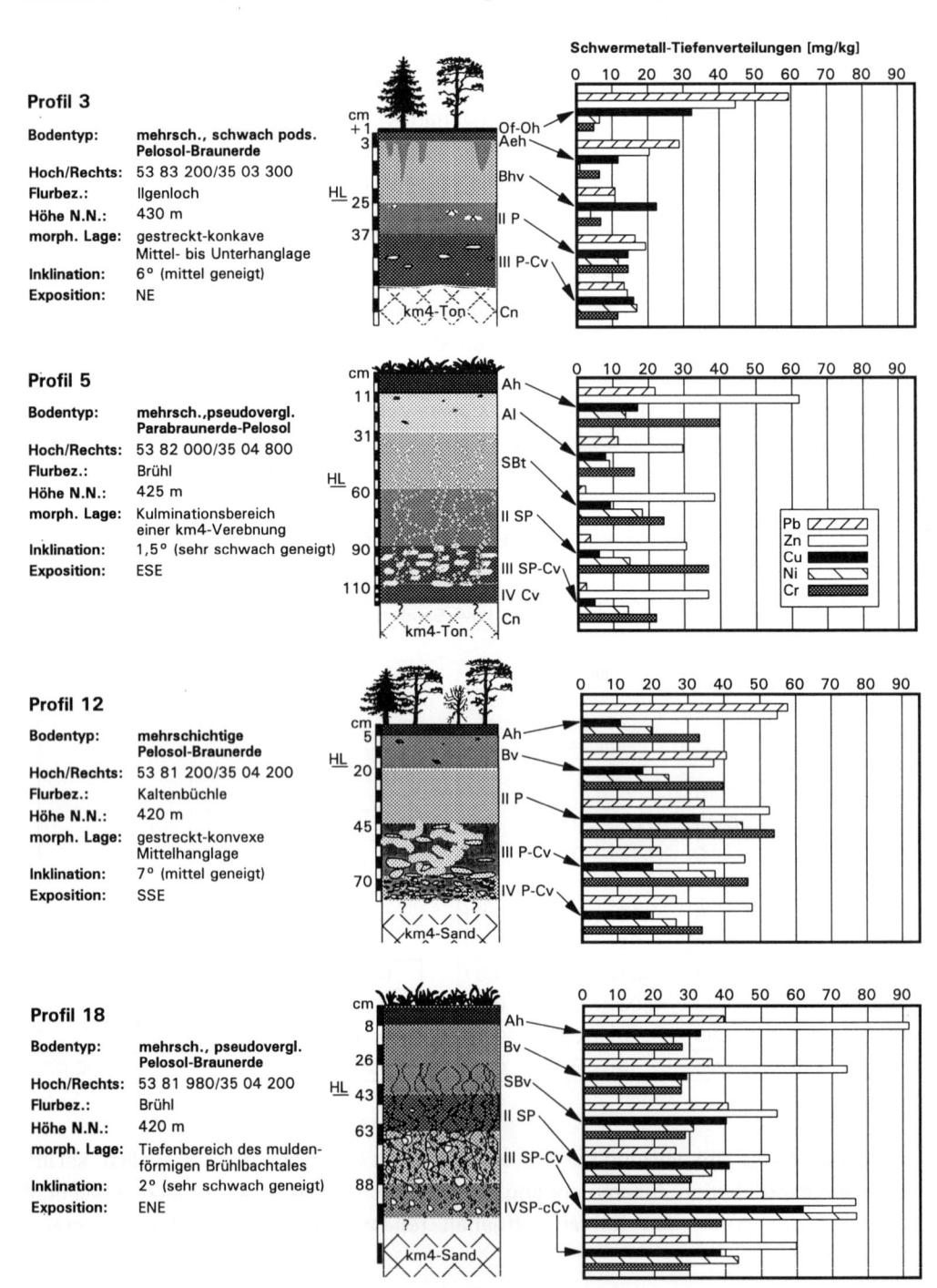

Abb. 15: SM-Tiefenverteilung von Böden aus Periglaziallagen über Stubensandstein (km4-Ton und -Schuttlagen)

Profil 3
- Bodentyp: mehrsch., schwach pods. Pelosol-Braunerde
- Hoch/Rechts: 53 83 200/35 03 300
- Flurbez.: Ilgenloch
- Höhe N.N.: 430 m
- morph. Lage: gestreckt-konkave Mittel- bis Unterhanglage
- Inklination: 6° (mittel geneigt)
- Exposition: NE

Profil 5
- Bodentyp: mehrsch., pseudovergl. Parabraunerde-Pelosol
- Hoch/Rechts: 53 82 000/35 04 800
- Flurbez.: Brühl
- Höhe N.N.: 425 m
- morph. Lage: Kulminationsbereich einer km4-Verebnung
- Inklination: 1,5° (sehr schwach geneigt)
- Exposition: ESE

Profil 12
- Bodentyp: mehrschichtige Pelosol-Braunerde
- Hoch/Rechts: 53 81 200/35 04 200
- Flurbez.: Kaltenbüchle
- Höhe N.N.: 420 m
- morph. Lage: gestreckt-konvexe Mittelhanglage
- Inklination: 7° (mittel geneigt)
- Exposition: SSE

Profil 18
- Bodentyp: mehrsch., pseudovergl. Pelosol-Braunerde
- Hoch/Rechts: 53 81 980/35 04 200
- Flurbez.: Brühl
- Höhe N.N.: 420 m
- morph. Lage: Tiefenbereich des muldenförmigen Brühlbachtales
- Inklination: 2° (sehr schwach geneigt)
- Exposition: ENE

Tab. 9: Schwermetallrelevante Profilparameter - Profile aus Periglaziallagen über Stubensandstein (km4-Ton und -Schuttlagen)

Profil 3 - mehrschichtige, schwach podsolierte Pelosol-Braunerde

Horizont	pH (CaCl$_2$)	Ct [%]	CaCO$_3$ [%]	Oxidbildner [mg/kg] Fe	Al	Mn	Summe [%]	Korngrößen [Gewichts-%] T	U	S	Bodenart	Bemerkungen
Of-Oh	3,6	31,8	0	5272	3383	404	0,9					
Aeh	3,5	7	0	11554	5712	276	1,75	10,2	39,7	50,1	Sl3	Huminstoff-
Bhv	3,7	3,2	0	13780	6845	397	2,1	15,4	43,4	41,2	Slu	Tapeten
II P	3,8	0,9	0	18687	13911	512	3,3	30	26,8	43,2	Lts	
III P-Cv	4,2	0,8	0	13643	12232	135	2,6	29,2	16,5	54,3	Lts	

Vegetation: Fichte-Kiefer-Altbestand
Standortseinheit sSK (mäßig frischer versauerter Sandkerf)

Profil 5 - mehrschichtiger, pseudovergleyter Parabraunerde-Pelosol

Horizont	pH (CaCl$_2$)	Ct [%]	CaCO$_3$ [%]	Sesquioxidbildner [mg/kg] Fe	Al	Mn	Summe [%]	Korngrößen [Gewichts-%] T	U	S	Bodenart	Bemerkungen
Ah	5,8	4,7	0	11463	12683	720	2,5	12,2	34,5	53,3	Sl4	
Al	5,5	1,3	0	11239	9862	475	2,2	14	31,9	54,1	Sl4	
SBt	4	1,4	0	15465	26395	47	4,2	38,2	19,3	42,5	Lts	
II SP	3,5	0,5	0	22414	20320	43	4,3	41,5	33,6	25	Lt3	
III SP-Cv	3,5	0,1	0	10591	16133	34	2,7	28	22	50	Lts	

Vegetation: Fettwiese (Lichtung)
Standortseinheit SK~ (vernässender Sandkerf)

Profil 12 - mehrschichtige Pelosol-Braunerde

Horizont	pH (CaCl$_2$)	Ct [%]	CaCO$_3$ [%]	Sesquioxidbildner [mg/kg] Fe	Al	Mn	Summe [%]	Korngrößen [Gewichts-%] T	U	S	Bodenart	Bemerkungen
Ah	4,3	4,3	0	25000	21305	1084	4,7	25,9	58,7	15,4	Lu	
Bv	4,1	1	0	31395	23837	919	5,6	34,3	55,5	10,1	Tu3	
II P	5,1	0,5	0	50461	40899	1000	9,2	61,4	32,6	6	Tu2	
III P-Cv	7,1	0,7	*	32042	29812	933	6,3	54	37,6	8,4	Tu2	* kalkhaltiges
IV P-Cv	7,3	0,3	*	24272	21481	601	4,6	42,8	43,7	13,5	Lt3	Lias-Skelett

Vegetation: Kiefer-Fichte-Altbestand, durchsetzt mit einzelnen Jungbuchen
Standortseinheit T (trocken-saurer Ton)

Profil 18 - mehrschichtige, pseudovergleyte Pelosol-Braunerde

Horizont	pH (CaCl$_2$)	Ct [%]	CaCO$_3$ [%]	Sesquioxidbildner [mg/kg] Fe	Al	Mn	Summe [%]	Korngrößen [Gewichts-%] T	U	S	Bodenart	Bemerkungen
Ah	5,2	10,1	0	30833	22065	1132	5,4	20,8	58,6	20,6	Lu	
Bv	4,9	5,2	0	30805	23683	1146	5,6	26,6	56,1	17,3	Lu	
SBv	5,1	6,6	0	36841	25386	1878	6,4	31	50,6	18,3	Tu3	
II SP	5	5,1	0	35775	33138	400	6,9	57	32,9	10,2	Tu2	
III SP-Cv	5,8	2,4	0	53651	31968	1597	8,7	49,6	29,1	21,3	Tl	
IV SP-cCv	7,4	3,4	*16	34813	23038	2775	6,1	43,1	29,1	27,8	Lts	*konkretionär

Vegetation: Fettwiese
Standortseinheit LK$^+$ (frischer Lehmkerf)

Abb. 16: Idealisiertes Boden- und Schwermetalltiefenprofil km4-Ton -Schuttlagen

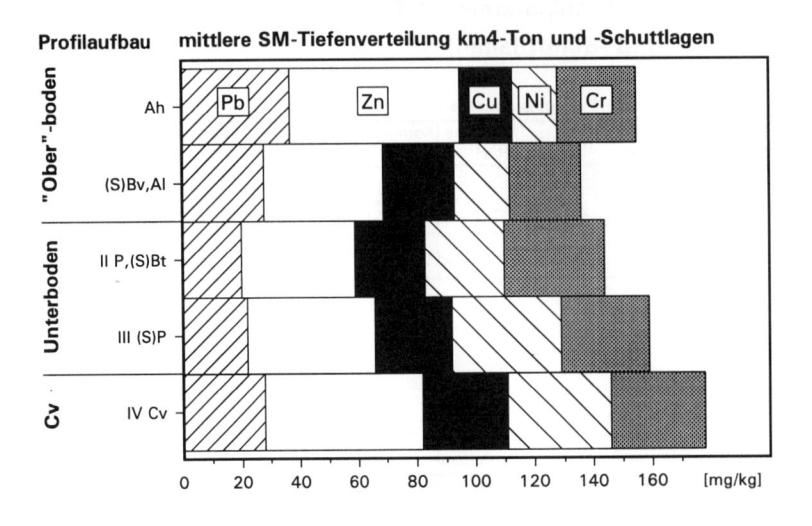

Der Vergleich zwischen beiden Varianten der über Stubensandstein entwickelten Profile zeigt deren gänzliche Verschiedenheit in Aufbau, Schwermetall- und Substratverhältnissen. Grund hierfür ist einmal das Auftreten von Fazieswechseln im Stubensandstein selbst, und zum anderen seine in Hangposition z.T. mächtige solifluidal bedingte Überdeckung. Die Profile 3 und 5 stehen für Ersteres. Ihre Basis ist nicht der massive km4-Sandstein, sondern wird von Sandmergeln gebildet, die, wie hier der Fall, zusätzlich von "Sandmergellinsen" (SCHMIDT 1980, 39) durchsetzt sind. Die Profile 12 und 18 werden dagegen von massivem Sandstein unterlagert. Allen vier Profilen gemeinsam ist aber die Entwicklung in periglazialen Solifluktionslagen mit hohem geologischem Fremdmaterialanteil. Mit Ausnahme von Profil 5, dessen morphologische Lage nur Löß- und km4-Material als Ausgangssubstrat für die Bodenbildung zuläßt, zeigen die übrigen Profile neben km4-Material eine dominante Beimischung von solifluidal, hangabwärts verlagertem tonreichen Knollenmergel- und Liassubstrat. Die Schichtabfolge und darin entwickelten Bodenhorizonte sind prinzipiell vergleichbar mit den beschriebenen Verhältnissen auf Lias α. Anstelle des die Phäno-Parabraunerde diagnostizierenden II Bt-Horizontes tritt hier jedoch der Wechsel von der schluffreichen Hauptlage hin zur tonreicheren Basislage 1 durch einen II P-Horizont in Erscheinung. Bodentypologisch liegen dann Braunerde-Pelosole vor. Der dem II P aufliegende Bv- entspricht funktionell dem Al-Horizont der Lias-Böden. Der wesentliche, sich in der Horizontbezeichnung niederschlagende Unterschied besteht darin, daß sich die Liasböden wegen ihrer morphologisch höchsten Position geologisch gesehen in nahezu autochtonem Material ohne Fremdsubstrateinfluß - Löß ausgenommen - entwickeln konnten, so daß die Schichtübergänge zu weniger krassen Substratdifferenzierungen führen. Den besten Beweis hierfür liefert Profil 5, das auf km4-Sandmergelgrundlage außer Löß ebenfalls kaum Fremdmaterialbeeinflussung aufweist und daher von der Horizontabfolge die beschriebenen Merkmale der Lias-Böden zeigt.

Wie wirkt sich das Gesagte nun auf die Schwermetallsituation aus? Als erstes ist festzuhalten, daß deren Gesamtmenge aufgrund des tonreicheren Substrats gegenüber den km4-Sand-Profilen wesentlich höher ausgebildet ist. Der Schwermetallreichtum nimmt mit dem Tongehalt innerhalb der Profile zu, wobei die Böden mit km4-Sandmergeln im Untergrund auf einem niedrigeren geogenen Level rangieren. Dies ist leicht aus den immerhin noch gegen 50 Prozent tendierenden Sandgehalten der Horizonte zu erklären. Als erwähnenswerte Besonderheit bei der Schwermetalltiefenverteilung sind die zum Profiltiefsten hin ansteigenden Bleigehalte der Profile 12 und 18 zu nennen. Von den Bodenparametern her findet sich exakt dieselbe Situation, wie schon bei Lias Profil 19 beschrieben. Interflow und hohe pH-Werte aufgrund des Auftretens von freiem Kalk fällen Schwermetalle aus den perkolierenden Wässern und reichern das Substrat entsprechend an.

Die beiden Böden auf Sandmergel haben kein kalkreiches Angulatensandsteinskelett im Untergrund, das eine pH-Erhöhung verursachen könnte. Dennoch ist auch hier, wenngleich kein Anstieg der Blei-Gehalte erfolgt, kaum eine Abnahme hin zum Profiltiefsten zu verzeichnen. Zink paßt sich dem Bleiverlauf in fast idealer Weise an. Die Elemente Kupfer, Nickel und Chrom zeigen aufgrund ihrer geogenen Abkunft in Richtung größerer Profiltiefe, mit zunehmendem Tongehalt, die gleiche ansteigende Tendenz wie die beiden Profile mit Kalk im Untergrund. Allein die Ursache hierfür ist gänzlich verschieden!

Tab. 10: Korrelationsmatrix km4-Ton -Schuttl. - SM & Bodenparameter

Lineare Regression sämtliche Horizonte km4-T u. -Schuttl., n = 21										
	Pb	Zn	Cu	Ni	Cr	Fe	Mn	Al	Ton	Ct
Pb										
Zn	0,32									
Cu	0,35	0,37								
Ni	0,14	0,38	0,6							
Cr	0,03	0,29	0,06	0,44						
Fe	0,18	0,34	0,53	0,83	0,52					
Mn	0,29	0,36	0,43	0,4	0,14	0,41				
Al	0,03	0,28	0,22	0,65	0,69	0,77	0,16			
Ton	-0,29	0,04	0,1	0,55	0,5	0,59	0,06	0,8		
Ct	0,32	0,07	0,08	-0,04	-0,15	-0,05	0	-0,12	-0,29	
pH	0,02	0,25	0,16	0,34	0,27	0,21	0,38	0,18	0	-0,04

5.3.4 Böden auf Decklehm (dl)
Abb. 17: SM-Tiefenverteilung von Böden auf Decklehm

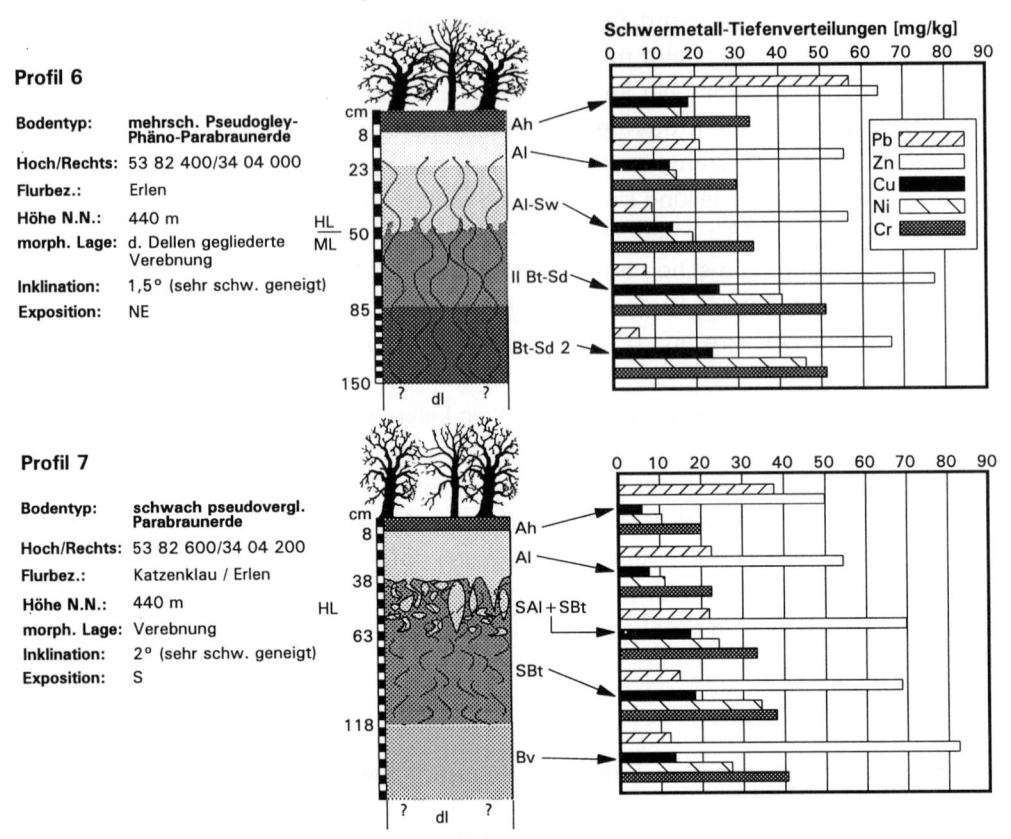

Profil 6

Bodentyp:	mehrsch. Pseudogley-Phäno-Parabraunerde
Hoch/Rechts:	53 82 400/34 04 000
Flurbez.:	Erlen
Höhe N.N.:	440 m
morph. Lage:	d. Dellen gegliederte Verebnung
Inklination:	1,5° (sehr schw. geneigt)
Exposition:	NE

Profil 7

Bodentyp:	schwach pseudovergl. Parabraunerde
Hoch/Rechts:	53 82 600/34 04 200
Flurbez.:	Katzenklau / Erlen
Höhe N.N.:	440 m
morph. Lage:	Verebnung
Inklination:	2° (sehr schw. geneigt)
Exposition:	S

Tab. 11: Schwermetallrelevante Profilparameter - Profile auf Decklehm

Profil 6 - Pseudogley-Phäno-Parabraunerde

Horizont	pH (CaCl$_2$)	Ct [%]	CaCO$_3$ [%]	Oxidbildner [mg/kg]			Summe [%]	Korngrößen [Gewichts-%]			Bodenart	Bemerkungen
				Fe	Al	Mn		T	U	S		
Ah	4,8	6	0	16114	13270	831	3	10,1	71,8	18,1	Ut2	
Al	3,7	2	0	17703	15431	395	3,4	16,3	74,1	9,6	Ut3	
Al-Sw	4	0,9	0	22816	18689	667	4,2	20,1	69,7	10,2	Ut4	
II Bt-Sd	5,1	0,5	0	33023	33953	558	6,8	39,8	54,9	5,3	Tu3	
Bt-Sd 2	6,1	0,5	0	34625	35125	813	7,1	39,9	55,5	4,6	Tu3	

Vegetation: Buchen-Eichen-Wald
Standortseinheit D+ (grundfrischer Decklehm)

Profil 7 - schwach pseudovergleyte Parabraunerde

Horizont	pH (CaCl$_2$)	Ct [%]	CaCO$_3$ [%]	Sesquioxidbildner [mg/kg]			Summe [%]	Korngrößen [Gewichts-%]			Bodenart	Bemerkungen
				Fe	Al	Mn		T	U	S		
Ah	3,9	7,1	0	10427	10308	936	2,2	9,4	54,8	35,8	Uls	
Al	3,8	1,9	0	13065	11558	697	2,5	13,3	58,2	28,6	Uls	
SAl+SBt	4	1,9	0	23180	23180	582	4,7	28,1	45,3	26,5	Lt2	
SBt	4,4	0,5	0	26954	27943	669	5,6	34,5	44,6	20,9	Lt2	
Bv	7	1,9	>1	27171	26799	439	5,4	27,9	60	12,1	Lu	

Vegetation: Buchen-Eichen-Wald
Standortseinheit D~ (wechselfeucht-vernässender Decklehm)

Abb. 18: Idealisiertes Boden- und Schwermetalltiefenprofil - Profile auf Decklehm

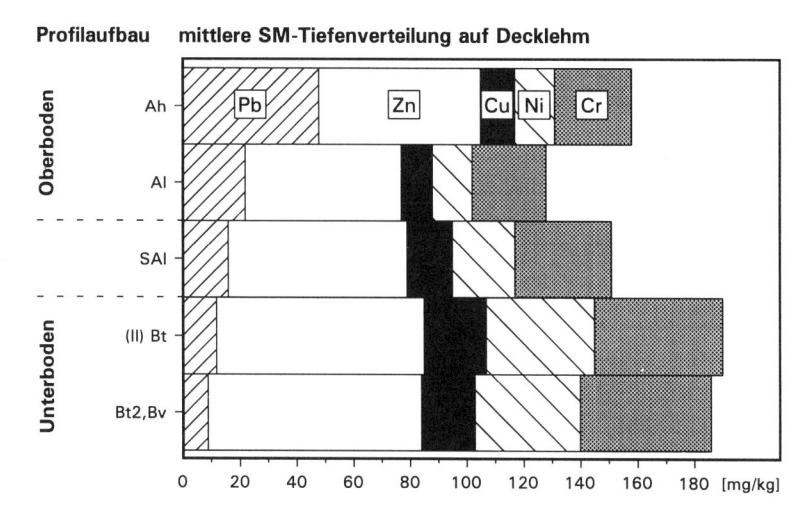

Profilaufbau — mittlere SM-Tiefenverteilung auf Decklehm

Oberboden: Ah, Al, SAl
Unterboden: (II) Bt, Bt2, Bv

Schwermetalle: Pb, Zn, Cu, Ni, Cr
Skala: 0 – 180 [mg/kg]

Bei den Profilen auf Decklehm handelt es sich um Böden, die aus periglazial eingewehtem Löß entstanden sein sollen. Entkalkung und holozäne Bodenbildung führten, nach SCHMIDT 1980, zur Ausbildung steinfreier Lehmdecken, die mehrere Meter mächtig sein können. So ergaben auch tiefergehende Bohrungen vom Grunde der Profilgruben aus in über zwei Metern Tiefe immer noch schluffreichen Lehm, ohne daß anstehender Löß hätte erreicht werden konnte. Die pH-Werte der zu unterst beprobten Horizonte und schwache Anflüge von freiem Kalk lassen jedoch vermuten, daß die Entkalkungsgrenze in nicht allzugroßer Tiefe liegt oder sekundäre Aufkalkung hierfür verantwortlich ist. Kalkkonkretionen konnten jedoch nicht gefunden werden.

Bodentypologisch handelt es sich bei beiden Profilen um Parabraunerden. Profil 7 zeigt diesbezüglich eine lehrbuchmäßige Horizontabfolge mit passenden Bodendaten. Störend wirkt nur der durch Wühlgänge geschaffene SAl + SBt-Horizont. Profil 6 hingegen muß als Phäno-Parabraunerde angesprochen werden. Hier folgt auf die bräunlich-gelbe (10YR 7/3) Hauptlage ein eindeutiger Schichtwechsel zu einer Mittellage. Der nachfolgende II Bt-Horizont zeichnet sich durch beinahe doppelten Tongehalt gegenüber dem Oberboden aus. Allein durch Lessivierung ist dies nicht erklärbar. Zudem erfolgt ein markanter Farbwechsel nach rötlich-braun (7,5YR 5,5/6) und die Lagerungsdichte erhöht sich sprunghaft. Die Beteiligung von Knollenmergel-Fließerdematerial liegt dabei aufgrund der Profilposition in nicht allzu weiter Entfernung eines Knollenmergel-hanges auf der Hand. Der mit dem Schichtwechsel einhergehende Unterschied in der Bodenart wirkt sich, im Vergleich mit Profil 7, in einer entsprechend stärkeren Pseudovergleyung aus.

Im Schwermetallvergleich beider Profile spiegelt sich der km5-Einfluß bei Profil 6 in etwas höheren Gehalten bei Kupfer, Nickel und Chrom wider. Die Ursache ist auf den größeren Tongehalt zurückzuführen. Die SM-Tiefenverläufe beider Profile verhalten sich jedoch nahezu synchron und unterscheiden sich viel weniger stark voneinander als die bisher unter einer Geologie zusammengefaßten Böden. Dies ist nicht weiter verwunderlich, berücksichtigt man, daß aufgrund der Lößlehmdominanz im großen und ganzen ein recht einheitliches Ausgangssubstrat mit nur geringer Fremdsubstratbeeinflussung vorliegt. Selbst die km5-Fließerde besteht ja größtenteils aus Lößlehm, dem der Knollenmergelton nur beigemischt ist. Die anschließende Korrelationsmatrix spiegelt die geogene Substrateinheitlichkeit dann auch in vergleichsweise sehr hohen Koeffizienten wider.

Eine weitere Beobachtung bezüglich der Schwermetalle mit stark anthropogener Komponente verdient noch erwähnt zu werden. Blei zeigt, genau wie bei den bisher besprochenen Böden, einen typischen Gehaltsverlauf mit sinkender Tendenz in Richtung Tiefe. Die Zinkwerte aber erreichen in bisher noch nicht beobachteter Weise ihr Maximum im Unter- und nicht im Oberboden. Der Zink-Tiefenverlauf ist dem von Blei hier gerade entgegengesetzt. Auch die noch folgenden Böden zeigen in keinem Fall solche Verhältnisse. Es ist zu vermuten, daß infolge der relativen geologischen Substrathomogenität der Mobilitätsunterschied zwischen Blei und dem allgemein wesentlich mobileren Zink (z.B. HORNBURG & BRÜMMER 1993, u.v.a.m) gut in Erscheinung treten kann.

Tab. 12: Korrelationsmatrix dl - SM & Bodenparameter

Lineare Regression sämtliche Horizonte (dl), n = 10										
	Pb	Zn	Cu	Ni	Cr	Fe	Mn	Al	Ton	Ct
Pb										
Zn	-0,15									
Cu	-0,12	0,4								
Ni	-0,39	0,48	0,74							
Cr	-0,33	0,58	0,84	0,89						
Fe	0,53	0,57	0,73	0,93	0,93					
Mn	0,23	-0,21	-0,02	-0,01	-0,06	-0,09				
Al	-0,51	0,6	0,68	0,96	0,9	0,97	-0,07			
Ton	-0,57	0,52	0,62	0,93	0,8	0,93	-0,08	0,97		
Ct	0,8	-0,2	-0,27	-0,42	-0,39	-0,56	0,31	-0,5	-0,58	
pH	-0,09	0,59	0,18	0,38	0,48	0,42	-0,02	0,41	0,28	-0,05

PROFILKENNZEICHNUNG & -SM-VERHÄLTNISSE 47

5.3.5 Böden auf Knollenmergel (km5)

Abb. 19: SM-Tiefenverteilung von Böden aus Periglaziallagen über Knollenmergel

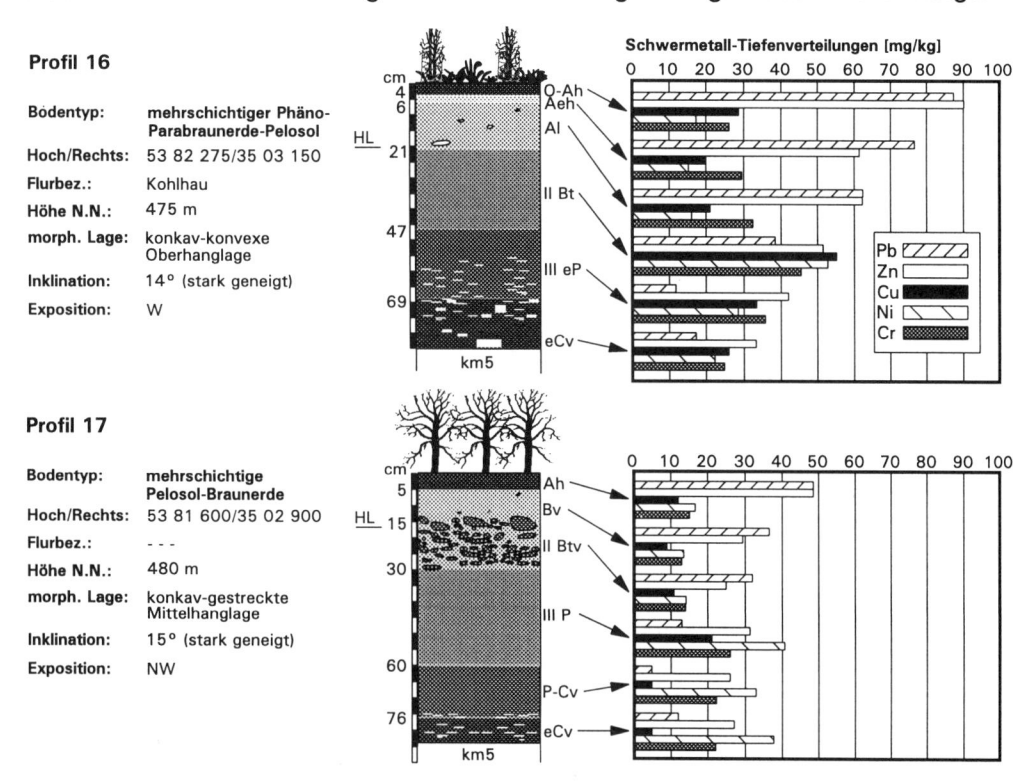

Profil 16

Bodentyp:	mehrschichtiger Phäno-Parabraunerde-Pelosol
Hoch/Rechts:	53 82 275/35 03 150
Flurbez.:	Kohlhau
Höhe N.N.:	475 m
morph. Lage:	konkav-konvexe Oberhanglage
Inklination:	14° (stark geneigt)
Exposition:	W

Profil 17

Bodentyp:	mehrschichtige Pelosol-Braunerde
Hoch/Rechts:	53 81 600/35 02 900
Flurbez.:	- - -
Höhe N.N.:	480 m
morph. Lage:	konkav-gestreckte Mittelhanglage
Inklination:	15° (stark geneigt)
Exposition:	NW

Tab. 13: Schwermetallrelevante Profilparameter - Profile über km5

Profil 16 - mehrschichtiger Phäno-Parabraunerde-Pelosol

Horizont	pH (CaCl$_2$)	Ct [%]	CaCO$_3$ [%]	Oxidbildner [mg/kg]			Summe [%]	Korngrößen [Gewichts-%]			Bodenart	Bemerkungen
				Fe	Al	Mn		T	U	S		
O-Ah	4,3	19,8	0	17200	13013	2399	3,3					
Aeh	3,9	6,1	0	23650	16011	842	4,1	26,8	61,5	11,8	Lu	
Al	3,5	4,3	0	31118	17108	1056	4,9	27,3	61,4	11,3	Lu	
II Bt	6,1	1,1	0	32788	29555	1097	6,3	68,1	29,4	2,5	Tt	
III eP	7,4	1,1	15	27729	20365	1218	4,9	58,1	36,2	5,6	Tu2	
eCv	7,6	0,6	24	19856	14028	836	3,5	40	42	18	Lt3	

Vegetation: Jungaufforstung mit Eiche-Buche, Kraut- und Grasbedeckung, Brombeergestrüpp (vorher reiner Nadelwald)
Standortseinheit: hTL (Tonlehm-Hang)

Profil 17 - mehrschichtige Pelosol-Braunerde

Horizont	pH (CaCl$_2$)	Ct [%]	CaCO$_3$ [%]	Sesquioxidbildner [mg/kg]			Summe [%]	Korngrößen [Gewichts-%]			Bodenart	Bemerkungen
				Fe	Al	Mn		T	U	S		
Ah	4,9	12,5	0	14217	9634	3201	2,7	8,2	53,3	38,4	Uls	
Bv	4	10,6	0	15823	10772	2597	2,9	16,8	65,9	17,2	Ut3	
II Btv	3,9	7	0	17530	11466	2741	3,2	21,2	60,7	18,1	Lu	
III P	3,8	3,3	0	26771	29160	597	5,7	48,7	49,8	1,6	Tu2	
P-Cv	5,3	3,2	0	21968	19056	110	4,1	50,1	47,1	2,8	Tu2	
eCv	6,8	2,4	1,3	22712	19617	141	4,3	64,8	31,3	4	Tu2	

Vegetation: Buchenwald
Standortseinheit: hT (Ton-Hang)

Abb. 20: Idealisiertes Boden- und Schwermetalltiefenprofil - Profile über km5

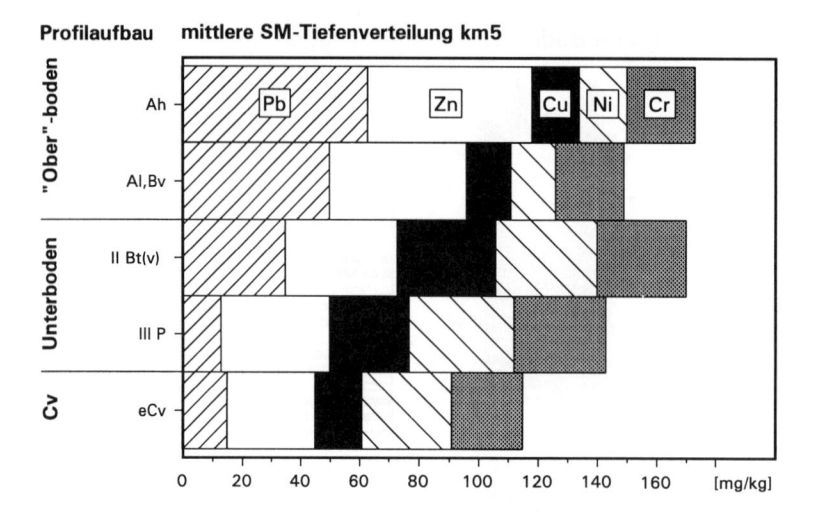

Im Untersuchungsgebiet kommen in Abhängigkeit von der geologischen Position zwei Typen von Knollenmergelhängen vor. Dort, wo Lias *a* erhalten ist, überlagert dieser die km5-Hänge, wo nicht, bildet der Rhätsandstein die hangende Geologie. Neben der äolischen Lößkomponente der Hauptlage sind die Periglaziallagen über dem anstehenden Knollenmergel daher einmal durch Lias *a* -Profil 16 - und einmal durch Rhätsandsteinmaterial - Profil 17 - beeinflußt. Von der Boden- und Schichtabfolge her weisen die untersuchten km5-Böden höchste Übereinstimmung mit den beschriebenen Verhältnissen über Lias auf. Der Unterschied zwischen beiden geologischen Standorten besteht darin, daß die den Unterbodenbereich bildenden Basislagen bei km5 in Folge des anstehenden Mergels bedeutend tonreicher ausfallen. Ausgenommen von dieser Tendenz sind Böden auf Lias-Tonen, in diesem Fall besteht allerhöchste Übereinstimmung. Im Falle des Profils mit hangendem Rhät liegt eine mehrschichtige Pelosol-Braunerde vor. Die km5-Phänologie kann sich unter diesen Bedingungen besser durchsetzen, da der kieselig gebundene, feinkörnige Rhätsandstein (SCHMIDT 1980, 52f) die km5-Fließerde nur mit Skelett oder Sand verdünnt hat. Das sich unter periglazialen Bedingungen mit km5-Material vermischende schluffig-tonige Lias-Substrat im Verein mit Löß schafft eine entsprechend abweichende Bodenartensituation. Bodentypologisch ergibt sich hier ein mehrschichtiger Phäno-Parabraunerde-Pelosol. Die Schichtabfolgen sind jedoch in beiden Fällen, auch hinsichtlich ihrer Eigenschaften und Bedeutung, gleichzusetzen.

Auch die Schwermetallverhältnisse der Lias- und km5-Böden entsprechen sich in ihrer Tiefenverteilung vollkommen. Unterschiede bestehen aber in der Schwermetallmenge. Die km5-Profile zeichnen sich trotz höherer Tongehalte durch vergleichsweise geringere SM-Gehalte aus. Aus diesem Sachverhalt darf geschlossen werden, daß sich der anstehende Knollenmergel selbst durch geringere Schwermetallgehalte gegenüber Lias *a* auszeichnet. Durch den Umstand, daß Profil 16 mit Liasbeteiligung wesentlich höhere Schwermetallgehalte aufweist als Profil 17, wird dies transparent. Ein weiterer Beleg für einen geringen Gesamtausgangsgehalt des Anstehenden bei km5 läßt sich aus dem Anteil von Blei ableiten. Sein Anteil an der Gesamt-SM-Menge ist bei den km5-Böden bei etwa gleichen Absolutgehalten sehr viel größer als bei Lias-Böden (vergl. Abb.12 mit 20). Die anthropogene Komponente des Bleis kann daher mehr Raum innerhalb des Gesamt-SM-Spektrums einnehmen. Zink, mit ebenfalls anthropogener Komponente, ist im Oberboden trotz seiner hohen Mobilität gegenüber dem Unterboden angereichert, bewegt sich mengenmäßig angesichts der vorhandenen Tongehalte aber auf sehr niederem Niveau. Wurde im vorherigen Abschnitt bemerkt, daß sich die Böden auf Decklehm durch einen so hohen geogenen Zinkreichtum auszeichnen, daß im Profil-Tiefenverlauf sogar die Eintragskomponente überdeckt wird, gilt es hier festzuhalten, daß sich km5-Böden durch gegenteiliges Erscheinen ausweisen. Wie später mit Zahlen noch belegt werden wird, nimmt die SM-Gruppierung Kupfer, Nickel und Chrom quantitativ einen entsprechend höheren Stellenwert ein.

Tab. 14: Korrelationsmatrix (km5) - SM & Bodenparameter

Lineare Regression sämtliche Horizonte (km5), n = 12									
	Pb	Zn	Cu	Ni	Cr	Fe	Mn	Al	Ton	Ct
Pb										
Zn	0,77									
Cu	0,04	0,2								
Ni	-0,26	-0,06	0,21							
Cr	0	0,16	0,73	0,35						
Fe	-0,02	0,01	0,36	0,38	0,77					
Mn	0,2	0,06	0	-0,35	-0,23	-0,4				
Al	-0,13	-0,01	0,29	0,82	0,52	0,69	-0,43			
Ton	-0,49	-0,22	0,09	0,72	0,31	0,47	-0,6	0,63		
Ct	0,48	0,34	-0,04	-0,32	-0,19	-0,43	0,53	-0,36	-0,75	
pH	-0,31	-0,07	0,08	0,19	0,09	0,02	-0,13	0,04	0,38	-0,27

5.3.6 Böden auf Rhät (ko)

Abb. 21: SM-Tiefenverteilung - Böden aus Periglaziallagen über Rhätsandstein und Rhätsandstein-Blockschutt

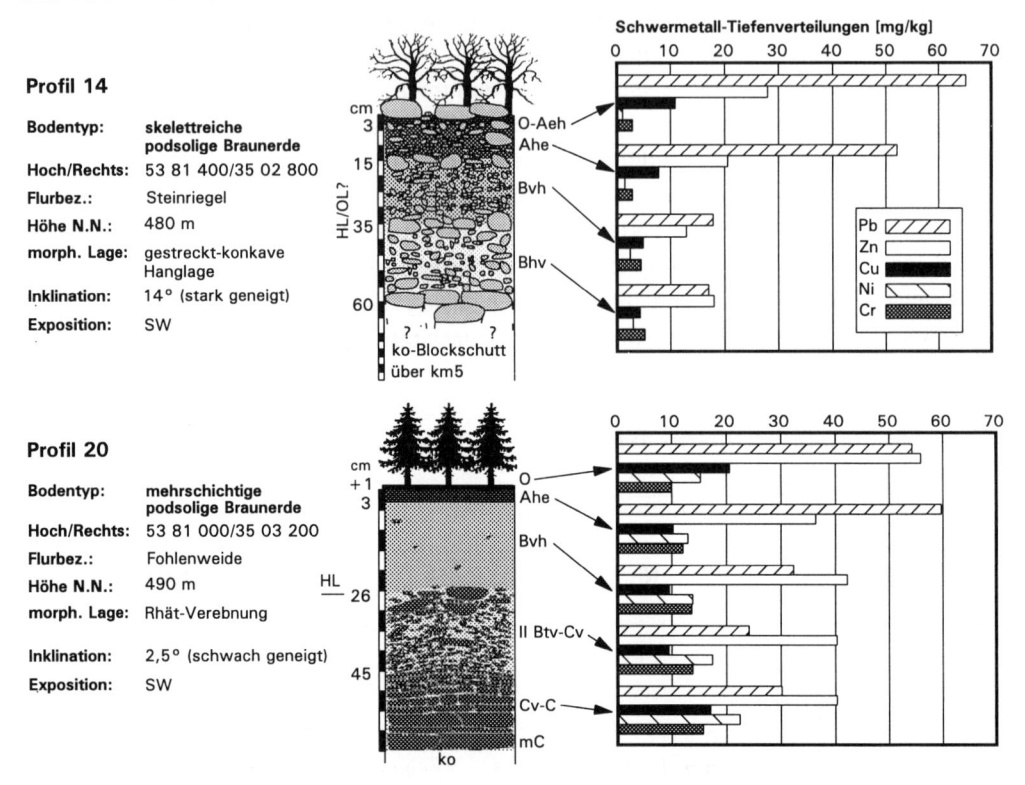

Profil 14

Bodentyp:	skelettreiche podsolige Braunerde
Hoch/Rechts:	53 81 400/35 02 800
Flurbez.:	Steinriegel
Höhe N.N.:	480 m
morph. Lage:	gestreckt-konkave Hanglage
Inklination:	14° (stark geneigt)
Exposition:	SW

Profil 20

Bodentyp:	mehrschichtige podsolige Braunerde
Hoch/Rechts:	53 81 000/35 03 200
Flurbez.:	Fohlenweide
Höhe N.N.:	490 m
morph. Lage:	Rhät-Verebnung
Inklination:	2,5° (schwach geneigt)
Exposition:	SW

Tab. 15: Schwermetallrelevante Profilparameter - Rhätprofile

Profil 14 - skelettreiche podsolige Braunerde

Horizont	pH (CaCl$_2$)	Ct [%]	CaCO$_3$ [%]	Oxidbildner [mg/kg]			Summe [%]	Korngrößen [Gewichts-%]			Bodenart	Bemerkungen
				Fe	Al	Mn		T	U	S		
O-Aeh	4,7	10,3	0	2229	1898	1215	0,5	2,2	8,2	89,6	Ss	
Ahe	3,5	8,2	0	2628	2136	217	0,5	0,9	22,7	76,4	Su2	
Bvh	3,3	6	0	3160	2260	20	0,5	7,4	33,5	59,1	Su3	
Bhv	3,8	3,2	0	4096	4096	50	0,8	10,2	32,3	57,6	Sl3	

Vegetation: Buchenwald
Standortseinheit: hS⁻ (mäßig trockener Sandhang)

Profil 20 - mehrschichtige podsolige Braunerde

Horizont	pH (CaCl$_2$)	Ct [%]	CaCO$_3$ [%]	Sesquioxidbildner [mg/kg]			Summe [%]	Korngrößen [Gewichts-%]			Bodenart	Bemerkungen
				Fe	Al	Mn		T	U	S		
O	3,9	32	0	7533	6217	2681	1,6					
Ahe	3,4	17	0	12915	8846	516	2,2	14,4	65	20,6	Ut3	
Bvh	3,8	8,5	0	15627	12755	799	2,9	16,3	68,7	15	Ut3	
II Btv-Cv	3,9	8,3	0	15464	12319	837	2,9	21,1	40,4	38,6	Ls2	
Cv-C	3,8	3,7	0	17782	13750	464	3,2					

Vegetation: Fichtenforst
Standortseinheit: RD ~ (wechselfeuchte, lehmig-steinige Rhät-Verwitterungsdecke)

Die beiden aufgenommenen Rhätprofile sind aufgrund ihres ganz unterschiedlichen Aufbaus nicht in einem idealisierten Profilschema zusammenfaßbar. Sie repräsentieren aber die im Arbeitsgebiet auf Rhätsandstein vorkommenden Bodenverhältnisse sehr gut. Profil 20 steht für die allesamt recht flachgründigen Böden des Rhätplateaus der Fohlenweide, deren schluffreiche, sehr lockere Hauptlage nicht oder nicht vollständig durch anthropogene Nutzung erodiert wurde. Das Profil 14 wurde im stirnseitigen Hang des Plateaus, in dem dort flächenhaft verbreiteten Rhät-Blockschutt aufgegraben. Von den Substrat- und Skelettverhältnissen her repräsentiert dieses Profil gleichsam auch die ihrer mehr oder weniger skelettfreien Hauptlage beraubten Plateau-Böden. Der Unterschied besteht lediglich darin, daß deren Gründigkeit durch massive, jedoch recht klüftige Rhätsandsteinbänke alsbald begrenzt wird. Die auf Knollenmergelunterlage abgerutschten Blöcke reichen in ihrer Dimension von mehreren Metern bis Kiesgröße. Das Profil mußte aus diesem Grund mühsam durch Abtrag von Stein zu Stein bei gleichzeitigem Entfernen der tief in den Schutt hineinreichenden Buchenwurzeln angelegt werden. Der Profilaufbau zeigt auffällig, daß gröberes und feineres Skelett nicht willkürlich, sondern wechselweise angeordnet vorliegen. Bei den gröberen Skelettpartien kann sogar eine Einregelung innerhalb der feinsandig-schluffigen Feinbodenmatrix beobachtet werden. Ob dies ursächlich auf periglaziale und/oder holozäne Bewegungen über dem rutschfreudigen Knollenmergel zurückzuführen ist, kann anhand der Befunde nur einer Aufgrabung nicht beantwortet werden. Sicher ist allerdings, daß der Feinbodenanteil neben Rhätsanden eine beachtliche Schluffkomponente aufweist, die eher an Lößeintrag als an ein Rhätverwitterungsprodukt glauben läßt.

Die Schwermetallverhältnisse beider Profile zeigen große Übereinstimmung betreffs ihrer Tiefenverläufe. Grundsätzliche Gemeinsamkeit besteht gleichfalls mit den Profilen auf km4-Sand, was aus der Ähnlichkeit von Substratverhältnissen und Profilaufbau resultiert. Hier wie dort ist besonders der verhältnismäßig große Anteil der Schwermetalle Zink und Blei mit stark anthropogener Komponente zu beobachten. Kupfer, Nickel und Chrom deren geringe Quantitäten selbst in tieferen Horizonten die Bleigehalte nicht zu übersteigen vermögen zeigen keine wesentlichen Auffälligkeiten im Profilverlauf. Im Vergleich beider Profile ist deren Abhängigkeit vom Tongehalt deutlich abzuleiten. Die stark adsorbierende Wirkung der organischen Substanz auf das unter Immissionsverdacht stehende Blei der Oberböden kommt ebenfalls deutlich im Tiefenverlauf zum Ausdruck. Zink, dessen Chemo- und Physio-Sorptionspotential bei den herrschenden Bodenreaktionen weit niedriger einzustufen ist (z.B. DVWK 1988, u.v.a.m.), zeigt dagegen, wie später begründet und ausgeführt werden wird, kaum Differenzierungen im Tiefenverlauf. Daß die organische Substanz beim Fehlen einer nennenswerten Tonkomponente auch im Unterboden eine gewichtige und gleichzeitig selektive Rolle spielen kann, zeigen die entsprechenden Korrelationen.

Tab. 16: Korrelationsmatrix (ko) - SM & Bodenparameter

Lineare Regression sämtliche Horizonte (ko), n=8

	Pb	Zn	Cu	Ni	Cr	Fe	Mn	Al	Ton	Ct
Pb										
Zn	0,13									
Cu	0,35	0,76								
Ni	0	0,74	0,3							
Cr	-0,02	0,53	0,11	0,91						
Fe	-0,02	0,41	0,04	0,8	0,96					
Mn	0,24	0,71	0,95	0,25	0,08	0,02				
Al	-0,04	0,42	0,04	0,79	0,95	0,98	0,03			
Ton	-0,25	0,02	-0,11	0,33	0,57	0,68	-0,1	0,67		
Ct	0,33	0,61	0,9	0,26	0,09	0,02	0,77	0,01	-0,13	
pH	0,14	0,06	0,1	0	-0,02	-0,02	0,22	0	-0,04	0

5.3.7 Böden aus Alluvien

Abb. 22: SM-Tiefenverteilung eines Bodens aus Alluvien (a)

Profil 21

Bodentyp:	allochtone braune Vega
Hoch/Rechts:	53 80 600/35 02 800
Flurbez.:	Goldersbachtal - Studentengumpen
Höhe N.N.:	370 m
morph. Lage:	Talaue
Inklination:	< 1° in Talrichtung
Exposition:	SE

Horizonte: aAh (12), aM1 (31), aM2 (45), aM3 (70), aGo; a (Alluvium)

Schwermetall-Tiefenverteilungen [mg/kg]: Pb, Zn, Cu, Ni, Cr

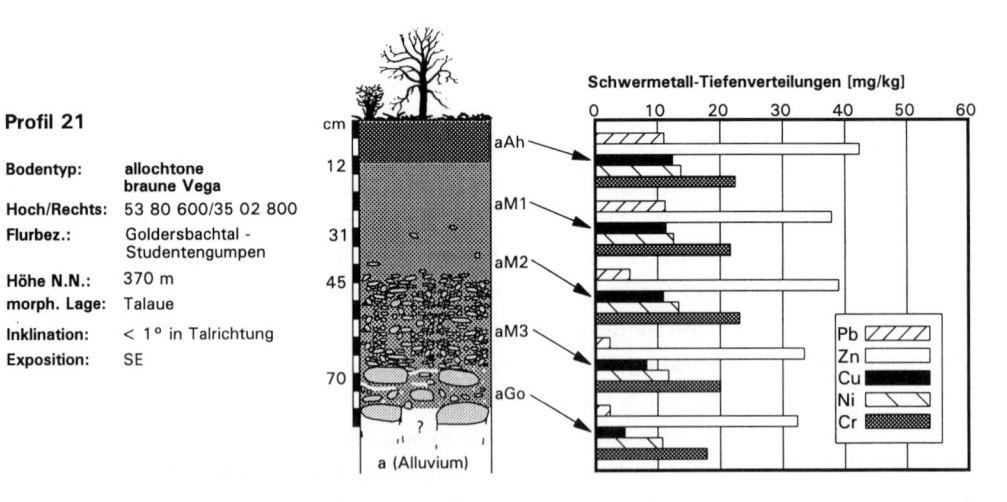

Tab. 17: Schwermetallrelevante Profilparameter - Profil aus Alluvien

Profil 21 - allochtone braune Vega

Horizont	pH (CaCl₂)	Ct [%]	CaCO₃ [%]	Oxidbildner [mg/kg] Fe	Al	Mn	Summe [%]	Korngrößen [Gewichts-%] T	U	S	Bodenart	Bemerkungen
aAh	6,5	4,7	0	13250	14875	237	2,9	14	21,1	64,9	Sl4	
aM1	6,8	2,9	0	13014	15068	233	2,9	13,2	21,4	65,4	Sl4	
aM2	7,1	1,6	>1	13415	15610	240	2,9	12,2	22,4	65,4	Sl4	
aM3	7,1	1,4	>1	12559	13981	225	2,7	9,8	15,5	74,7	Sl3	
aGo	7,1	0,05	>1	10562	11842	189	2,3	6,5	11	82,5	Sl2	

Vegetation: Auenwiese mit'Galeriebewuchs aus Buche, Erle, Schlehe, Kraut- und Grasschicht
Standortseinheit: a (Alluvium) (feuchte, nährsoffreiche Rinnen und Senken)

Als Charakterprofil für die Boden- und SM-Verhältnisse der größeren Bachläufe und ihrer Auen steht Profil 21, dessen Substrat aus holozän zusammengeschwemmtem, sandreichem Auenlehm besteht. Gegen tiefere Profilabschnitte wird der nahezu skelettfreie lehmige Sand durch fluviatil geschichteten Fein- bis Mittelkies ersetzt. Zum Grund hin folgen gerundete Steine. Die unterschiedlichen Kieslagen belegen dabei eine mehrmalige Verlagerung des Goldersbachbettes. Das zur Analyse herangezogene Feinbodenmaterial unterscheidet sich hinsichtlich der Bodenart im Profilverlauf jedoch nicht sehr stark. Große Einheitlichkeit ist ebenso bei den dargestellten schwermetallrelevanten Profilparametern zu beobachten. Von besonderer Bedeutung für die SM-Verhältnisse ist der durchweg hohe pH-Wert im Profilverlauf. Keines der bestimmten SM weist bei den hier vorkommenden Werten eine nennenswerte Mobilität auf. Eigentlich müßte sich bei diesen Verhältnissen die anthropogene Blei- und Zinkkomponente durch einen entsprechend hohen Peak im Oberboden darstellen. Dies ist nicht der Fall. Alle fünf SM verhalten sich im Tiefenverlauf untereinander beinahe gleich. Lediglich Blei verzeichnet mit der Tiefe eine überproportionale Gehaltsabnahme. Der Grund, weshalb die Anreicherung so gering ausfällt, liegt auf der Hand, berücksichtigt man, daß das Profil bei Hochwassern durch seine bachnahe Lage dem ersten Überflutungsbereich zuzuordnen ist. Dies bedeutet, daß ständig neues, "frisch gereinigtes" Material aufsedimentiert wird, oder daß eine Anreicherung in großem Umfang praktisch nicht stattfinden kann. Die Korrelationsmatrix zeichnet die Uniformität von Substrat- und SM-Verhältnissen nach und belegt zudem die weitgehende SM-Immobilität.

Tab. 18: Korrelationsmatrix (a) - SM & Bodenparameter

Lineare Regression sämtliche Horizonte (a), n = 5										
	Pb	Zn	Cu	Ni	Cr	Fe	Mn	Al	Ton	Ct
Pb										
Zn	0,69									
Cu	0,69	0,84								
Ni	0,52	0,93	0,9							
Cr	0,43	0,77	0,89	0,93						
Fe	0,38	0,62	0,89	0,82	0,92					
Mn	0,46	0,67	0,94	0,83	0,89	0,99				
Al	0,4	0,6	0,87	0,79	0,94	0,97	0,94			
Ton	0,75	0,83	0,99	0,87	0,84	0,86	0,91	0,91		
Ct	0,78	0,79	0,76	0,67	0,47	0,5	0,6	0,41	0,79	
pH	-0,76	-0,62	-0,47	-0,4	-0,2	0,19	0,28	0,14	0,51	0,89

5.3.8 Varianz der Schwermetallverhältnisse und Steuerfaktoren

Der geologische Substrateinfluß auf die Quantität der Schwermetallverhältnisse wurde bereits offensichtlich. Deshalb wurde die Gliederung vorstehender Profilkennzeichnungen auf der Grundlage dieses Hauptsteuerfaktors vorgenommen. Zwischen und auch innerhalb der Gruppierungen nach geologischer Profilsituation treten mehr oder weniger starke Variationen sowohl in SM-Quantität als auch in der Qualität auf, die weiteren Einflußgrößen zuzuschreiben sind. Diese werden im Folgenden anhand der statistischen Daten gekennzeichnet und belegt.

5.3.8.1 Anthropogener und geogener Einfluß

In den vorausgegangenen Kapiteln wurde bereits mehrmals auf die mögliche stark immissionsbedingte Blei- und Zinkkomponente aufmerksam gemacht, wobei eine Beweisführung noch aussteht. Anhaltspunkte, die diese These, stützen sind einmal die beobachteten charakteristischen Schwermetalltiefenverläufe und einmal die Immissionsmessungen im Rahmen des Schönbuchprojekts von BÜCKING et al. 1986, sowie weiterer Messungen in anderen Waldökosystemen Nord- und Süddeutschlands (ZÖTTL et al. 1979, SCHLICHTING & MÜLLER 1979, MAYER 1981 u. 1983, SCHULTZ 1987). Unabhängig von regionalen Unterschieden belegen die ermittelten Immissionswerte stets einen meist um ein Vielfaches höheren Eintrag von Zink gegenüber Blei. Für Blei zeigen alle dargestellten SM-Tiefenverläufe eine starke Anreicherung der Oberböden, die jegliche geogen in Erwägung zu ziehende Ursache bei weitem übersteigt. Zink müßte folgerichtig dieses Verhalten aufgrund seines generell höheren Eintrags sogar noch ausgeprägter zeigen. Die Mehrzahl der dargestellten Profilverläufe zeigt jedoch das schiere Gegenteil, während sich die anderen, wenn auch nicht in der zu erwartenden Ausprägung, eintragskonform darstellen. Es bestehen somit erhebliche Diskrepanzen zwischen Eintragsmenge und Bodengehalten, deren Ursachen detailliert nachgegangen werden muß (⇒Kap. 6.6). Erste Antworten vermag bereits eine statistische Betrachtung der Analysenergebnisse schwermetallrelevanter Bodenparameter und ihrer SM-Gehalte zu geben. Die Zusammenhänge der bislang meist kommentarlos dokumentierten Korrelationsmatrizen können jetzt hinsichtlich der aufgetauchten Fragen und Standortsunterschiede untersucht werden. Es müssen aber zunächst einmal aussagekräftige Parameter ausgeschieden werden, die zur Fragebeantwortung einen fundierten Beitrag zu leisten vermögen. Welche Schwermetalle sind ihrem Erscheinungsbild nach im Boden nun tatsächlich überwiegend anthropogen, welche geogen geprägt und welche SM-relevanten Parameter können der Aufklärung dabei dienlich sein?

Der anthropogene Einfluß läßt sich über die Beziehung zum Kohlenstoffgehalt transparent machen. Dies nicht etwa aus dem Grund, daß eine besondere Bindung immittierter SM an die organischen Substanz bestünde, sondern aus Gründen der

Profilabfolge. Immittierte SM kontaminieren zunächst die Bodenoberfläche und dringen mit der Zeit je nach Substratbedingungen mehr oder weniger tief in das Profil ein. Die SM-Verhältnisse im Oberboden repräsentieren damit ungleich mehr als die Unterböden den anthropogenen Einfluß. Gleichzeitig, den natürlichen Verhältnissen entsprechend, sind Oberböden aber durch einen weit höheren Anteil organischer Substanz gekennzeichnet. Somit müssen sich in erster Näherung zwangsläufig signifikante Korrelationen zwischen verstärkt eingetragenen Schwermetallen und dem C-Gehalt als Repräsentant für die organische Substanz ergeben.

Welcher bzw. welche Bodenparameter sind umgekehrt in der Lage, eine vorrangig geogenene SM-Abkunft widerzuspiegeln? Im Analogschluß zu oben muß ein für die Unterböden charakteristischer Parameter ausgewiesen werden, ein Bodenparameter also, der in erster Linie den natürlichen Substrateinfluß zu vertreten vermag und dessen dominantes Auftreten im Profilverlauf eine Eigenschaft der Unterböden ist. Diese Bedingungen sind im wesentlichen mit dem Tongehalt als Charakterparameter gegeben (vergl. ⇐ Kap. 5.1.1). Die SM-Ton-Beziehungen dürfen allerdings nicht isoliert von Aluminium und Eisen betrachtet werden. Die Gründe liegen auf der Hand: Aluminium ist originärer Bestandteil des Tonmineralkristallgitters, das bei der Analyse vollständig aufgeschlossen wird. Dies erklärt die sehr hohen Korrelationen zwischen Tongehalt und Aluminiummenge. Zusätzlich tritt Aluminium, wenn quantitativ auch hinter erstgenanntem zurücktretend, in oxihydratisierter oder oxidischer Form (verallgemeinert Sesquioxide) im Boden auf. Diese sekundären Al-Oxide vermögen, ähnlich den Tonmineralen selbst, oberflächlich SM zu adsorbieren, bzw. können diese im Zuge ihres Wachstums sogar durch Einschluß fixieren. Für das bei der chemischen Verwitterung freigesetzte Eisen ist hinsichtlich der oxidbildenden Eigenschaften gleiches zu vermerken. Was die Affinität zum betrachteten SM-Spektrum anbelangt, bestehen zwischen Aluminium und Eisen im Detail wertvolle Unterschiede, die genutzt werden können, um weitere Abhängigkeiten aufzuklären.

Tab. 19: Korrelationsmatrix aller Proben - SM & Bodenparameter

Korrelationsmatrix Profile 1-21, sämtliche Horizonte, n=105									
	Pb	Zn	Cu	Ni	Cr	Fe	Mn	Al	Ton
Pb									n=94
Zn	0,07								
Cu	0	0,4							
Ni	0,02	0,45	0,67						
Cr	0,01	0,4	0,2	0,52					
Fe	0	0,39	0,34	0,6	0,83				
Mn	0,17	0,3	0,16	0,14	0,13	0,25			
Al	-0,05	0,35	0,4	0,72	0,72	0,7	0,06		
Ton	-0,02	0,19	0,38	0,61	0,36	0,42	0,03	0,72	
Ct	0,45	0	-0,01	-0,08	-0,15	-0,14	0,02	-0,2	-0,13
pH	-0,07	0,13	0,24	0,35	0,2	0,21	0,08	0,27	0,23	-0,11

Bereits die Korrelationsmatrix, in welcher sämtliche Horizonte Berücksichtigung finden, zeigt einen starken Zusammenhang zwischen Kohlenstoff und Blei, womit gleichzeitig dessen Immissionscharakter zum Vorschein kommt. Zink dagegen zeigt keinerlei Beziehung. Genausowenig besteht in dieser Matrix ein Zusammenhang zwischen den beiden Schwermetallen. Während Kupfer, Nickel und Chrom ihren geogenen Ursprung durch entsprechend hohe Koeffizienten mit Ton, Eisen und Aluminium demonstrieren, nimmt Zink wiederum eine nicht zuzuordnende Position ein. Angesichts der Tatsache, daß in der Gesamtmatrix Subtrate unterschiedlichster Herkunft und Zusammensetzung vorliegen, pausen sich, mit Ausnahme von Zink, die bereits geäußerten Vermutungen bezüglich anthropogenem und geogenem Übergewicht der Schwermetallfraktionen erstaunlich klar durch. Noch deutlichere Zusammenhänge dürfen bei der Korrelation unter größerer Substrateinheitlichkeit erwartet werden, wie dies mittels geologischer Gliederung mehr oder weniger zu erreichen ist.

Tab. 20: Geogener und anthropogener Einfluß auf die SM-Verhältnisse im Spiegel statistischer Betrachtung bei unterschiedlichen Substratbedingungen

Zusammenhänge Kohlenstoff - SM mit hoher immissionsbedingter Komponente			Zusammenhänge Ton, Fe, Al - SM mit hoher geogener Komponente				
Matrizen	Pb	Zn		Zn	Cu	Ni	Cr
Gesamtmatrix	0,45	0	Ton Al Fe	0,2 0,35 0,39	0,38 0,4 0,34	0,61 0,72 0,6	0,36 0,72 0,83
km4-Sand	0,8	0,56	Ton Al Fe	-0,33 0 0	0 -0,1 -0,16	0 0 0	0,38 0,81 0,81
dl	0,8	-0,2	Ton Al Fe	0,52 0,6 0,57	0,62 0,68 0,73	0,93 0,96 0,93	0,8 0,9 0,93
km5	0,48	0,34	Ton Al Fe	-0,22 0 0	0,09 0,29 0,36	0,72 0,82 0,38	0,31 0,52 0,77
liasα	0,38	0	Ton Al Fe	0 0,17 0,08	0,32 0,31 0,03	0,43 0,53 0,18	0,05 0,34 0,75
ko	0,33	0,61	Ton Al Fe	0 0,42 0,41	-0,11 0,04 0,04	0,33 0,79 0,8	0,57 0,95 0,96
km4-T und Schuttlagen über km4	0,32	0,07	Ton Al Fe	0 0,28 0,34	0,1 0,22 0,53	0,55 0,65 0,83	0,5 0,69 0,52

Im Falle der Böden auf km4-Sand und Decklehm verdoppelt sich der Zusammenhang zwischen Blei und Kohlenstoff, bzw. Blei und seinem verstärktem Auftreten im obersten Profilabschnitt. Die anderen geologischen Positionen verhalten sich gegenüber der Gesamtmatrix indifferent oder sogar abnehmend. Nun ist nicht anzunehmen, daß über Böden in anderen geologischen Positionen aus eben diesem Grunde Blei-Immissionen geringer oder andersartig ausfallen würden. Vielmehr zeigt sich, daß, je einheitlicher die Substratverhältnisse, d.h. je geringer der Anteil an solifluidal eingemischtem geologischen Fremdmaterial ist, desto weniger werden analog dazu die tatsächlichen Zusammenhänge verwischt. Die Zahlen belegen dies eindrücklich. Die heterogenen Substratverhältnisse bei "km4-Ton und Schuttlagen über km4", aus Stubensand-Ton und -Sand, mit Beteiligung von Knollenmergel- und Liasmaterial, drücken sich in entsprechend niederen Zahlen aus. Dies ist durchaus verständlich, da bereits substratabhängig geogen unterschiedlich hohe Bleigehalte vorliegen. Dem gegenüber stehen die sehr einheitlichen Bodensubstrate von km4-Sand, denen lediglich ein geringer Fremdmaterialanteil aus Löß beigemischt ist sowie die Böden auf Decklehm, die im wesentlichen fast rein durch Löß geprägt werden.

⇒ Anhand der Tabellenwerte können somit die Bleiverhältnisse unter Einbeziehung des soeben Ausgeführten als vorwiegend durch Immission verursacht ausgewiesen werden.

Warum gestalten sich die Zusammenhänge bei Zink, dessen Eintrag doch höher anzusetzen ist, nicht insgesamt parallel zu den Bleikorrelationen? Für etwa die Hälfte der Standorte kann eine hohe Zinkbeeinflussung der Oberböden über hohe Zn-C-Korrelation nachgewiesen werden. Die andere Hälfte zeigt keine oder sogar negative Zusammenhänge. Mit Blick auf die rechte Hälfte von Tabelle 20 zeigt sich, daß genau dort, wo der Zusammenhang mit Kohlenstoff ausbleibt oder negativ wird, Zink geogen zu korrelieren beginnt. Besonders kommt dies am Beispiel der Böden auf Decklehm zum Ausdruck. Bereits bei der Profilkennzeichnung wurde darauf aufmerksam gemacht, daß die Decklehmprofile sich durch einen kontinuierlichen Anstieg der Zinkgehalte mit zunehmender Profiltiefe auszeichnen, so daß eine negative Korrelation mit Kohlenstoff sowie einer stark positiven mit den geogenen Vertretern nur logisch erscheint. Der immissionsbedingte Zinkanteil kann auf diese Weise mittels Korrelation nicht mehr festgestellt werden, da nahezu alle Horizonte ähnlich hohe Zinkgehalte haben. Was im geogenen Zinktiefenverlauf den Oberböden an Menge gegenüber tieferen Horizonten fehlt, wird quasi durch Eintrag kompensiert. Die Liasböden stehen diesbezüglich in einem fast perfekten Gleichgewicht und zeigen weder geogenen noch anthropogenen Einfluß. Zugleich legt dieser Sachverhalt eine Schwäche der Statistik bloß. Kein Zusammenhang bedeutet hier nämlich, daß zwei gleich starke Faktoren wirken, die nur deshalb unter den Tisch fallen, weil sie sich aufgrund ihrer entgegengesetzten Vorzeichen eliminieren. Bei Blei ist der anthropogene Einfluß mitunter auch deshalb viel leichter nachzuweisen, da sein geogener Grundgehalt im

Boden verglichen mit Zink deutlich tiefer liegt. Schon durch relativ geringe Einträge ist deshalb der Bleigehalt der Oberböden leicht zu vervielfachen. Bei Zink kann dies nur unter bestimmten Umständen der Fall werden, nämlich dann, wenn wie bei km5 der Zinkgehalt mit der Tiefe deshalb abnimmt, weil die Knollenmergel-Basislage von Natur aus geringere Zinkgehalte besitzt als die hangende Hauptlage, oder, wie bei den Sandsteinprofilen auf Stubensandstein und Rhät der Fall, die Bodenversauerung so stark ist, daß nur noch die humosen Horizonte in der Lage sind, Zink überhaupt noch zu halten.

⇒ Zusammenfassend können die Tabellenwerte von Zink so interpretiert werden, daß ein Zinkeintrag durchaus feststellbar ist. Im Mittel genauso groß ist aber auch der geogene Einfluß auf die Schwermetallverhältnisse von Zink einzuschätzen. Zusätzlich tritt eine weitere die SM-Verhältnisse im Profilverlauf beeinflussende Komponente neben Eintrag und geogenem Status zu Tage, jene der möglichen SM-Abfuhr.

Kupfer, Nickel und Chrom werden in ihren Zusammenhängen mit den entsprechenden Bodenparametern als überwiegend geogener Beeinflussung unterliegend determiniert. Die Qualität des statistischen Zusammenhangs unterliegt dabei denselben vorher angesprochenen Faktoren. Bemerkenswert gegenüber dem Aspekt der SM-Abfuhr gestalten sich die Sandböden auf Stubensandstein. Bei Kupfer und Nickel bestehen quasi Null-Zusammenhänge mit den geogenen Faktoren. Wie aus der in ⇐Kap. 5.3.3 dargestellten km4-Sand-Gesamtmatrix zu entnehmen ist, bestehen daneben auch keine Zusammenhänge mit einer immissionsbedingten Komponente. Chrom aber zeigt höchste Korrelation mit Eisen und beide mit dem pH-Wert. Wie sind diese Sachverhalte zu erklären? Kupfer und Nickel sind aufgrund des Fehlens einer nennenswerten Tonkomponente, die einerseits Ursprung und andererseits auch Anlagerungsmedium für SM ist, von vornherein nur in geringer Quantität vertreten. Bei den sehr stark sauren pH-Werten auf recht einheitlichem Sandsubstrat ist die SM-Desorption unterhalb des Austauscher-Pufferbereichs bereits so groß, daß die geringen Tongehaltsunterschiede statistisch nicht mehr ins Gewicht fallen. Dasselbe gilt für die Aluminiumoxide. Nur die Eisenoxide, deren Zerstörung erst bei pH < 3 beginnt (SCHEFFER & SCHACHTSCHABEL, 118), vermögen noch Chrom aufgrund der zu Eisen sehr ähnlichen chemischen Eigenschaften zu fixieren. Daß Chrom grundsätzlich von Eisen stark adsorbiert wird, drückt sich in den generell sehr hohen Koeffizienten der Tabelle 11 aus.

Bei den Profilen auf Rhätsandstein, die im Gegensatz zu km4-Sand bei sonst ähnlichen Bodenverhältnissen immerhin noch einem nennenswerten Tonanteil aufzuweisen haben, stellt sich im Falle von Nickel der Zusammenhang wieder her, unterbleibt aber nach wie vor bei Kupfer. Die ko-Gesamtmatrix (⇐Kap. 5.3.6) zeigt dafür jedoch eine Korrelation von 0,9 mit der organischen Substanz! Es wäre nun allerdings nicht angebracht, diesen Umstand ausschließlich anthropogener Herkunft zuzuschreiben.

Vielmehr liegt hier wieder eine Kombination von Faktoren vor, die bei bloßer Koeffizientenbetrachtung zu Fehlinterpretation führen würde. Warum? Die bisherige Interpretation beruhte darauf, daß die organische Substanz deshalb in der Lage ist, anthropogene Einflüsse offenzulegen, weil diese sich verstärkt im Ober-boden, determiniert durch den C-Gehalt, auswirken. Die Rhätprofile erfüllen diese Voraussetzung in der notwendigen Ausprägung jedoch nicht. Selbst die Unterböden müssen nach AG BODENKUNDE 1994 noch als mittel bis stark humos angesprochen werden. Dazu kommt die im Vergleich zu Nickel, Chrom und Zink stärkere Bindung an leicht lösliche organische Komplexbildner, mit denen Kupfer bei den niederen pH-Werten leicht verlagert werden kann (vergl. BRÜMMER UND HERMS 1985).

⇒ Zusammenfassend kann, von Einzelfällen abgesehen, der dominant geogene Einfluß im Boden auf die Schwermetallverteilungen von Kupfer, Nickel und Chrom als statistisch untermauert festgehalten werden.

5.3.8.2 Der Bestandeseinfluß

Aus den ökologischen Studien des Schönbuchprojekts liegt eine wertvolle Datensammlung zum Stoffeintrag in unterschiedliche Bestandesflächen vor. Nach AGSTER 1986 fand in den Jahren 1979-1982 bei 745 mm vierjährigem Gebietsniederschlag auf Freiflächen ein Gesamtstoffeintrag (Niederschlagsdeposition) von durchschnittlich 57 kg/ha und Jahr statt. In Buchenbestände wurden dabei 117 und in Fichtenbestände 176 kg/ha und Jahr immittiert. Schwermetalle wurden bei der zitierten Studie leider nicht getrennt erfaßt, es darf aber von einer gewissen Proportionalität mit dem Gesamteintrag ausgegangen werden, da auch BÜCKING et al. 1986 bei der Getrennterfassung von Schwermetalleinträgen zu tendenziell gleichen Sachverhalten gelangen. Die durchschnittlichen Eintragsmaxima liegen bei den Fichtenbeständen, die Minima bei Freiland, wobei allerdings zwischen Freiland und Laubwald kaum größere Differenzen auftreten. Einen Überblick über die Eintragsverhältnisse im Kronendurchlaß der Waldbestände und auf Freiland gibt die folgende Tabelle.

Tab. 21: SM-Einträge im Freiland und Kronendurchlaß von Fichten- und Buchen-Standorten des Schönbuchs, zusammengestellt aus Bücking et al. 1986, 292

Werte [g ha^{-1} a^{-1}]	Fichte	Buche	Freiland
Blei	<29 - n.n.	<23 - n.n.	<22 - <71
Zink	550 - 170	180 - 120	370 - 67
Kupfer	<80 - <30	<42 - <38	<71 - <47
Nickel	<14 - n.n.	<17 - n.n.	<32 - <15
Cadmium	<2 bis Nachweisgrenze (n.n.)		

Die in der Tabelle angegebenen teilweise recht hohen Freilandmaxima beruhen auf den Meßergebnissen der Untersuchungsfläche Schlagbaumlinde, die im Vergleich zu den anderen im Schönbuchprojekt untersuchten Freiflächen außergewöhnlich hohe Werte aufweist. Insgesamt wurden die eingetragenen Schwermetallmengen von BÜCKING et al. 1986 im Vergleich zu Solling-Projekt und Bundesdurchschnitt als erheblich geringer eingestuft. Die zusätzlich durchgeführten Sickerwasserunter-suchungen selbiger Autoren auf selbigen Standorten ließen keine deutlichen Bestandesunterschiede erkennen. Es wird festgestellt, daß vorhandene Konzentrationsunterschiede im Boden- und Sickerwasser mit dem pH und nicht mit der Bestockung verknüpft sind. Nun beruhen diese Werte auf den Messungen vergangener und nur weniger Jahre. Zugleich wurden sie an einem Medium ermittelt, das ständiger Bewegung und Erneuerung im Boden unterworfen ist. Die hier untersuchten Schwermetallverhältnisse des Bodensubstrats repräsentieren hingegen ein Medium mit Langzeiteffekt, das durch seine ständige Wechselwirkung mit Eintrag und Bodenwasser über lange Zeiträume hinweg geprägt wird. Im Gegensatz zum Bodenwasser müßte sich demnach die beobachtete Auswirkung der Bestandessituation auf die Immission besser nachweisen lassen. Hierzu wird nochmals auf die Korrelationen der Schwermetalle mit der organischen Substanz zurückgegriffen, da, wie ausgeführt, die Oberböden am stärksten von Immissionen und deren Gehaltsunterschieden tangiert werden. Es bedarf lediglich noch einer zusätzlichen Clusterung der Profilhorizonte nach Waldbestand und Freifläche.

Tab. 22: Bestandeseinfluß im Spiegel statistischer Betrachtung

Lin.'Korrelation SM-Gehalte - Ct-Gehalte, Differenziert nach Standortvegetation					
	Pb	Zn	Cu	Ni	Cr
n = 28					
Nadelwald	0,7	0,03	-0,03	-0,08	-0,19
n = 31					
Laubwald	0,5	-0,21	-0,23	-0,35	-0,4
n = 16					
Wiese (Freifl.)	0,4	0,6	0,2	0,04	0,05
Anmerkung: es wurden nur Profile unter Reinbeständen herangezogen,					
Mischwaldproben wurden ignoriert					

Die Zusammenhänge zwischen Blei und Beeinflussung des Oberbodens, determiniert durch Kohlenstoff, mit dem Bestand geben genau die Reihenfolge des oben angesprochenen, von AGSTER 1986 sowie BÜCKING et al. 1986 festgestellten allgemeinen Bestandeseintrags wieder! Angesichts der großen Substratheterogenität des bei den Clustern vertretenen Probenmaterials ist dieses Ergebnis als umso aussagekräftiger anzusehen. Weshalb Zink bei höchstem Eintrag nicht in der Lage ist, den Immissionseinfluß des Bestandes sichtbar zu machen, wurde bereits mehrfach mit seiner hohen Mobilität bei stark sauren pH-Bedingungen erklärt. Daß dieses Verhalten aber vom Bestand mitbeeinflußt wird, paust sich in den Zinkkoeffizienten dennoch durch: Unter Nadelwald ist die Zinkmobilität mit geringen pH-Werten am größten, während die Wiesen- bzw. Freilandstandorte im Schnitt die höchsten pH-Werte aufweisen, so daß dort der Zusammenhang Zn-C jenen von Pb-C sogar zu übersteigen vermag, was ja den tatsächlichen Eintragsverhältnissen entspricht.

Wie der Bestand die Schwermetallverhältnisse im Boden über die pH-Bedingungen zu gestalten vermag, ist in der folgenden Tabelle wiedergegeben. Die SM-Mobilität darf umso höher eingeschätzt werden, je größer die Zusammenhänge zwischen pH und SM ausfallen.

Tab. 23: pH-SM-Beziehungen bei unterschiedlichem Bestandeseinfluß

Korrelation SM-Gehalte - pH, Differenziert nach Standortvegetation					
	Pb	Zn	Cu	Ni	Cr
n = 28					
Nadelwald	-0,08	0,42	0,43	0,65	0,59
n = 31					
Laubwald	0	0,11	0,13	0,37	0,22
n = 16					
Wiese (Freifl.)	0	0	0	0	0,08
Anmerkung: es wurden nur Profile unter Reinbeständen herangezogen, Mischwaldproben wurden ignoriert					

Daß keine bisher vorgenommene Clusterung derart hohe sowie in der Abfolge logische Zusammenhänge von SM und pH ergab, verifiziert den Bestandeseinfluß zusätzlich. Weitere Zusammenhänge zwischen Schwermetallen und Bodenparametern in Bestandesabhängigkeit können den vollständigen Matrizen im Anhang entnommen werden.

5.3.8.3 Der Einfluß von Löß und Periglaziallagen

Daß der solifluidal ausgelöste Substratmix die Schwermetallverhältnisse einzelner Schichtglieder im Profilablauf ganz unterschiedlich zu gestalten vermag, wurde bereits an mehreren Beispielen hinreichend ausgeführt. Es wurde ebenfalls ausgeführt, daß der geologische Profilstandort wesentlichen Einfluß auf die Schwermetallquantität besitzt und daß sich der Quantitätseinfluß von den Basislagen bis in die Hauptlagen hinauf verfolgen läßt. Dies bedeutet, daß das von der anstehenden Geologie bereitgestellte Substrat neben der äolischen Lößkomponente in die Hauptlage eingearbeitet ist. Je nach Stärke des Lößeintrags und Intensität solifluidaler Umlagerung ergeben sich zwangsläufig sehr variable Mengenanteile. Im Falle der

Existenz einer Mittellage als Liegendes der Hauptlage kommt ein weiterer Einflußfaktor hinzu. Böden auf sandigem Basissubstrat werden durch die Beimischung von Löß mit Schwermetallen im allgemeinen angereichert, Böden auf tonreichem Substrat erfahren für gewöhnlich eine Verdünnung. Dies im Profiltiefenverlauf bilanzieren zu wollen, ist nahezu aussichtslos. Weder sind die Lößanteile, noch Art und Menge von Mittel- oder Basislagenmaterial annähernd exakt zu fassen. Hinzu kommt die bei den meisten Profilen zu beobachtende Bodenversauerung die, im besonderen die Hauptlagen trifft und durch erhöhte Mobilität somit ihr ursprüngliches, stark lößbeeinflußtes SM-Muster bereits verloren hat.

Was jedoch statistisch dargestellt werden kann, ist die über die geologische Beeinflussung hinweggreifende Gemeinsamkeit der Hauptlagen, die sich in einer großen bodenphysikalischen sowie -chemischen Ähnlichkeit manifestiert. Diese Ähnlichkeit der Substratbedingungen schlägt sich in hohen Korrelationskoeffizienten nieder. Um dies sichtbar zu machen, werden anschließend sehr schluffreiche Hauptlagenhorizonte mit den tonreichsten, stark von Basismaterial geprägten Profilhorizonten verglichen.

Tab. 24: Statistischer Vergleich schluffreiche Hauptlagen - tonreiche Basislagen

Matrix Basislagenhorizonte mit Tongehalt > 40%, sämtliche Profile									
n = 28									
	Pb	Zn	Cu	Ni	Cr	Fe	Mn	Al	Ton	Ct
Pb										
Zn	0									
Cu	0,18	0,63								
Ni	0,07	0,57	0,72							
Cr	0	0,06	0	0,03						
Fe	0,06	0,24	0,17	0,3	0,59					
Mn	0,18	0,24	0,48	0,39	0,01	0,14				
Al	0,06	0,29	0,19	0,32	0,49	0,64	0,07			
Ton	0,03	0	0,06	0,09	0,01	0,08	0	0,1		
Ct	0,05	0	0,05	0,05	-0,09	0	0,07	0	0	
pH	0,02	0,04	0,09	0,04	-0,15	-0,1	0,13	-0,13	0	0
Matrix Schluffkomponente > ca. 50 %, Hauptlagenhorizonte, sämtliche Profile									
n = 27									
	Pb	Zn	Cu	Ni	Cr	Fe	Mn	Al	Ton	Ct
Pb										
Zn	0									
Cu	-0,03	0,55								
Ni	-0,06	0,52	0,92							
Cr	-0,02	0,37	0,32	0,32						
Fe	-0,03	0,35	0,62	0,55	0,59					
Mn	0,02	0,03	0,1	0,13	-0,02	0,02				
Al	-0,07	0,37	0,73	0,72	0,56	0,82	0,02			
Ton	-0,05	0,26	0,64	0,63	0,48	0,78	0	0,86		
Ct	0,14	-0,02	0	-0,01	-0,39	-0,08	0,04	-0,08	-0,1	
pH	0	0,32	0,68	0,65	0,18	0,34	0,17	0,54	0,35	0,01

Die Matrix von Horizonten mit Tongehalten über 40% zeigt nur eine geringe Zahl signifikanter Korrelationen. Dies betrifft die Beziehungen der Schwermetalle untereinander sowie deren Beziehungen zu den Bodenparametern. Vor allem aber ist bemerkenswert, daß nicht einmal zwischen dem Tongehalt selbst und den Schwermetallen ein Zusammenhang besteht. Es ist einfach, diesen Sachverhalt damit zu erklären, daß mit Ausnahme der Profile von km4-Sand und Rhät, bei denen Tongehalte von 40% nicht erreicht werden, sämtliche geologische Gruppierungen einfließen. Die SM-Quantität wird zwar vom Tongehalt beeinflußt, jedoch nicht deren Mengenverhältnisse untereinander. Jede Geologie hat hier ihre eigenen Nuancen. Es sei beispielsweise daran erinnert, daß sich Knollenmergelton gegenüber Tonen anderer geologischer Positionen durch relative Zinkarmut auszeichnet. Hohe lineare Zusammenhänge, wie sie die Matrizen ja darstellen, sind unter solchen Bedingungen kaum zu erreichen, es sei denn, sie wären vom Basissubstrat relativ unabhängig oder weniger stark beeinflußt.

Hatten die Tone der verschiedenen Basislagen nur wenig Substratgemeinsamkeit erkennen lassen, zeichnet die Matrix der stark durch Löß geprägten Hauptlagen ein gegenteiliges Bild, obwohl zu oben analoge geologische Profilpositionen in die Berechnung einfließen. So werden die bekannten Bezüge zwischen Schwermetallen und Tongehalt wieder signifikant sichtbar und auch die Beziehungen der SM untereinander verstärken sich.

Für die ökologischen Aspekte der folgenden Kapitel wird die hier abgeleitete, relativ hohe Uniformität der Hauptlagen gegenüber Schwermetallen von entscheidender Bedeutung sein. Durch ihre Gemeinsamkeit der starken Lößprägung ergibt sich bei allen vorhandenen Unterschieden dennoch eine über den Raum hinweggreifende Vergleichsbasis mit ähnlichen ökologischen Verhältnissen und Auswirkungen auf den Schwermetallhaushalt.

6. Ergebnisse - ökologische Verhältnisse

6.1 Methodischer Ansatz zur SM-Bilanzierung

Die ökologischen Standortbedingungen nehmen, wie in Kapitel 5 gezeigt werden konnte, vielfachen Einfluß auf die Schwermetallverhältnisse der Schönbuchböden. Die aufgezeigten Sachverhalte mußten aber stets rein qualitativer Natur bleiben, da die geologische Substratbeeinflussung keinen direkten quantitativen Vergleich der Einzelprofile erlaubt. So konnte beispielsweise qualitativ eine starke Bleianreicherung der Oberböden festgestellt werden, diese aber weder quantifiziert noch im Einzelfall verglichen werden. Die vergleichende Betrachtung nimmt jedoch eine wichtige Schlüsselstellung ein, wenn es darum geht, die Auswirkung verschieden ökologischer Verhältnisse auf den Schwermetallhaushalt festzustellen und zu bewerten.

Die statistische Auswertung konnte zeigen, daß zwischen Schwermetallen und Bodenparametern wie Ton- und Sesquioxidgehalt, sowie pH-Wert oder Gehalt an organischer Substanz etc. bei entsprechender Clusterung hohe linear-quantitative Beziehungen bestehen. In erster Näherung kann diese Abhängigkeit der SM-Menge von der Substratzusammensetzung indirekt dazu genutzt werden, Gehaltsunterschiede zwischen den Einzelproben auszugleichen. Es muß nur eine gemeinsame Ausgangsbasis oder Berechnungsgrundlage gefunden werden, die im wesentlichen von den Bodenparametern abhängig ist. An einigen Beispielen nebenstehender Tabelle soll dies verdeutlicht werden:

Im durchweg sehr tonreichen Lias-Profil 10 treten in der Summe SM-Gehalte bis über 300 mg/kg auf. Der Zink-Gehalt des Ah-Horizonts beträgt 120 mg/kg. Das von der Bodenart Sand geprägte km4-Profil 1 erreicht im Mineralbodenanteil gerade einmal einen Spitzenwert von 75 mg/kg in der Gesamtsumme aller fünf SM. Der Zinkgehalt des Aeh beträgt im Vergleich zum Lias-Ah magere 22 mg/kg. Auf den ersten Blick sind dies gewaltige Unterschiede, die zwar den Substrateinfluß deutlich in Erscheinung treten lassen, aber deren tatsächliche quantitative Bedeutung nicht wiedergeben. Setzt man jetzt in beiden Fällen die Gesamtsumme der fünf SM gleich 100% und berechnet den jeweiligen Anteil von Zink an der Gesamtsumme über einen einfachen Dreisatz, ergeben sich für den km4 Aeh = 34% und den Lias Ah = 38% Anteil an der jeweiligen Gesamtschwermetallsumme, folgend mit [% Gesamt-SM] bezeichnet. Die tatsächliche, an das SM-Bindungs- und Liefervermögen des Substrats angepaßte Differenz der beiden Proben ist also gar nicht so verschieden.

In erster Näherung werden die auf diese Weise transformierten Absolutgehalte miteinander vergleichbar, ohne daß charakteristische Unterschiede der Absolutgehalte innerhalb einer Probe verlorengehen würden. Prozentanteil und Absolutgehalt verhalten sich in Bezug auf die Gesamtsumme proportional.

Tab. 25: Gesamtüberblick - Vergleich absolute und transformierte SM-Quantitäten

Probe	Schwermetallgehalte [mg/kg]					SM-Summe	Anteil [%] an der SM-Summe					Geologie
	Pb	Zn	Cu	Ni	Cr	[mg/kg]	Pb	Zn	Cu	Ni	Cr	(Hangende Geologie) Bestand
Profil 1												
O	24,9	46,3	11,9	13,3	5,3	102	24	45	12	13	5	
Aeh	14,2	21,8	9,3	13,3	5,7	64	22	34	14	21	9	km4
Bhv	8,9	35,0	6,0	16,8	8,4	75	12	47	8	22	11	Mischwald
Bv-Cv	7,7	14,4	18,3	18,3	5,8	64	12	22	28	28	9	
Profil 2												
Of-Oh	79,4	62,3	14,3	10,8	3,6	170	47	37	8	6	2	
Ahe	9,3	16,8	21,3	3,7	3,7	55	17	31	39	7	7	km4 (dl)
Bvh	12,3	15,7	14,6	2,0	4,4	49	25	32	30	4	9	Nadelwald
Bsv-Cv	1,7	15,7	10,6	9,6	5,2	43	4	37	25	22	12	
Profil 3												
Of-Oh	59,4	44,6	32,5	6,6	5,0	148	40	30	22	4	3	
Aeh	29,0	20,6	11,8	0,9	6,6	69	42	30	17	1	10	km4
Bhv	10,9	15,9	22,6	4,0	6,9	60	18	27	38	7	12	(km5,Iα)
II P	16,5	19,5	14,6	11,7	14,6	77	22	25	19	15	19	Nadelwald
III P-Cv	13,4	14,3	16,1	17,0	11,6	72	19	20	22	23	16	
Profil 4												
AehxAhl	27,6	43,2	7,4	2,8	7,4	88	31	49	8	3	8	km4 (dl)
Ahl-Bv	20,9	42,9	5,2	3,1	10,5	83	25	52	6	4	13	Laubwald-
II Btv	10,6	40,6	8,0	12,4	9,7	81	13	50	10	15	12	Neuaufforstung
Btv-Cv	2,8	27,3	10,3	3,8	7,5	52	5	53	20	7	15	post Nadelwald
Profil 5												
Ah	22,0	62,2	17,1	13,7	40,2	155	14	40	11	9	26	
Al	11,5	29,8	8,0	9,1	16,1	74	15	40	11	12	22	km4-Ton
SBt	2,3	38,6	9,3	18,3	24,4	93	3	42	10	20	26	Wiese
II SP	3,7	30,7	6,2	14,8	36,9	92	4	33	7	16	40	
III SP-Cv	2,5	36,9	4,9	14,3	22,2	81	3	46	6	18	27	
Profil 6												
Ah	57,0	64,1	18,5	16,8	33,3	190	30	34	10	9	18	
Al	21,1	55,7	13,9	15,6	29,9	136	15	41	10	11	22	dl
Al-Sw	9,6	56,6	14,6	19,4	34,0	134	7	42	11	14	25	(Iα,km5)
II Bt-Sd	8,1	77,6	25,6	40,7	51,2	203	4	38	13	20	25	Laubwald
Bt-Sd 2	6,3	67,1	23,8	46,3	51,3	195	3	34	12	24	26	
Profil 7												
Ah	37,9	50,1	5,9	10,7	20,1	125	30	40	5	9	16	
Al	22,6	54,5	7,5	11,3	22,6	119	19	46	6	10	19	
SAl + SBt	22,0	70,0	17,4	24,3	33,6	167	13	42	10	15	20	dl
SBt	14,8	68,9	18,5	34,6	38,3	175	8	39	11	20	22	Laubwald
Bv	12,4	82,8	13,6	27,3	40,9	177	7	47	8	15	23	
Profil 8												
Ah	43,4	100,6	41,3	38,9	34,2	258	17	39	16	15	13	
Al	30,1	93,4	45,6	46,4	38,6	254	12	37	18	18	15	
SAl	25,9	95,9	53,9	57,1	41,2	274	9	35	20	21	15	Iα
II SBt	15,0	106,8	67,3	81,2	43,8	314	5	34	21	26	14	Nadelwald
III eCv	5,8	62,8	32,6	30,9	18,3	150	4	42	22	21	12	
Profil 9												
O	78,6	74,1	20,4	14,2	17,3	205	38	36	10	7	8	
Ah	82,9	86,6	13,6	17,3	29,7	230	36	38	6	8	13	
AhxAl	35,0	54,3	12,5	15,0	32,5	149	23	36	8	10	22	Iα (ko)
SAl	14,9	71,4	24,8	30,9	47,0	189	8	38	13	16	25	Mischwald
II SBt	23,5	85,7	34,3	53,4	49,0	246	10	35	14	22	20	
III Bcv	19,0	85,7	31,8	35,4	43,6	216	9	40	15	16	20	
Profil 10												
Ah	34,4	120,4	58,5	69,8	37,6	321	11	38	18	22	12	
Al	26,7	111,6	67,4	65,5	37,8	309	9	36	22	21	12	
II Bt	5,8	110,0	71,8	80,1	40,9	308	2	36	23	26	13	Iα
III eCv	4,6	93,3	55,3	62,3	30,2	246	2	38	22	25	12	Laubwald
eC-Cv	3,6	86,9	42,9	48,6	17,9	200	2	44	21	24	9	
Profil 11												
Ah	55,7	83,7	16,2	14,5	30,9	201	28	42	8	7	15	
Al	20,1	58,5	8,8	12,6	33,9	134	15	44	7	9	25	Iα
II Bt	11,4	62,7	27,2	25,2	53,6	180	6	35	15	14	30	Laubwald
III P	2,4	71,7	25,6	53,6	85,3	239	1	30	11	22	36	
Cv	1,1	50,2	10,0	27,9	42,4	132	1	38	8	21	32	
Profil 12												
Ah	57,9	55,0	11,1	19,7	33,3	177	33	31	6	11	19	
Bv	40,8	37,3	17,4	24,7	39,9	160	25	23	11	15	25	km4 (km5,Iα)
II P	34,6	52,8	33,4	45,2	54,1	220	16	24	15	21	25	Nadelwald
III P-Cv	22,3	45,9	20,0	37,6	46,7	172	13	27	12	22	27	
IV P-Cv	26,7	47,8	19,4	26,7	34,0	155	17	31	13	17	22	

Tab. 25: Fortsetzung

Probe	Schwermetallgehalte [mg/kg]					SM-Summe [mg/kg]	Anteil [%] an der SM-Summe					Geologie (Hangende Geologie) Bestand
	Pb	Zn	Cu	Ni	Cr		Pb	Zn	Cu	Ni	Cr	
Profil 13												
L-Of	57,6	109,5	18,1	8,2	1,6	195	30	56	9	4	1	
Oh	62,4	74,0	12,5	4,7	4,7	158	39	47	8	3	3	km4
Aeh	30,0	23,1	15,4	2,6	4,1	75	40	31	21	3	5	ausgelichteter
Bv	17,2	32,4	18,5	4,9	6,2	79	22	41	23	6	8	Nadelforst mit
Cv	4,5	22,1	23,4	4,1	3,7	58	8	38	40	7	6	Buchenverjüngung
Profil 14												
O-Aeh	65,3	28,1	11,0	1,2	3,0	109	60	26	10	1	3	
Ahe	52,2	20,7	7,9	1,6	3,0	85	61	24	9	2	3	
Bvh	18,0	13,0	5,0	2,6	4,6	43	42	30	12	6	11	ko-Blockschutt
Bhv	17,1	18,1	4,4	3,1	5,3	48	36	38	9	6	11	Laubwald
Profil 15												
L-Of	75,3	70,6	10,0	14,9	2,8	174	43	41	6	9	2	
Oh	63,2	26,2	7,8	2,7	2,7	103	62	26	8	3	3	
Ahe	17,5	14,0	7,3	0,9	1,7	41	42	34	18	2	4	km4
Bv-Cv	18,4	8,8	9,8	2,6	1,8	41	44	21	24	6	4	Nadelwald
Profil 16												
O-Ah	87,5	90,3	28,8	17,5	26,3	250	35	36	12	7	10	
Aeh	76,9	61,6	20,1	15,4	29,6	204	38	30	10	8	15	
Al	62,5	62,4	21,2	16,2	32,5	195	32	32	11	8	17	km5 (Iα)
II Bt	38,5	51,6	55,3	52,9	45,7	244	16	21	23	22	19	Laubwald-
III eP	11,9	42,2	33,4	28,6	35,8	152	8	28	22	19	24	Neuaufforstung
eCV	17,4	33,3	26,1	22,4	24,9	124	14	27	21	18	20	post Nadelwald
Profil 17												
Ah	48,8	48,8	12,2	16,9	15,3	142	34	34	9	12	11	
Bv	36,6	29,5	9,1	13,7	13,2	102	36	29	9	13	13	
II Btv	32,1	25,1	11,0	14,3	14,2	97	33	26	11	15	15	km5 (ko)
III P	13,2	31,4	21,3	40,9	26,2	133	10	24	16	31	20	Laubwald
P-Cv	5,0	26,1	5,0	33,0	22,5	92	5	28	5	36	25	
eCv	12,1	27,2	5,0	37,8	22,3	104	12	26	5	36	21	
Profil 18												
Ah	39,8	92,0	33,3	25,7	28,2	219	18	42	15	12	13	
Bv	36,6	74,4	29,5	27,9	27,9	196	19	38	15	14	14	
SBv	41,0	54,7	40,5	31,3	29,0	197	21	28	21	16	15	km4 (km5,Iα)
II SP	26,3	52,5	41,3	36,4	30,6	187	14	28	22	19	16	Wiese
III SP-Cv	50,7	76,7	61,9	77,0	39,0	305	17	25	20	25	13	
IV SP-cCv	30,0	60,0	38,8	43,8	30,3	203	15	30	19	22	15	
Profil 19												
Ah	36,7	69,6	14,5	19,7	30,1	171	21	41	8	12	18	
Al	29,4	105,1	13,8	15,0	32,5	196	15	54	7	8	17	
II SBt	10,6	57,4	20,5	28,4	51,8	169	6	34	12	17	31	Iα (ko)
SBt-Bv	17,7	92,6	24,9	73,7	91,0	300	6	31	8	25	30	Laubwald
III Bcv	38,2	154,4	36,2	59,5	104,7	393	10	39	9	15	27	
Bv-Cv	52,7	69,6	31,2	34,2	61,1	249	21	28	13	14	25	
Profil 20												
O	54,3	55,9	20,7	15,3	9,9	156	35	36	13	10	6	
Ahe	59,7	36,4	10,3	13,0	12,1	132	45	28	8	10	9	
Bvh	32,4	42,2	9,6	13,9	13,7	112	29	38	9	12	12	ko
II Btv-Cv	24,2	40,3	9,5	17,5	13,9	105	23	38	9	17	13	Nadelwald
Cv-C	30,2	40,3	17,1	22,5	15,8	126	24	32	14	18	13	
Profil 21												
aAh	11,1	42,4	12,5	13,8	22,5	102	11	41	12	13	22	
aM1	11,3	37,9	11,4	12,6	21,7	95	12	40	12	13	23	
aM2	5,6	39,0	11,0	13,4	23,2	92	6	42	12	15	25	a
aM3	2,4	33,5	8,3	11,8	20,1	76	3	44	11	16	26	Wiese
aGo	2,4	32,4	4,8	10,8	17,9	68	4	47	7	16	26	

Mit Hilfe der transformierten SM-Gehalte ist es nun möglich, Bilanzierungen zwischen den einzelnen Horizonten durchzuführen. In den Prozentanteilen darf der allgemeine linear-quantitative Einfluß der Bodenparameter auf den SM-Gehalt zu einem guten Teil als eliminiert betrachtet werden. Die verbleibenden Unterschiede zwischen den Prozentanteilen verschiedener Proben beruhen nun im Idealfall allein auf jenen Faktoren, die zur Charakterisierung der ökologischen Situation dienlich sind. Es sind dies im wesentlichen SM-Eintrag, -Verlagerung und -Auswaschung sowie das von der

METHODIK SM-BILANZIERUNG 67

Geologie an das Bodensubstrat vererbte quantitative Schwermetallfraktionsmuster. Auch der Einfluß der Periglazialschichtung auf die SM-Mengenanteile kommt mit Hilfe der transformierten Gehalte gut zum Ausdruck. Je nach Fragestellung bleibt damit aber auch ein Rest von geogenen Störfaktoren auf die oben genannten, mit den ökologischen Verhältnissen verknüpften Faktoren bestehen. Vor allem Bilanzierungen über Schichtgrenzen hinweg bleiben von einer gewissen Unschärfe behaftet, weshalb u.a. nur von einer Vergleichbarkeit der Prozentanteile in erster Näherung gesprochen werden kann. Im Folgenden kann über das Gewicht dieser Unschärfe an konkreten Ergebnissen besser diskutiert werden.

6.2 Anteil und Bedeutung der SM-Fraktionen von Böden in unterschiedlicher geologischer Profilposition

In Abb. 10 und Tab. 4 (⇐Kap. 5.2) wurden die mittleren Schwermetallgehalte auf unterschiedlicher Geologie dargestellt; hier vergleichend das Ergebnis von deren Transformation:

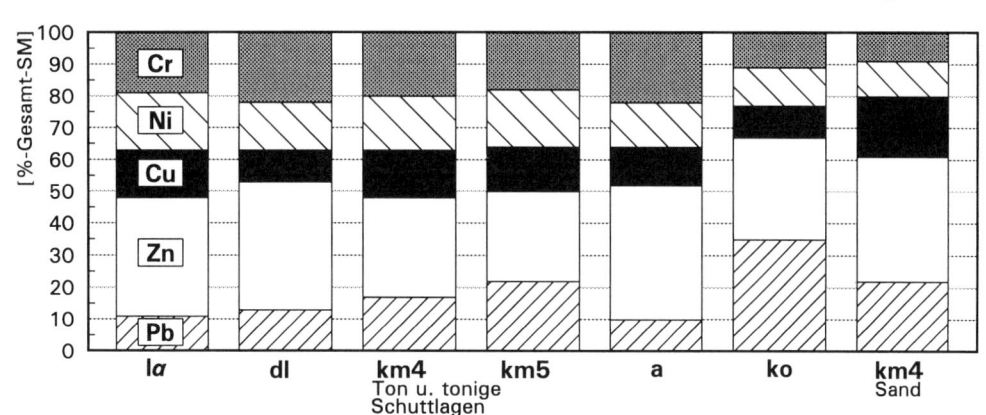

Abb. 23: Mittlere Anteile der SM-Fraktionen auf unterschiedlicher Geologie

Tab. 26: Mittlere SM-Anteile der SM-Fraktionen auf unterschiedlicher Geologie (Datentabelle zu Abb. 23)

Werte [% an Gesamt-SM]	l α	dl	km4-Ton/ Schuttl.	km 5	a	ko	km4-Sand
Blei	11	13	17	22	10	35	22
Zink	37	40	31	28	42	32	39
Kupfer	15	10	15	14	12	10	19
Nickel	18	15	17	18	14	12	11
Chrom	19	22	20	18	22	11	9

Der Vergleich der absoluten SM-Gehalte mit deren Transformation belegt, daß sich keine Änderung in der quantitativen Abfolge der fünf SM ergibt. Der bei der Transformation erreichte Vorteil der Vergleichbarkeit bei stark unterschiedlichen absoluten Gehalten geht also nicht zu Lasten der mengenmäßigen Bedeutung innerhalb der nach dem geologischen Standort gegliederten Böden. Dies ist leicht verständlich, da zwischen beiden Größen Proportionalität besteht. Was aber erst die transformierte Darstellung allein zu leisten vermag, ist, die Unterschiede in der Bedeutung der SM-Fraktionen zwischen den geologischen Standorten, sprich deren spezifische Charakteristika, herauszukristallisieren.

Zink nimmt in jedem Fall die erste Position ein. Jetzt im direkten Vergleich wird aber auch besonders deutlich, was bei der Kennzeichnung der Einzelprofile bereits angesprochen wurde, nämlich daß Zink bei den Decklehmböden mit einem 40%-Anteil eine besonders herausragende Stellung einnimmt, während die Böden auf Knollenmergel mit nur 28% durch eine relative Zinkarmut gekennzeichnet werden. Ebenso wird die unterschiedliche Bedeutung des vorwiegend als anthropogener Natur ausgewiesenen Bleis deutlich. Die Schwermetalle Kupfer, vor allem aber Nickel und Chrom unterliegen mit Ausnahme der Profile aus sandreichem Substrat (ko und km4-Sand) nur geringfügigen Schwankungen.

An dieser Stelle muß die oben begonnene Diskussion bezüglich der angedeuteten Unzulänglichkeiten und Unschärfen der Transformation wieder aufgenommen werden: Es wurde erläutert, daß wegen der hohen linearen Beziehung zwischen SM-Gehalt und Bodenparametern bei der Transformation deren Einfluß weitgehend eliminiert wird. Daß dieses zutrifft, belegen die nahezu ausgeglichenen %-Anteile der als vorwiegend geogenen Ursprungs erkannten Schwermetalle. Auch die gemachte Feststellung, daß die für die ökologische Betrachtung so wichtige immissionsbedingte Schwermetallkomponente von der Transformation nicht geschluckt wird, erweist sich als richtig. Es bleibt die Frage, weshalb die Gehaltsanpassung der geogenen SM an die Bodenparameter im Falle der Stubensand-, v.a. aber der Rhätprofile scheinbar nicht so gut gelungen ist. Die Betonung liegt auf scheinbar, denn es wurde auch behauptet, daß der Faktor SM-Auswaschung von der Transformation gleichfalls unberührt bleiben würde. Die durchweg sehr stark sauren ko- und km4-Sand-Böden legen hiervon Zeugnis ab. Andererseits legen sie aber auch eine der verbleibenden Unschärfen der Umrechnung offen. Während Blei und Zink immissionsbedingt ständig nachgeliefert werden, ist das bei den anderen SM viel weniger der Fall. Die Folge im Vergleich mit den anderen Standorten ist eine relative Akkumulation von Zink und Blei, die mathematisch zu Lasten der Gehaltsanteile der übrigen SM geht. Die ökologische Situation der Böden wird dabei zwar sehr deutlich, die quantitative Anpassung an die Bodenparameter ist aber nur unvollständig umsetzbar. Bei den Böden der anderen geologischen Standorte schwankt das Fundament aus Blei und Zink nur wenig um die 50%-Marke. Die Ausgangsbasis für die Anteilsverteilung der restlichen, überwiegend

METHODIK SM-BILANZIERUNG

geogenen Schwermetalle ist dort somit dieselbe, und es darf davon ausgegangen werden, daß die bestehenden Anteilsdifferenzen ihren Ursprung in der Geologie selbst sowie den periglazial verursachten Ungleichheiten nehmen. Ist diese Annahme richtig müßte es möglich sein, diese wenigstens im Grundsatz abzuschätzen.

6.2.1 Bilanzierung geologisch und periglazial bedingter SM-Charakteristika

Wird der Frage nachgegangen, ob die Geologie des Standorts ein charakteristisches SM-Muster an den Boden weitergibt, liegt auf der Hand, daß zur Klärung allein die Proben der Basislagen beitragen können. Der Einfluß periglazialer Umlagerung sowie Lößeinmischung auf das SM-Muster dagegen wird ausreichend nur von den Hauptlagen wiedergespiegelt. Die folgende Abbildung zeigt eine entsprechende Zuordnung der Bodenproben.

Abb. 24: Vergleich der SM-Fraktionsmuster von Haupt- und Basislagen, differenziert nach geologischen Profilstandorten

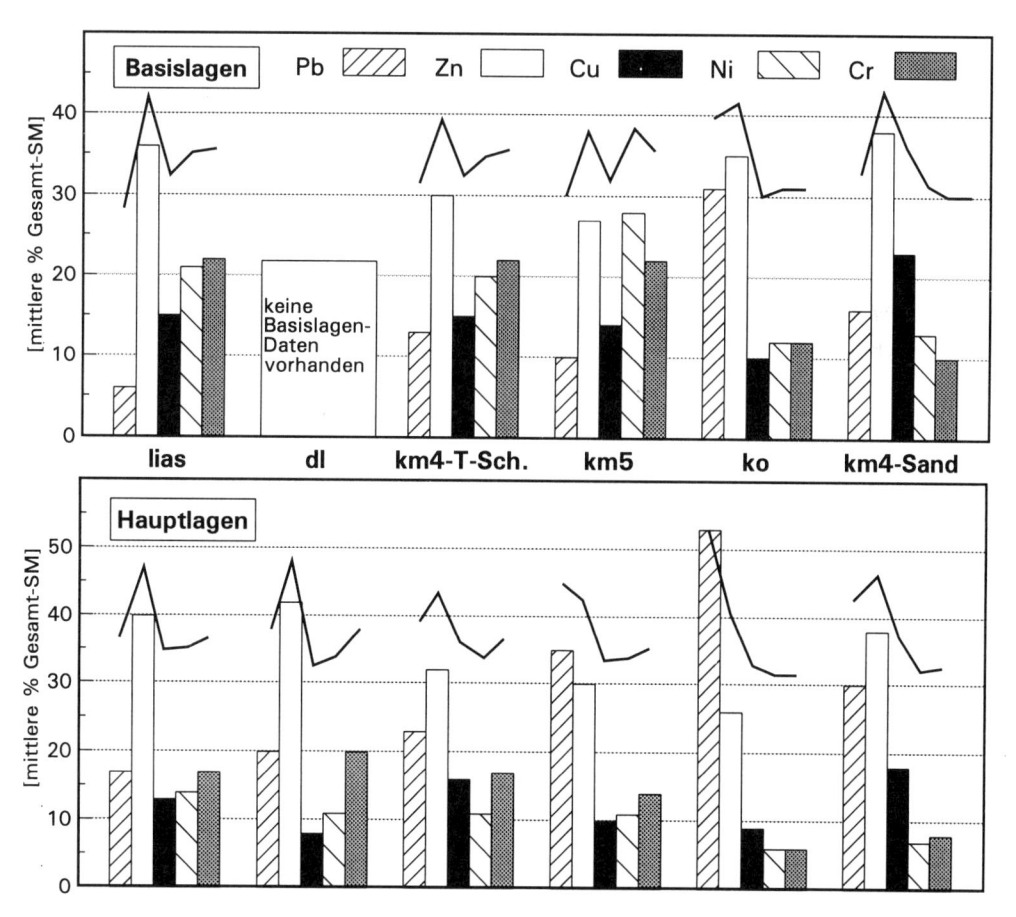

Aus oben diskutiertem Grund kann aus den Basislagenhorizonten der km4-Sand und ko-Profile kein geologietypisches SM-Muster abgeleitet werden. Die Decklehmböden wurden aufgrund ihrer Mächtigkeit nur bei einem Profil bis zur Mittellage erfaßt, weshalb Basislagenhorizonte erst gar nicht vorkommen. Selbst wenn diese vorlägen, könnte kein Decklehmspezifisches Muster herausgearbeitet werden, da unter dieser Bezeichnung Lößlehme über jedweder Geologie zusammengefaßt wurden. Insofern ist in diesem Zusammenhang auch nur das SM-Muster der dl-Hauptlage von Interesse. Dieses steht sozusagen für das Muster der reinen Lößlehmkomponente, die in den Hauptlagen aller anderer Standorte mehr oder weniger stark vertreten ist. Die Basislagen auf "km4-Ton und tonigen Schuttlagen über km4" stellen von vornherein eine bunte Mischung aus verschiedenen Basissubstraten dar. Das Muster ist nur deshalb interessant, weil es beinahe eine perfekte Mischung - das immissionsbedingte Blei ausgenommen - aus Lias- und km5-Muster ist. Und tatsächlich sind diese Böden ja im solifluidal hangabwärts verlagerten Material beider Geologien entwickelt. Die hinzukommende schwermetallarme Stubensandkomponente hat nicht genug Gewicht, die Musterüberlagerung entscheidend zu stören. Diese Beobachtung verifiziert gleichzeitig die Mustercharakteristika der Lias- und Knollenmergelbasislagen. Diese unterscheiden sich wesentlich bei Zink und Nickel. Während Lias im Vergleich mit den anderen Geologien aber keine einmaligen Merkmale aufweist, ist dies bei Knollenmergel gleich doppelt der Fall. Nirgendwo sonst ist der Nickelanteil so über- und nirgendwo der Zinkanteil so unterrepräsentiert.

Betrachtet man jetzt die Hauptlagen und ignoriert dabei das anthropogene Blei, stellt man leicht fest, daß der Lößeinfluß hier so übermächtig ist, daß qualitativ gesehen das Muster des Decklehms quasi alle Unterschiede der Basislagen überlagert. Was die Bedeutung der Schwermetallfraktionen anbelangt, so kommt den Elementen Kupfer, Nickel und Chrom bei den Basislagen ein größeres Gewicht an der Gesamt-SM-Menge zu. Ob dies mit einer Verdünnung durch Löß zu begründen ist oder einer stärkeren Auswaschung in den pH schwächeren Hauptlagen zugeschrieben werden darf oder gar dadurch bedingt ist, daß die anthropogenen Bleianteile relativ zur Gesamtmenge ansteigen, muß zunächst offen bleiben. Zumindest reicht der letztere Punkt alleine nicht aus, um die Unterschiede zwischen Haupt- und Basislagen zu erklären. Den beiden zuerst genannten Möglichkeiten kommt wohl das Hauptgewicht zu, wobei deren Wirkungen vorerst nicht zu trennen sind.

Um zu eindeutigeren Aussagen zu kommen, muß im folgenden Unterkapitel über den gesamten Tiefenverlauf der Profile bilanziert werden. D.h. Gewinne und Verluste der einzelnen SM-Fraktionsanteile mit der Tiefe müssen im Vergleich mit den entsprechenden Absolutgehalten betrachtet werden.

6.3 Bilanzierung der SM-Fraktionen im Profiltiefenverlauf

Um das Ausmaß einer vorhandenen SM-Anreicherung im Profiltiefenverlauf sicher zu quantifizieren, ist es notwendig, neben dem Einfluß, den die Bodenparameter auf die SM-Gehalte nehmen, die Hauptlage vom Einfluß des beigemischten Basismaterials abzukoppeln. Dies kann, da die eingemischten Basismaterialanteile nicht bekannt sind, nur auf indirektem Wege praktiziert werden, indem man stets, über die gesamte Horizontabfolge eines Profils hinweg, den Einfluß des Anstehenden beibehält und dieser sich dadurch quasi selbst wegkürzt. Konkret wird dabei wie folgt vorgegangen:

Zunächst berechnet man aus allen Horizonten eines geologischen Standorts - incl. Auflagehorizonte, sofern vorhanden - die mittleren SM-Gehalte. In einem zweiten Schritt werden die Mittelwerte ohne Auflagehorizonte berechnet. Ein weiterer Schritt berücksichtigt nur noch die Mittelwerte aller Horizonte ohne Auflage und ohne Oberbodenhorizonte etc. Von den Gesamtprofilwerten ausgehend wird also quasi scheibchenweise das Profil tiefergelegt. Werden die berechneten Mittelwerte in einem Diagramm aufgetragen, ergibt sich ein von den Einflüssen der jeweils tieferliegenden Horizonte bereinigter Tiefenverlauf.

6.3.1 Schwermetallgewinne und -Verluste - km4-Sand-Profile

Abb. 25: Mittlere SM-Gehalte aus der Gesamtprobenzahl aller Profile auf km4-Sand, differenziert nach zunehmender Profiltiefe (links); deren %-Anteil am Gesamt-SM-Gehalt (rechts)

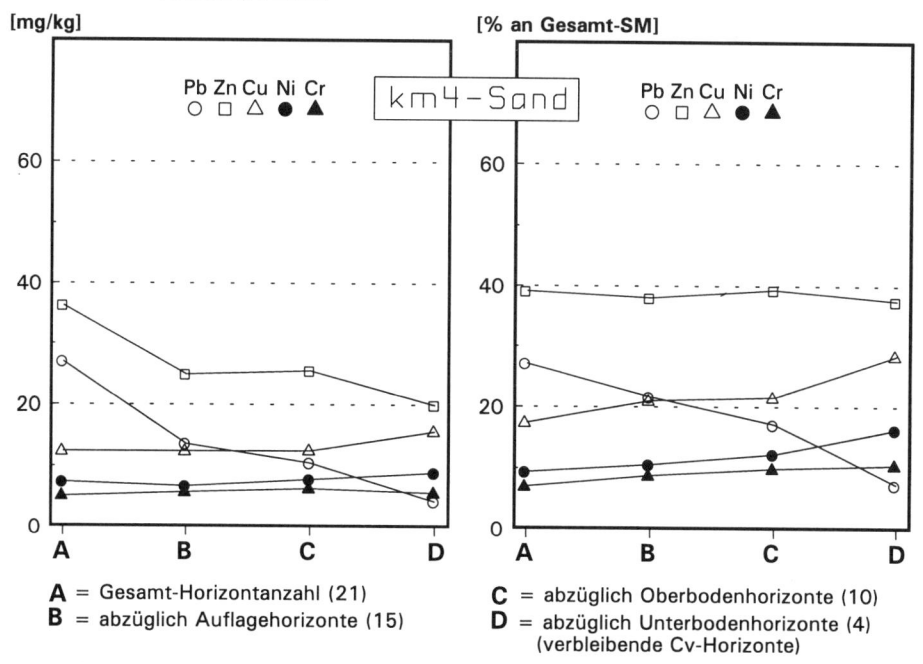

A = Gesamt-Horizontanzahl (21)
B = abzüglich Auflagehorizonte (15)
C = abzüglich Oberbodenhorizonte (10)
D = abzüglich Unterbodenhorizonte (4) (verbleibende Cv-Horizonte)

Betrachtet man zunächst die linke Darstellung der untransformierten Absolutgehalte, stellt man eine beträchtliche Anreicherung von Blei und Zink gegenüber der Profilbasis fest. Kupfer, Nickel und Chrom nehmen in ihren Gehalten dagegen mit zunehmendem Einfluß des Anstehenden zu. Die rechte Darstellung der transformierten Zinkgehalte aber steht in starkem Kontrast zu dessen Absolutgehalten. Hier ändert sich die Bedeutung von Zink an der jeweiligen Gesamt-SM-Menge im Tiefenverlauf kaum, was bedeutet, daß die bei den Absolutgehalten scheinbare Anreicherung lediglich auf eine Änderung der Bindungsmöglichkeiten der Bodenparameter für Zink zurückgeht. Da ein Zinkeintrag jedoch nachgewiesen wurde und zugleich in der linken Darstellung zum Ausdruck kommt, bleibt nur der Schluß, daß die immissionsbedingte Anreicherung bereits die ganze Profilsäule erfaßt hat. Zink muß also einer starken Verlagerung unterliegen. Im Falle von Blei sind die Unterböden noch nicht bis an die Grenze ihrer Aufnahmefähigkeit kontaminiert worden, weshalb das Anreicherungsgefälle hin zur Tiefe auch von den transformierten Gehalten wiedergegeben wird. Das ausgeglichene Gefälle der Bleianteile deutet aber auch hier eine Verlagerung und Auswaschung an. Die gegenüber den Absolutgehalten vorhandene Überbetonung von Chrom, Nickel und Kupfer in den praktisch nur noch aus Sand bestehenden Cv-Horizonten runden das Bild eines Standorts mit durchweg mobilen Schwermetallverhältnissen ab.

6.3.2 Schwermetallgewinne und -verluste - Profil aus Alluvien (a)

Abb. 26: Mittlere SM-Gehalte aus der Gesamtprobenzahl eines Profils aus Alluvien, differenziert nach zunehmender Profiltiefe (links); deren %-Anteil am Gesamt-SM-Gehalt (rechts)

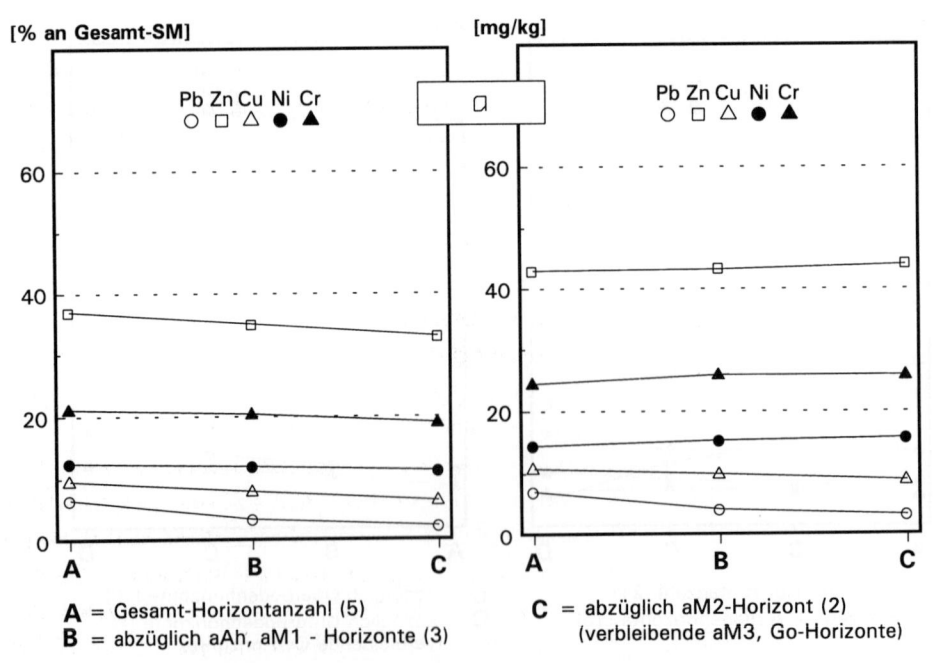

A = Gesamt-Horizontanzahl (5)
B = abzüglich aAh, aM1 - Horizonte (3)
C = abzüglich aM2-Horizont (2)
    (verbleibende aM3, Go-Horizonte)

SM-TIEFENBILANZIERUNGEN

Im Anschluß an die durch Bodenversauerung und hohe Mobilität der Schwermetalle gekennzeichneten km4-Sand-Standorte folgt aus Gründen des Kontrastes im Profiltiefenverlauf die Darstellung des Alluvium-Standorts. Beide zeichnen sich durch sehr sandreiche Bodenhorizonte aus, die im Tiefenverlauf nur geringfügigen Bodenartenwechseln unterworfen sind. Das Profil aus Alluvien aber unterscheidet sich in zwei wesentlichen Punkten von den Stubensand-Standorten. Erstens ist die Schwermetallmobilität bei Werten über pH 6 stark eingeschränkt, und zweitens kann durch das bei jedem Hochwasser neu hinzukommende Substrat kaum eine nennenswerte Anreicherung der oberen Profilpartie stattfinden. Da die Schwermetalle außerdem keinen Verlagerungen unterliegen, sind die Kurvenverläufe beinahe ausgeglichen. Nur Blei zeigt eine leicht überproportionale Anreicherung. Ansonsten bewegen sich Gewinn- und Verlustanteile gegenüber den jeweils tieferliegenden Profilabschnitten, im Gegensatz zu den Verhältnissen bei km4-Sand, auf niedrigstem Niveau.

6.3.3 Schwermetallgewinne und -Verluste - Profile über Lias α

Abb. 27: Mittlere SM-Gehalte aus der Gesamtprobenzahl aller Profile über Lias α, differenziert nach zunehmender Profiltiefe (links); deren %-Anteil am Gesamt-SM-Gehalt (rechts)

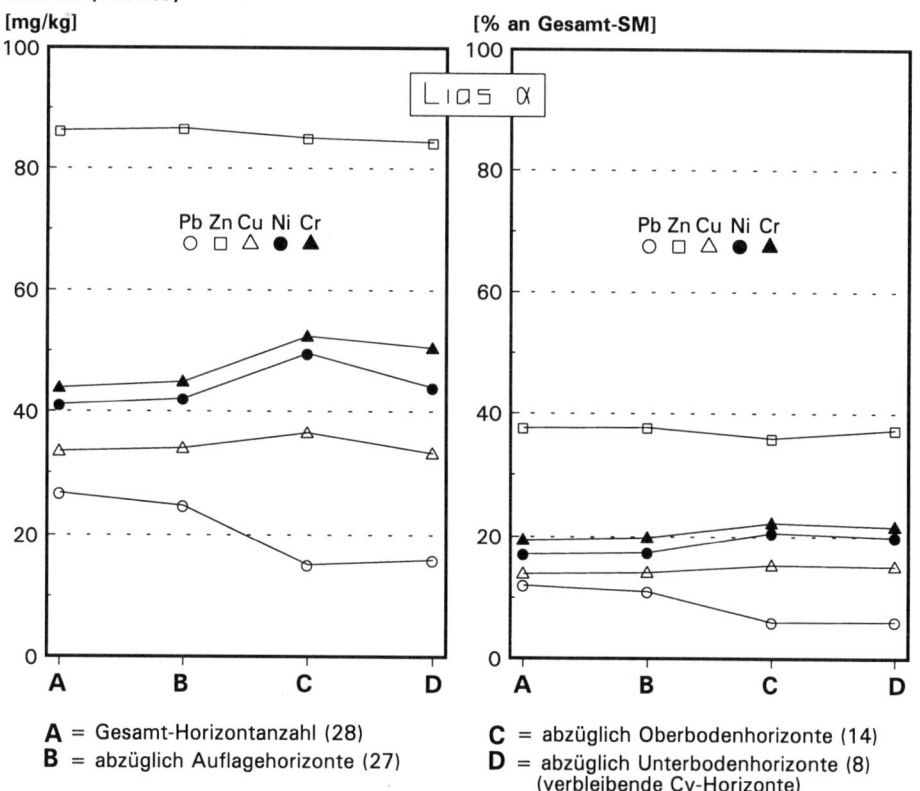

A = Gesamt-Horizontanzahl (28)
B = abzüglich Auflagehorizonte (27)
C = abzüglich Oberbodenhorizonte (14)
D = abzüglich Unterbodenhorizonte (8) (verbleibende Cv-Horizonte)

Wurden die Schwermetallgewinne und -verluste bei den Profilen auf Stubensand in erster Linie durch die Bodenversauerung gesteuert, nimmt bei den Lias-Profilen die geologische Mehrschichtigkeit diesen Part ein. Im Diagrammverlauf beinhalten die Punkte A und B noch die mittleren Horizontgehalte der Hauptlage, während C und D nur noch die mehrgeteilten Basislagen repräsentieren. Die Kurve der Absolutgehalte erfährt deshalb am Übergang einen den Periglaziallagenwechsel charakterisierenden Bruch im Kurvenverlauf. Die mittleren SM-Gehalte von Kupfer, Nickel und Chrom gewinnen dabei mit der Tiefe, Blei und Zink verhalten sich entgegengesetzt, wodurch deren Immissionskomponente deutlich in Erscheinung tritt.

Ebenso wird deutlich, daß die äolische Fremdkomponente Löß bei Lias-Hauptlagen zu einer Verdünnung des SM-Gehalts bestimmter Elemente führt. Vor allem Chrom und Nickel unterliegen diesem Einfluß. Bei Kupfer fällt der Verdünnungseffekt weniger stark aus, was nicht daran liegt, daß Kupfer ein im Löß stark vertretenes Element wäre (vergl. Decklehmprofile sowie Tabelle 3), sondern im Umkehrschluß eher für eine geringere Bedeutung des Kupfers an den SM-Fraktionen des Lias spricht. Die Gesteinsanalysen von ZAUNER 1996 unterstützen diese Feststellung. Tabelle 27 gibt eine Zusammenstellung der Zauner'schen Lias-Gesteinsanalysen wieder, welche stratigraphisch dem Unterbau der Profile im Arbeitsgebiet entsprechen. Dem Kupfer kommt dabei, weit hinter den anderen Elementen zurückstehend, der letzte Platz zu.

Tab. 27: Schwermetallgehalte von Gesteinen des Lias $\alpha 2$

Probe	Pb	Zn	Cu	Ni	Cr
62	28	59	19	72	99
46	20	69	26	42	85
59	13	21	<10	14	59
63	17	42	14	26	71
49	<10	14	<10	<10	33
44	<10	19	<10	24	91
Durchschnitt:	<16	37	<14	<31	73
Quelle: Daten zusammengestellt aus ZAUNER 1996, Anhang					

Eine weitere Wirkung des Wechsels von Haupt- und Basislagen auf das Aussehen der SM-Verteilung im Tiefenverlauf läßt sich an den Bleikurven der Diagramme ablesen. Daß die Diagrammverläufe der SM geogener Herkunft beim Übergang in eine andere Periglaziallage eine deutliche Stufe aufweisen, ist aus genannten Gründen nicht weiter verwunderlich. Interessant und von großer ökologischer Bedeutung ist dagegen die Beobachtung, daß die gleiche Stufe, nur mit umgekehrtem Vorzeichen, bei den Elementen mit starker Immissionskomponente auftritt. Daraus läßt sich ableiten, daß eine SM-Verlagerung in die Tiefe, über die Schnittstelle der Periglaziallagen hinweg, kaum möglich ist. Die periglazialen Lagen nehmen also nicht nur Einfluß auf die geogenen Schwermetallverhältnisse, sondern steuern u.a., wie schon SEMMEL 1991 bemerkt, auch die Belastung des Bodens durch anthropogen eingetragene Schwermetalle mit. Davon wird ausführlich in späteren Kapiteln die Rede sein.

6.3.4 Schwermetallgewinne und -verluste - Profile über Decklehm

Abb. 29: Mittlere SM-Gehalte aus der Gesamtprobenzahl aller Profile über Decklehm, differenziert nach zunehmender Profiltiefe (links); deren %-Anteil am Gesamt-SM-Gehalt (rechts)

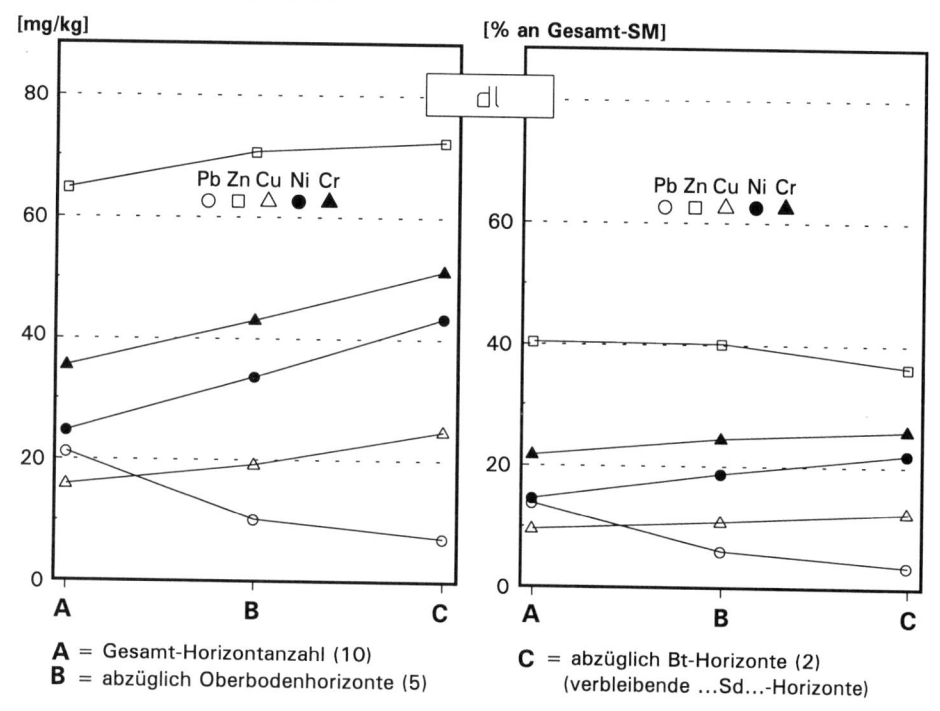

A = Gesamt-Horizontanzahl (10)
B = abzüglich Oberbodenhorizonte (5)
C = abzüglich Bt-Horizonte (2)
(verbleibende ...Sd...-Horizonte)

Betrachtet man im Vergleich zu Lias α die Diagrammverläufe der Schwermetalle mit geogener Herkunft, stellt man fest, daß hier eine kontinuierliche, stufenlose Anreicherung mit der Tiefe vorliegt. Der Grund ist, daß keine Basislagen berührt werden. Die Blei- und Zinkkurven weisen aber wieder einen gestuften, hier besser als abgewinkelt beschriebenen Verlauf auf. Aus diesen Unterschieden wird deutlich, daß der Übergang in die tonreicheren IIBt- (Mittellage) bzw. Bt-Horizonte das Anreicherungsverhalten von anthropogen eingetragenen SM sehr wohl beeinflußt. Kupfer, Nickel und Chrom hingegen spiegeln in ihrem Anreicherungsverlauf einfach den mit der Tiefe zunehmenden Tongehalt wider, weshalb deren Kurvensteigung in der Darstellung der Prozentanteile am Gesamtschwermetallgehalt auch deutlich abflacht. Dies muß so sein, da bei dieser Darstellungsform der Tongehaltseinfluß u.a. in erster Näherung ja eliminiert wird. Ohne die Transformation der Absolutgehalte könnte auch die immissionsbedingte Komponente von Zink gegenüber dessen geogener Zunahme mit der Tiefe nicht erkannt werden.

6.3.5 Schwermetallgewinne und -verluste - Profile über Knollenmergel

Abb. 30: Mittlere SM-Gehalte aus der Gesamtprobenzahl aller Profile über km5, differenziert nach zunehmender Profiltiefe (links); deren %-Anteil am Gesamt-SM-Gehalt (rechts)

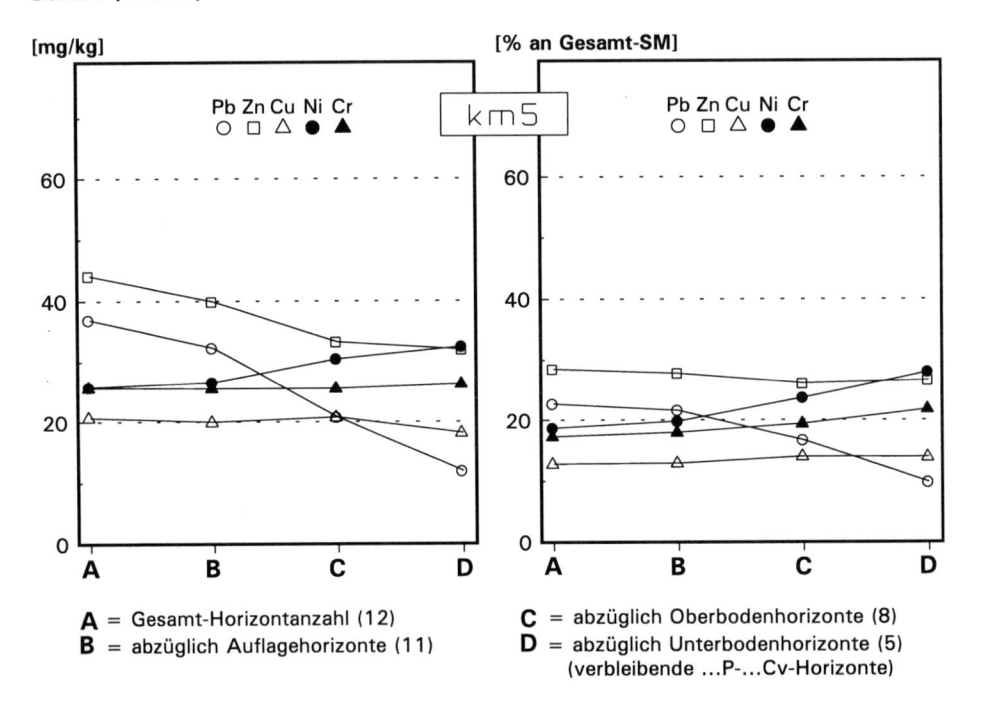

A = Gesamt-Horizontanzahl (12)
B = abzüglich Auflagehorizonte (11)
C = abzüglich Oberbodenhorizonte (8)
D = abzüglich Unterbodenhorizonte (5)
   (verbleibende ...P-...Cv-Horizonte)

Bei den Profilen auf Knollenmergel liegt bezüglich der Periglazialschichtung wieder die Situation lößreiche Hauptlage über pelosolartig ausgeprägter, tonreicher Basislage vor (Übergang B-C), was wiederum zur Folge hat, daß die bereits bei Lias *a* beschriebenen Verlaufsmerkmale der SM-Bilanzkurven zu beobachten sind. Es ergeben sich jedoch einige km5-typische Merkmale. Ersteres ist die im Vergleich zu den verbleibenden geogenen SM Chrom und Kupfer überproportionale Anreicherung von Nickel, die sich in einer Spreizung des Kurvenverlaufs mit zunehmendem Einfluß des Anstehenden Mergels zu erkennen gibt. Der Übergang von der Hauptlage zur Basislage kann durch diese Weitung eindeutig identifiziert werden. Zweiteres sind die so bisher noch nicht zu beobachten gewesenen Unterschiede in den Zinkkurven beider Diagramme. Den Absolutgehalten zufolge fällt die Zinkanreicherung in der von den Oberböden eingenommenen Hauptlage viel stärker aus, als die transformierten Werte widerspiegeln. Wie schon im Falle der Decklehmprofile erweist sich dabei der besondere Wert der Transformation. Wurde im Falle der Absolutgehaltsdarstellung bei Decklehm die immissionsbedingte Anreicherungskomponente von Zink durch dessen natürliche Zunahme mit der Tiefe überdeckt, tritt hier die Situation ein, daß diese Komponente durch die bereits ausgewiesene relative Zinkarmut des Knollenmergels eine Überbetonung erfährt.

6.3.6 Schwermetallgewinne und -verluste - Profile über km4-Ton/-Schutt

Abb. 31: Mittlere SM-Gehalte aus der Gesamtprobenzahl aller Profile über km4-Ton/-Schutt, differenziert nach zunehmender Profiltiefe (links); deren %-Anteil am Gesamt-SM-Gehalt (rechts)

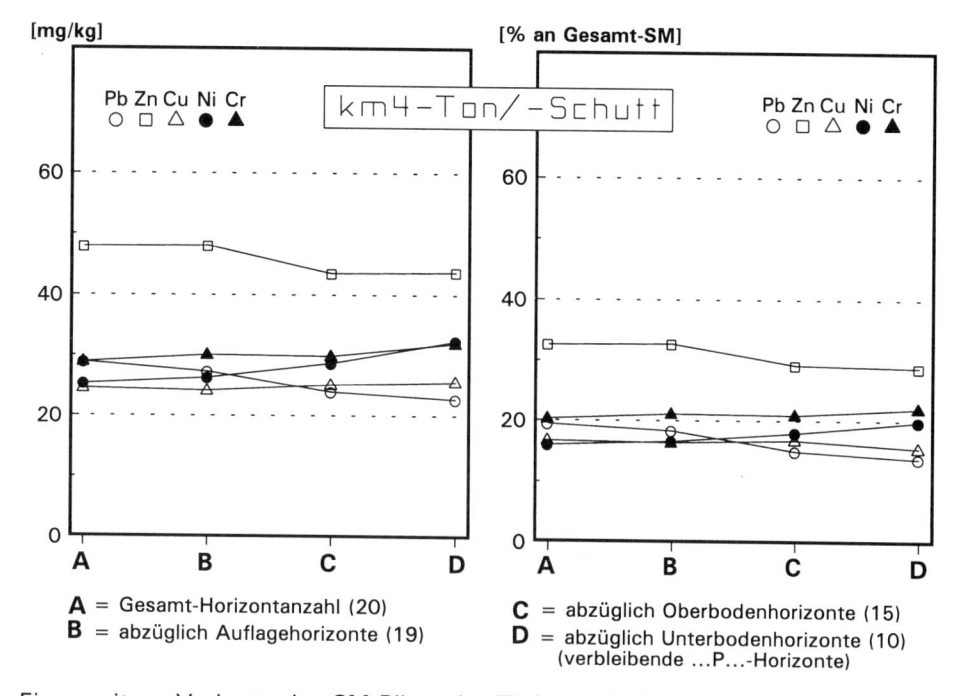

A = Gesamt-Horizontanzahl (20)
B = abzüglich Auflagehorizonte (19)
C = abzüglich Oberbodenhorizonte (15)
D = abzüglich Unterbodenhorizonte (10)
    (verbleibende ...P...-Horizonte)

Eine weitere Variante der SM-Bilanz im Tiefenverlauf bieten die Profile über km4-Sandstein und -Ton, die von Periglazialschutt des morphologisch hangenden Knollenmergels und Lias α überfahren sind. Obwohl gerade hier eine ausgeprägte Mehrschichtigkeit vorliegt (ab Punkt C sind keine Hauptlagenhorizonte bei der Mittelwertbildung mehr berücksichtigt; Punkt D entspricht dem Mittelwert des Basisschutt 2 i.S.v.BIBUS 1986), fällt die bisher zu beobachtende Differenz zwischen Haupt- und Basislage am Gehalt der geogenen Schwermetalle sehr gering aus. Zusätzlich scharen sich die Kurvenverläufe außergewöhnlich eng zusammen. In noch nicht dargestellter Weise übersteigt der SM-Gewinn von Zink im Oberboden sogar leicht jenen von Blei. Aus den bei km5 und Lias α diskutierten Sachverhalten heraus fällt eine Zuordnung dieser Verhältnisse nicht schwer, da der Einfluß beider Substrate bei gleichzeitiger Verdünnung - dieses Mal jedoch der Basislage - durch den grundsätzlich schwermetallarmen Stubensand zu eben dieser Situation führen muß. Besonders deutlich wird dies an den Diagrammverläufen von Zink und Blei. Die ausgeprägte Stufung am Übergang von B nach C spiegelt zwar gut den Einfluß des Periglaziallagenwechsels auf die anthropogene SM-Komponente wider, vermag aber nicht den tatsächlichen Grad der Anreicherung im Oberboden auszudrücken. Die Zinkstufe fällt bedingt durch die Zinkarmut von Stubensand- und km5-Anteil der Basislage zu hoch, die Bleianreicherung durch den in Relation zu Zink hohen natürlichen Bleianteil von Lias α-Material zu niedrig aus. Da eine kreuzweise Gegenläufigkeit besteht, die außerdem unabhängig vom linearen Zusammenhang der Bodenparameter mit der SM-Menge ist, kann hier, wie ersichtlich, auch die Transformation der Absolutgehalte keine Annäherung an die wahren anthropogenen Anreicherungsverhältnisse bringen.

6.3.7 Schwermetallgewinne und -verluste - Rhätprofile (ko)

Abb. 32: Mittlere SM-Gehalte aus der Gesamtprobenzahl aller ko-Profile, differenziert nach zunehmender Profiltiefe (links); deren %-Anteil am Gesamt-SM-Gehalt (rechts)

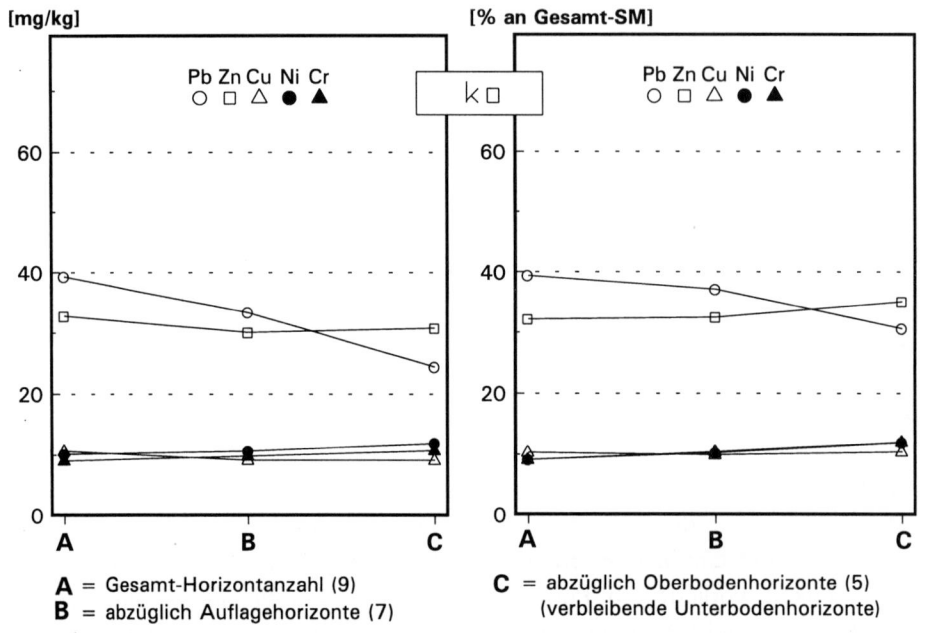

A = Gesamt-Horizontanzahl (9)
B = abzüglich Auflagehorizonte (7)
C = abzüglich Oberbodenhorizonte (5) (verbleibende Unterbodenhorizonte)

Die beiden Rhätprofile sind unter genetischen Aspekten (s. Profilkennzeichnung) zu einer gemeinschaftlich bilanzierenden Darstellung ihrer SM-Verhältnisse aufgrund des Profilaufbaus eigentlich nicht geeignet. Aus ökologischer Sicht besteht jedoch gute Übereinstimmung. Beide Profile sind durch schluff- und feinsandreiches Substrat gekennzeichnet. Markante, die SM-Verhältnisse beeinflussende Schichtwechsel fehlen, was die linearen Kurvenverläufe der SM mit überwiegend geogener Herkunft sehr deutlich widerspiegeln. Der Erkenntniswert der ko-Darstellung drückt sich vielmehr in den quantitativ sehr eng zusammenliegenden Zink- und Bleikurven sowie deren Überkreuzung im Zusammenhang mit den extrem sauren pH-Bedingungen aus. Die Auswaschung von Zink aus dem Oberboden ist bereits so weit fortgeschritten, daß nun allein die größere Sorptionskraft von Blei die quantitative SM-Abfolge bestimmt. Weder der höhere Eintrag noch der viel höhere geogene Grundgehalt von Zink spielen im Vergleich zu Blei noch eine Rolle. Nur gegenüber den nicht oder nur wenig durch Immission nachgelieferten, aber gleichfalls starker Auswaschung unterlegenen Schwermetallen kann Zink quantitativen Abstand wahren. Daß Zink im Unterboden schließlich wieder Gehaltsgewinne gegenüber Blei erzielen und so dessen Verlaufskurve schneiden kann, ist dadurch verursacht, daß die Verlagerungsfront von Zink der weniger mobilen Bleifront vorauseilt (⇒ Kap. 6.6.2).

6.3.8 Schwermetallgewinne und -verluste - Zusammenfassung

Abb. 33: Mittlere SM-Gehalte aus der Gesamtprobenzahl aller Profile, differenziert nach zunehmender Profiltiefe (links); deren %-Anteil am Gesamt-SM-Gehalt (rechts)

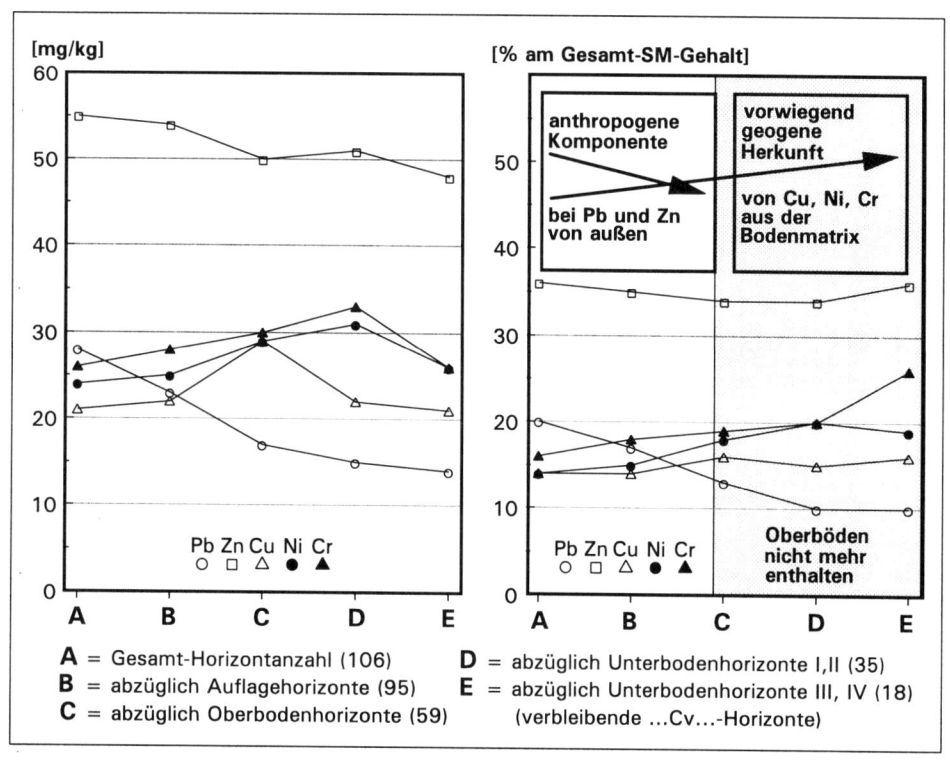

A = Gesamt-Horizontanzahl (106)
B = abzüglich Auflagehorizonte (95)
C = abzüglich Oberbodenhorizonte (59)
D = abzüglich Unterbodenhorizonte I,II (35)
E = abzüglich Unterbodenhorizonte III, IV (18)
(verbleibende ...Cv...-Horizonte)

Eine über alle Proben gemittelte und zusammenfassende Bilanzierung mag angesichts der vorher aufgezeigten Unterschiede und Spezialbedingungen der jeweiligen geologischen Standorte als wenig sinnvoll erscheinen. Gleichwohl wäre dies schon bei der gemittelten Darstellung der Einzelprofile unter geologischer Gliederung kritischerweise einzuwenden gewesen. Zweifellos übt der geologische Untergrund als Substratlieferant im Verein mit den Periglazialverhältnissen allergrößten Einfluß auf die SM-Situation aus. Zusätzlich bedingt die geologische Profilposition meist auch vergleichbare morphologische Bedingungen. Im Einzelfall aber unterliegt jedes Profil einer eigenen Kombination dieser und weiterer Parameter, die mit der vorgenommenen Einteilung nichts oder wenig gemein haben. Diese stehen in der Prioritätsreihenfolge bezüglich einer Einflußnahme auf die SM-Situation jedoch weit hinter dem geologischperiglazialen Aspekt zurück. Zudem rechtfertigen die gewonnen Erkenntnisse selbst die angewandte Gliederung und Mittelwertbildung aus den betreffenden Einzelprofilen. Erst die Mittelwertbildung trägt ja dazu bei, daß die typischen Charakteristika erkannt werden, da nur sie sich außerhalb der üblichen Gehaltsschwankungen durchsetzen können. Allein unter dieser Prämisse sollte die obenstehende Abbildung bewertet werden. Ihr Sinn besteht lediglich darin, den Stempel der anthropogenen SM-Komponente, der allen Profilen übergeordnet ist, zu verifizieren und gleichzeitig den klärenden Effekt der Transformation der Absolutgehalte bezüglich der SM-Herkunft herauszustreichen.

Für Blei, das in den Schönbuchböden die stärkste Anreicherung im Oberbodenbereich erfährt, wird in der nebenstehenden Abbildung ein vergleichender Überblick der Anreicherungsverhältnisse auf den verschiedenen geologischen Profilstandorten geboten. Eine Erläuterung der in Abbildung 34 dargestellten Verhältnisse sowie der daraus plastisch werdenden Grundtendenzen im Anreicherungsverhalten erfolgt zweckdienlich an einem Beispiel zwischen zwei Standorten mit grundsätzlich verschiedenen Substratverhältnissen (Lias α - km4-Sand): Im linken Diagrammteil der Abbildung sind, nach absteigenden Werten sortiert, die Absolutgehalte der Bleihorizonte auf entsprechender Geologie aufgetragen. Der rechte Teil spiegelt in gleicher Weise deren Anteil am Gesamt-SM-Gehalt wider. Vergleicht man beide Diagramme für Lias α, stellt man fest, daß den Blei-Absolutgehalten im Vergleich zu deren Anteil am Gesamt-SM-Gehalt eine geringere Bedeutung zukommt. Bei den Stubensand-Horizonten hingegen liegt eine genaue Umkehrung der eben beschriebenen Verhältnisse vor. Der Zahlenvergleich zwischen den mittleren Bleianteilen aller Horizonte gibt diesen Unterschied quantitativ wieder (km4-Sand 27% -Lias α 12%, Differenz = 15%). Vergleicht man dann noch die Verhältnisse der Bleianreicherung zwischen Ober- und Unterböden beider Standorte (km4-Sand 2:1, Lias α 3:1), wird rasch bewußt, daß trotz des quantitativ größeren Gehaltssockels bei km4-Sand die Lias α-Profile einer höheren Oberbodenanreicherung unterliegen. Diese Diskrepanzen erklären sich aus der erläuterten Bleiverlagerung aus dem Ober- in Unterbodenbereiche, bei gleichzeitig verstärkter Auswaschung der anderen Schwermetalle. Dies hat zwangsläufig zur Folge, daß Blei größere Anteile am Gesamt-SM-Gehalt einnimmt, und darf nicht damit verwechselt werden, daß bei km4-Sand-, oder noch extremer bei Rhätböden, ein gegenüber anderen Standorten höherer Bleieintrag stattfinden würde.

Die Ausprägung der Bleianreicherung unterliegt aber noch weiteren Steuerfaktoren, deren Auswirkungen nur am Profil-Einzelstandort mit gleichzeitig horizontweiser Bilanzierung studiert werden kann. Diese verfeinerte Betrachtung wird im übernächsten Kapitel vorgenommen. Bevor dies geschehen kann, im Folgenden, hierzu und zu weiteren Sachverhalten, einige wichtige Grundlagen zu deren Verständnis.

Abb. 34: Vergleich - Mittlere Bleiverhältnisse im zweigeteilten Profiltiefenverlauf sowie absoluter (links) und anteiliger Horizontgehalte (rechts) in verschiedener geologischer Position

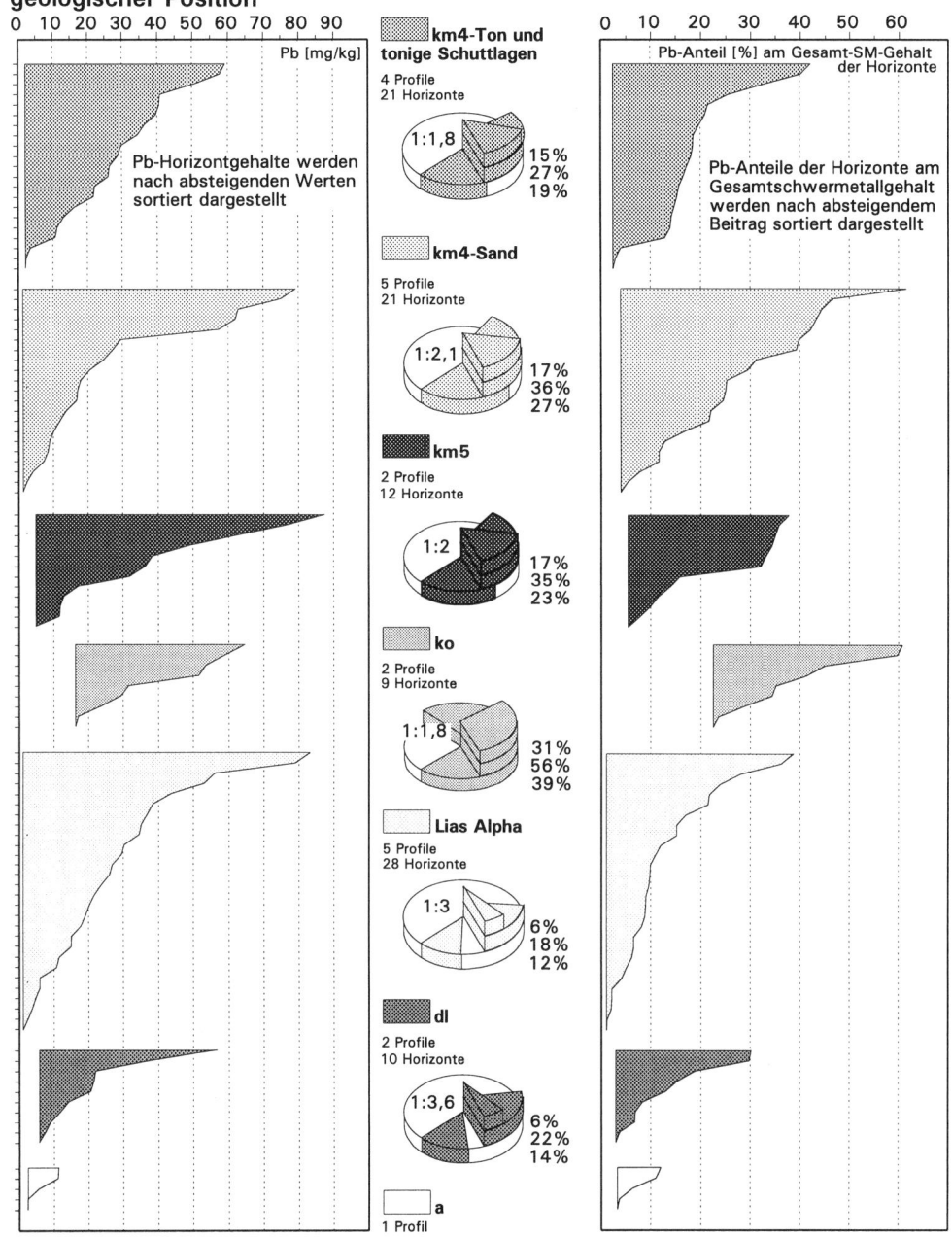

Pb [mg/kg]

Pb-Horizontgehalte werden nach absteigenden Werten sortiert dargestellt

Pb-Anteil [%] am Gesamt-SM-Gehalt der Horizonte

Pb-Anteile der Horizonte am Gesamtschwermetallgehalt werden nach absteigendem Beitrag sortiert dargestellt

km4-Ton und tonige Schuttlagen
4 Profile
21 Horizonte
1:1,8
15%
27%
19%

km4-Sand
5 Profile
21 Horizonte
1:2,1
17%
36%
27%

km5
2 Profile
12 Horizonte
1:2
17%
35%
23%

ko
2 Profile
9 Horizonte
1:1,8
31%
56%
39%

Lias Alpha
5 Profile
28 Horizonte
1:3
6%
18%
12%

dl
2 Profile
10 Horizonte
1:3,6
6%
22%
14%

a
1 Profil

Anreicherungssituation bei differenten Substrat- und Standortsverhältnissen:

Verhältnis Pb-Anteile Unterboden zu Oberboden- und Auflage-Horizonten
1:2,1

Mittlere Anteile am Gesamtschwermetallgehalt
17% — mittlerer Pb-Anteil der Unterbodenhorizonte
36% — mittlerer Pb-Anteil der Oberboden- und Auflagehor.
27% — mittlerer Pb-Anteil aller Horizonte

6.4 Wechselwirkungen zwischen Interflow- und SM-Verhältnissen

Im vorhergehenden Kapitel wurde offensichtlich, daß die SM mit hoher Immissionskomponente, Zink und Blei, in ihrem standortsbedingten Anreicherungsverhalten ganz unterschiedliche Verteilungsmuster und Eindringtiefen aufweisen. Zum einen spielt dabei die Unterschreitung des jeweils mobilitätsauslösenden pH-Wertes, zum anderen das bei gegebenen pH unterschiedliche Fixierungsvermögen des Bodensubstrats eine wichtige Rolle. Wie an den Bilanzierungen der Rhät- und Stubensandprofile ersichtlich wurde, begünstigen v.a. sandreiche, saure Böden das verstärkte Eindringen anthropogen zugeführter SM. Andererseits erfolgt durch Auswaschung zusätzlich eine Verarmung der geogenen SM-Komponente. Ebenfalls offensichtlich wurde, daß andere Standorte, trotz teilweise gleich starker Oberbodenversauerung, von einem Eindringen immittierter SM in tiefere Profilschichten weitgehend verschont bleiben. Neben Fixierungsvermögen und Mobilität muß demnach ein dritter Faktor, nämlich die Richtung der Transfermöglichkeiten für mobilgewordene SM im Profil berücksichtigt werden.

Zur Verlagerung und Auswaschung von Schwermetallen sowie bereits im Vorfeld zu deren Adsorption und Desorption bedarf es des Transportmediums des Bodenwassers. Absolut logisch ist daher die Folgerung, daß SM-Transfer und zugleich -Verteilungsmuster an die Transfermöglichkeiten des Wassers im Profilverlauf geknüpft sein müssen. Die Wasserbewegung im Boden ist in erster Linie von Bodenart und -dichte abhängig (SCHEFFER & SCHACHTSCHABEL 1989, 173) und kann über die Größe der Wasserdurchlässigkeit bzw. Wasserleitfähigkeit (kf-Wert) ausgedrückt werden.

Ein markanter Bodenartenwechsel im Profilverlauf bewirkt folglich eine Änderung der Wasserleitfähigkeit. Ein diesbezüglich großes Potential beinhalten die Profile mit ausgesprochen starker Änderung der Bodenart an den Schichtgrenzen periglaziärer Lagen. Zuvorderst wirkt sich dabei der Übergang von den lockeren, schluffreichen Hauptlagen zu den liegenden, dichter gelagerten, tonreicheren Mittel- oder Basislagen aus. Die hydraulische Leitfähigkeit unterliegt nach EINSELE et al. 1986, 228 an dieser Grenze einer mehr oder weniger starken, sprunghaften Herabsetzung. Ist das Liegende wassergesättigt oder leicht untersättigt, wird bei entsprechendem Niederschlag die vertikale Wasserbewegung innerhalb der Hauptlage an der liegenden Schicht in einen horizontalen Abfluß (Interflow) umgeleitet. Da die dichten, tonreichen Lagen aufgrund geringer Porengröße und -zahl relativ rasch Wassersättigung erreichen bzw. aufgrund ihrer Profillage in Tiefen größerer Bodenfeuchte bereits nahe der Feldkapazität rangieren, kann abgeleitet werden, daß diese Schicht vom primären Sickerwasserzug der Oberböden kaum tangiert wird. Übertragen auf die Verlagerungsmöglichkeit immissionsbedingter Schwermetalle mit dem Sickerwasser liegt quasi eine deren Eindringen in tiefere Profilpartien behindernde Sperrschicht vor.

Wie effektiv diese Sperrschicht sein kann, geht aus Beregnungsversuchen von FLÜGEL & SCHWARZ 1983, SCHWARZ 1986 sowie den im Rahmen des Schönbuchprojekts untersuchten Niederschlag-Bodenwasser-Abflußbeziehungen von EINSELE et al. 1986 hervor. Am Beispiel eines Beregnungsversuches von FLÜGEL & SCHWARZ 1983 an einem Braunerde-Pelosol über Knollenmergel kann an konkreten Zahlen die Wirkung der periglaziären Mehrschichtigkeit verdeutlicht werden:

Abb. 35: Abflußbilanz eines Mehrschichtprofils unter künstlicher Beregnung

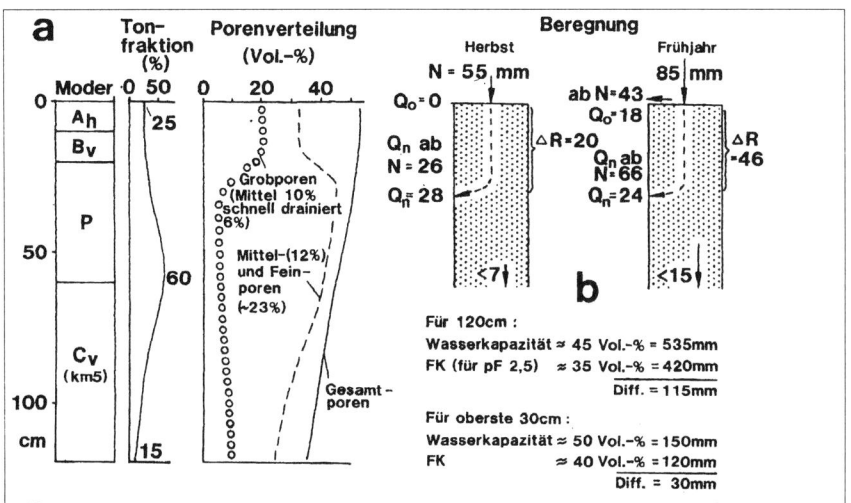

Abb. 12.10. Porengrößenverteilung (a) und' Ergebnisse von Beregnungsversuchen (b) auf einem Pelosol aus Knollenmergel (nach Angaben von FLÜGEL und SCHWARZ 1983); bei geringem Ausgangswassergehalt im Herbst setzte ab N = 26 mm Beregnung oberflächennaher Abfluß Q_n, aber nach N = 55 mm noch kein Überlandabfluß Q_o ein; bei hohem Ausgangswassergehalt im Frühjahr begann Q_o nach N = 43 mm und Q_n erst nach N = 66 mm; ΔR = zusätzliche Wasserspeicherung in den obersten 30 cm des Bodenprofils (alle Werte in mm).

Quelle: EINSELE et al. 1986, 230, Abb.12.10

Ergänzend zur unverändert übernommen Abbildung ist anzumerken, daß Ah- und Bv-Horizont der Hauptlage (Decksediment), P und Cv den Basislagen (Basisschutt) 1 und 2 i.S.v. BIBUS 1986,41 zuzuordnen sein dürften. Der Verlauf der Tongehaltskurve entspricht demnach einer geglätteten Darstellung.

Im Zusammenhang mit der den SM-Transport behindernden Sperrwirkung ist v.a. das Ergebnis von Bedeutung, daß in Abhängigkeit vom Ausgangswassergehalt einmal von 55 mm verregneter Wassermenge weniger als 7 und ein anderes Mal von 85 weniger als 15 mm in tiefere Bodenschichten eindringen konnten.

Im Arbeitsgebiet lassen sich aus Profilaufbau und zugehörigen Substratverhältnissen in der Hauptsache drei unterschiedliche Interflowtypen mit Wirkung auf die SM-Verhältnisse im Profiltiefenverlauf ableiten. Abbildung 36 gibt diese schematisiert mit jeweils einem typischen Vertreter aus dem Fundus der bearbeiteten Profile wieder.

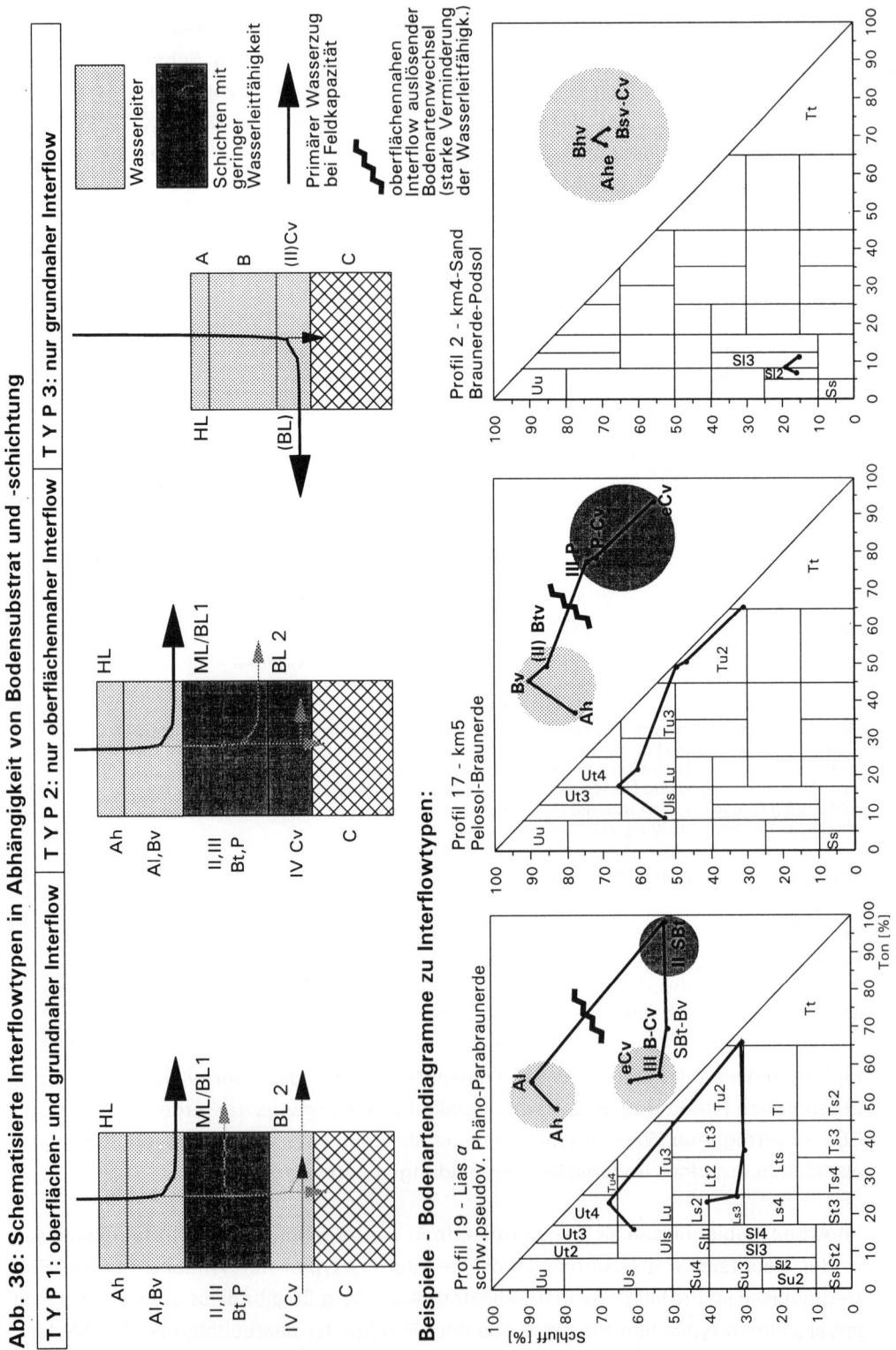

Abb. 36: Schematisierte Interflowtypen in Abhängigkeit von Bodensubstrat und -schichtung

| T Y P 1: oberflächen- und grundnaher Interflow | T Y P 2: nur oberflächennaher Interflow | T Y P 3: nur grundnaher Interflow |

Beispiele - Bodenartendiagramme zu Interflowtypen:

Profil 19 - Lias α
schw. pseudov. Phäno-Parabraunerde

Profil 17 - km5
Pelosol-Braunerde

Profil 2 - km4-Sand
Braunerde-Podsol

TYP 1 zeichnet sich bezüglich der wasserleitenden Schichten durch einen alternierenden Aufbau aus. Dieser Typus ist an das Vorhandensein mehrschichtiger Böden aus tonreicher Mittel- oder Basislage 2 im Liegenden der Hauptlage sowie einer sandreichen Basislage 2 geknüpft. Eine mögliche Wirkung dieser Verhältnisse auf die Gehalte immissionsbedingter SM im Profilverlauf gibt Abbildung 37 am Beispiel von Blei wieder. Bereits bei der Kennzeichnung der SM-Gehalte ($\Leftarrow$Kap. 5.3.2) wurde auf einige vom "Normaltrend" stark abnehmender Bleigehalte mit der Tiefe abweichende Verläufe hingewiesen. In diesen Fällen zeigt Blei einen mehr oder weniger konkaven Verlauf mit Gehaltsminimum in der tonreichsten Profilschicht, so wie dies am Beispiel von Profil 19 in der Abbildung dargestellt ist. Aufgrund der Tatsache, daß es sich beim Anstehenden a) um einen Sandstein handelt und b) dieses Phänomen nicht allein an Lias α-Böden auf Angulatensandstein gebunden ist, kann eine geogene Ursache des Bleianstiegs im grundnahen Wasserleiter mit größter Wahrscheinlichkeit ausgeschlossen werden. Viel wahrscheinlicher ist folgende Erklärung des Blei-Tiefenverlaufs unter Einbeziehung der Interflowverhältnisse und weiterer Profilparameter: Der erste, vom extrem tonreichen IIBt induzierte Gehaltsknick ist darauf zurückzuführen, daß bei entsprechender Bodenfeuchte nahezu keine bleihaltigen Wässer in diesen einzudringen vermögen. Das bei pH < 3 bereits recht mobile Blei (vergl. BLUME 1992) kann fast ausschließlich mit dem oberflächennahen Interflow horizontal transferiert werden. Im Falle sommerlicher Bodentrockenheit hingegen treten in den tonreichen Schichtgliedern Trocken- oder Schrumpfungsrisse auf, was im Gelände leicht nachzuprüfen ist. Wieder besteht kaum eine Möglichkeit der Bleianreicherung, da bleihaltige Wässer, ohne das Substrat zu perkolieren, sehr rasch dem grundnahen Wasserleiter zugeführt werden.

Abb. 37: Wirkungsbeispiel von oberflächen- und grundnahen Interflow-Verhältnissen auf die Bleiverteilung im Profiltiefenverlauf

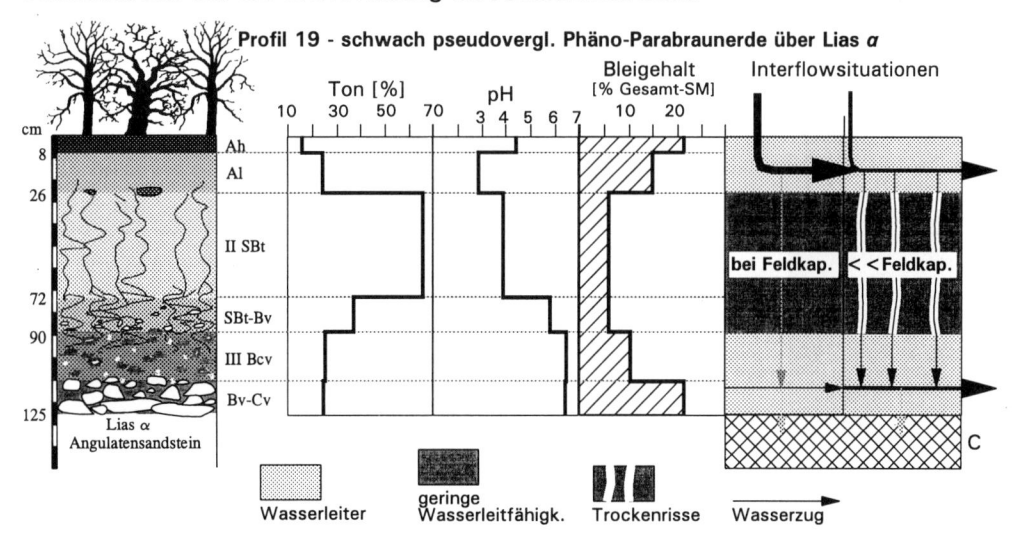

Dort treffen sie aufgrund des kalkhaltigen Anstehenden auf pH-Werte, die zu einer Immobilisierung der SM-Fracht führen. Hierdurch und durch die grundsätzliche Möglichkeit des lateralen Wasserzuzugs erklärt sich die grundnahe Anreicherung. Dem Typ 1 sind neben Profil 19 die Profile 12 und 18 (Schuttl. über km4) sowie unter dem Aspkekt des Anreicherungsverlaufs unter Einschränkung die Profile 16 und 17 (km5) zuzurechnen. Nebenbei sei erwähnt, daß der grundnahen Interflowschicht eine weitere ökologische Bedeutung zur Nährstoff- und Wasserbedarfsdeckung des Baumbestandes zukommt. Die aufgenommenen Profile dieses Typus zeichnen sich nämlich durch eine in diesen Tiefen sonst nicht zu beobachtende Durchwurzelungsintensität aus, die sich in der hangenden, tonreichen Schicht als nahezu ausgesetzt darstellt. Was obige Einschränkung anbetrifft, bilden die km5-Profile eine Art Zwischentypus mit schwachen Elementen von Interflow-Typ 1, stärkeren von Typ 2. Der im Verwitterungsstatus befindliche Knollenmergel zeichnet sich wegen seines Gefüges, trotz meist zunehmenden Tongehalts, durch eine bessere Wasserleitfähigkeit aus als der hangende, entkalkte P-Horizont. Diese muß aufgrund der Bodenart allerdings als bereits stark eingeschränkt gewertet werden. Durch Trockenrisse der P-Horizonte können die liegenden kalkhaltigen Cv-Horizonte aber analog zu oben mit bleihaltigen Wässern versorgt werden.

TYP 2 können die Profile auf Decklehm (6,7), Lias *a* mit Liastonen im Anstehenden (8,10,11) sowie die Profile über Stubensandton (3,5) zugerechnet werden. Charakteristisches Merkmal ist hier die mehr oder weniger stark ausgeprägte, jedoch meist kontinuierliche Abnahme der hydraulischen Leitfähigkeit mit der Tiefe. Im Anreicherungsverlauf wirkt sich dies in nur einem Gehaltsknick im Übergang nur tonreicheren Periglaziallage aus.

Abb. 38: Wirkungsbeispiel oberflächennaher Interflow-Verhältnisse auf die Bleiverteilung im Profiltiefenverlauf

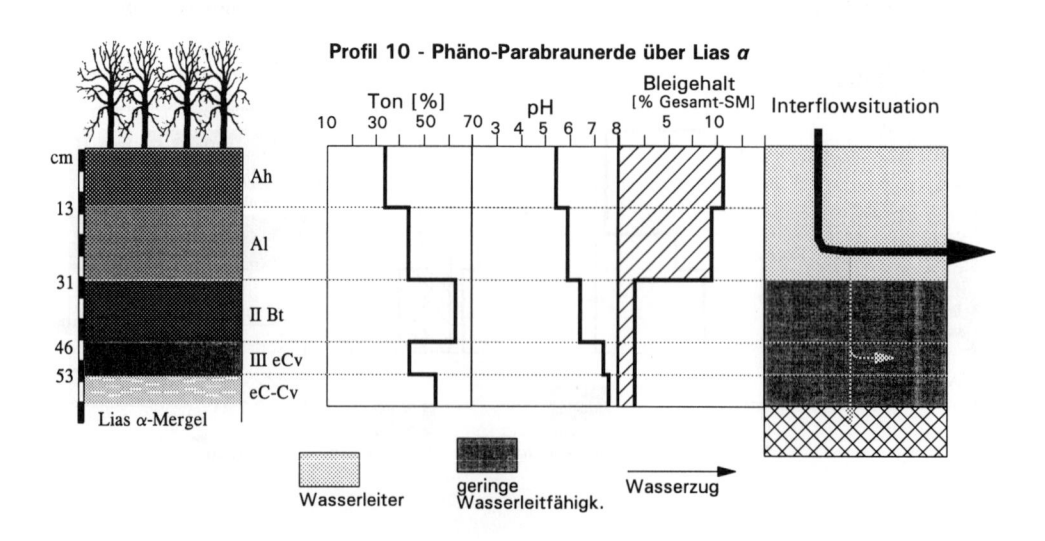

Daß den pH-Bedingungen dabei eine unterstützende Wirkung zukommt, ist der Abbildung zusätzlich zu entnehmen. Neben den den vertikalen Wasserzug unterbindenden, sprunghaften Tongehaltsanstiegen im Liegenden existiert hier gleichzeitig eine effektive pH-Sperre. Entsprechend markant fällt der Gehaltsknick im Bleitiefenverlauf aus.

TYP 3 aus Abbildung 36 sind die Sandböden auf Stubensandstein, Rhät und Alluvium zuzurechnen. Ein horizontaler Sickerwasserabfluß wird bei Überschreitung der Feldkapazität hier erst durch das massive Anstehende ausgelöst. Innerhalb eines Profils vorhandene geringfügige Wechsel der Horizont-Bodenart erzwingen aufgrund deren durchweg guter Perkolierbarkeit keinen profilinternen Interflow. EINSELE et al. 1986, 232 beschreiben, daß die im Rahmen des Schönbuchprojekts untersuchten Sandflächen sich ohne Spuren von Überlandabfluß zeigen, da die Durchsickerungsraten so groß seien, daß selbst bei starken Niederschlagsereignissen Überlandabfluß, wie ihn die Standorte mit tonreichen Unterböden auslösen können, ausbleibt.

Das Beispiel in untenstehender Abbildung soll verdeutlichen, daß unter solch ungehinderten Verlagerungsbedingungen für Schwermetalle sich nur noch pH und die größere Adsorptionskraft der organischen Substanz im Tiefenverlauf bemerkbar machen. Überlegenswert ist allerdings, ob der grundnahe Interflow aufgrund der größeren, horizontal durchzirkulierenden Wassermenge nicht eine verstärkte SM-Auswaschung in Grundnähe verursachen kann. Die SM-Tiefenverläufe auf km4-Sand, v.a. in stärker geneigten Lagen, deuten diese Möglichkeit an.

Abb. 39: Wirkungsbeispiel ausschließlich grundnahen Interflows auf die Bleiverteilung im Profiltiefenverlauf

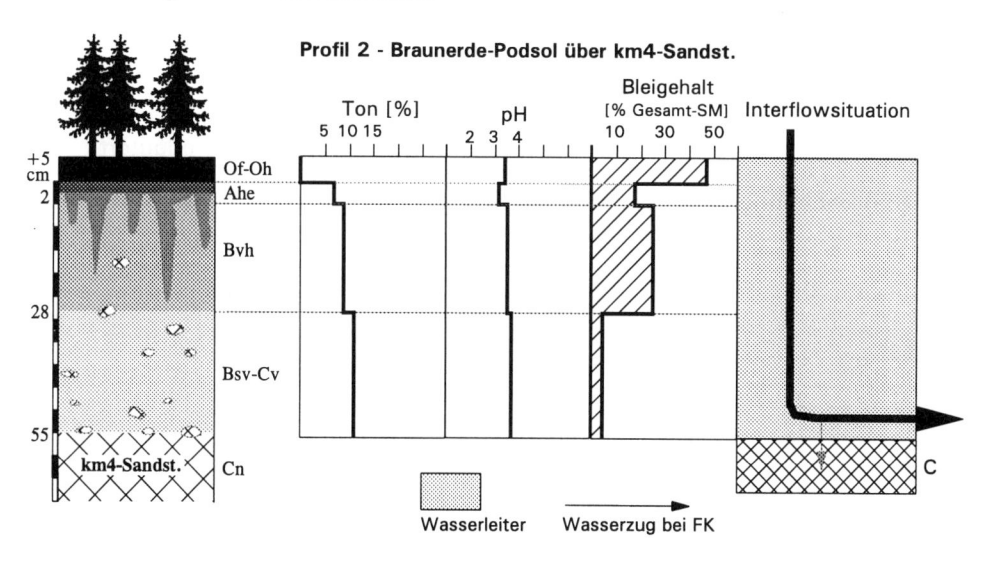

6.5 Ausmaß der Bleianreicherung auf den verschiedenen Standortseinheiten

6.5.1 Methodik - Relativer Blei-Anreicherungsgradient

Wie an Beispielen gezeigt werden konnte, wird die generell bei den Schönbuchböden zu beobachtende Bleianreicherung in Quantität und Qualität von den individuellen Standortsbedingungen stark variiert. Eindringtiefe und Anreicherungsmuster hängen im wesentlichen von pH und substratbedingt unterschiedlichen Interflowverhältnissen aufgrund periglaziärer Lagenwechsel ab. Der die Anreicherung im Oberboden fördernde Einfluß der adsorptionsstarken organischen Substanz wirkt sich neben Immissionsunterschieden rein quantitativ aus. Beide stören eine vergleichende Standortsbilanzierung jedoch erheblich, wenn es darum geht, die von Interflow- und pH-Unterschieden induzierten Anreicherungsmerkmale und damit die ökologische Standortssituation gegenüber eingetragenen SM zu erfassen. In gleicher Weise wirken sich natürliche, geologisch-substratbedingte Gehaltsdifferenzen zwischen den Periglaziallagen eines Profils aus. Eine Bilanzierung der Bleianreicherung kann aus diesen Gründen immer nur halbquantitativen Charakter haben. Dies ist nicht weiter zu bedauern, da eine relative, die Qualität der Anreicherungs- bzw. Verlagerungsbedingungen repräsentierende Größe vollkommen ausreichend ist, die ökologischen Verhältnisse der Einzelstandorte diesbezüglich miteinander zu vergleichen. Nicht die generell angereicherte Bleimenge muß demnach im Vordergrund der Betrachtung stehen, sondern es muß eine Größe gefunden werden, die vom Verlauf der Bleianreicherung über die ganze Profilstrecke hinweg abhängig ist.

Die Änderung einer Größe über eine bestimmte Strecke wird als Gradient bezeichnet. Da zur Berechnung dieses Profilgradienten aus Gründen der besseren Vergleichbarkeit sinnvollerweise nicht die Absolutgehalte von Blei, sondern deren Anteil an der jeweiligen Gesamt-SM-Menge eingesetzt werden, muß von einem "relativen Anreicherungsgradienten" gesprochen werden. Das Schema zur Berechnung dieser Größe sowie des Aussagewertes seiner Teilgradienten wird folgend erläutert:

Tab. 28: Berechnungsbeispiele relativer Blei-Anreicherungsgradient

	Pb-Anteil [%-Gesamt-SM]	Teil-Gradienten [%]		Pb-Anteil [%-Gesamt-SM]	Teil-Gradienten [%]
Profil 1 (km4-Sand)			Profil 17 (km 5)		
O	24	9	Ah	34	-6
Aeh	22	83	Bv	36	9
Bhv	12	0	II Btv	33	230
Bv-Cv	12		III P	10	100
			P-Cv	5	-58
			eCv	12	
Summe Teilgradienten = rel. Anreicherungsgradient		97%			275%

Zur Ermittlung des relativen Bleianreicherungsgradienten (folgend kurz als Profilgradient bezeichnet) werden die Gehaltsdifferenzen der einzelnen Profilhorizonte von unten beginnend nach oben bilanziert und aufsummiert. Im Fall von Profil 1 beträgt die Differenz zwischen Bv-Cv- und Bhv-Horizont Null, zwischen Bhv und Aeh 10. Dies entspricht einer Anreicherung um 83 % bezogen auf den Bhv-Horizont. Der Auflagehorizont trägt mit einer Differenz von 2% Mehrgehalt an der Gesamt-SM nur noch 9% zum Profilgradienten von 97% bei. Das Beispiel von Profil 17 zeigt, daß auch negative Teilgradienten auftreten können, wenn der Bleigehalt mit der Tiefe erst ab- und dann wieder zunimmt. Es liegt dann entweder ein Schichtwechsel zu geogen bleireicherem Substrat vor - in diesem Fall erreichen die Teilgradienten allerdings kaum die 10%-Marke - oder Blei kann, wie hier der Fall und im vorhergehenden Kapitel beschrieben, über Trockenrisse in den Pelosolhorizonten in die Tiefe verlagert werden, ohne daß diese dabei signifikant kontaminiert würden.

6.5.2 Blei-Anreicherungsverhalten und Steuerparameter

Die grau unterlegten Teilgradienten entsprechen den Hauptanreicherungsgradienten des jeweiligen Profils. Ihre Position und Größe lassen bei Mehrschichtprofilen Rückschlüsse auf die Wirksamkeit der die SM-Verlagerung in die Tiefe behindernden Stauschicht zu und kennzeichnet gleichsam den wichtigsten, Interflow auslösenden Horizont. Sandböden ohne profilinternen Interflow haben den Sitz ihres Hauptanreicherungsgradienten in der Regel am Übergang der B- zu den sorptionsstärkeren humusreichen A-Horizonten. Im mittleren Vergleich zu den Mehrschichtprofilen fallen diese jedoch weit weniger hoch aus, da der Unterboden bereits deutlich mit Blei angereichert wurde. Von den eben beschriebenen Normaltendenzen beider Profilsituationen existieren gleichsam vielfältige Variationsmöglichkeiten, die sich auf die Größe der Gradienten auswirken. Das Zusammenfallen einer Stauschicht mit starkem pH-Anstieg bewirkt beispielsweise einen höheren Profilgradienten, als wenn bei einem anderen Profil eine noch wasserunwegsamere Schicht bei unveränderten pH-Werten vorliegen würde. Im Falle der Sandprofile kann durch extrem saure pH-Bedingungen im Verein mit starker Bleiauswaschung aus dem Oberboden über organische Komplexbildner beispielsweise der Hauptanreicherungshorizont an den Übergang Cv - Unterboden verlagert werden, wenn dort die pH-Werte wieder ansteigen. In dieser Kombination ergeben sich höhere Gradienten als am Übergang Unterboden nach Oberboden. Eine bloßer quantitativer Vergleich von Profilgradienten einzelner Standorte ohne Berücksichtigung seiner Kompartimente ist im Detail ohne Hinzuziehung weiterer Profilparameter daher nicht sehr aufschlußreich. Nichtsdestotrotz kann tendenziell davon ausgegangen werden, daß Böden mit hohen Profilgradienten Blei stärker anreichern als solche mit verhältnismäßig kleinen und diese wiederum durch höhere Mobilität gekennzeichnet sind.
Eine Liste mit den Anreicherungsgradienten sämtlicher Profile ist dem Anhang (⇒Tab. A3) zu entnehmen.

Abb. 40: Relative Blei-Anreicherungs-Gradienten der Bodenprofile auf den untersuchten Standortseinheiten

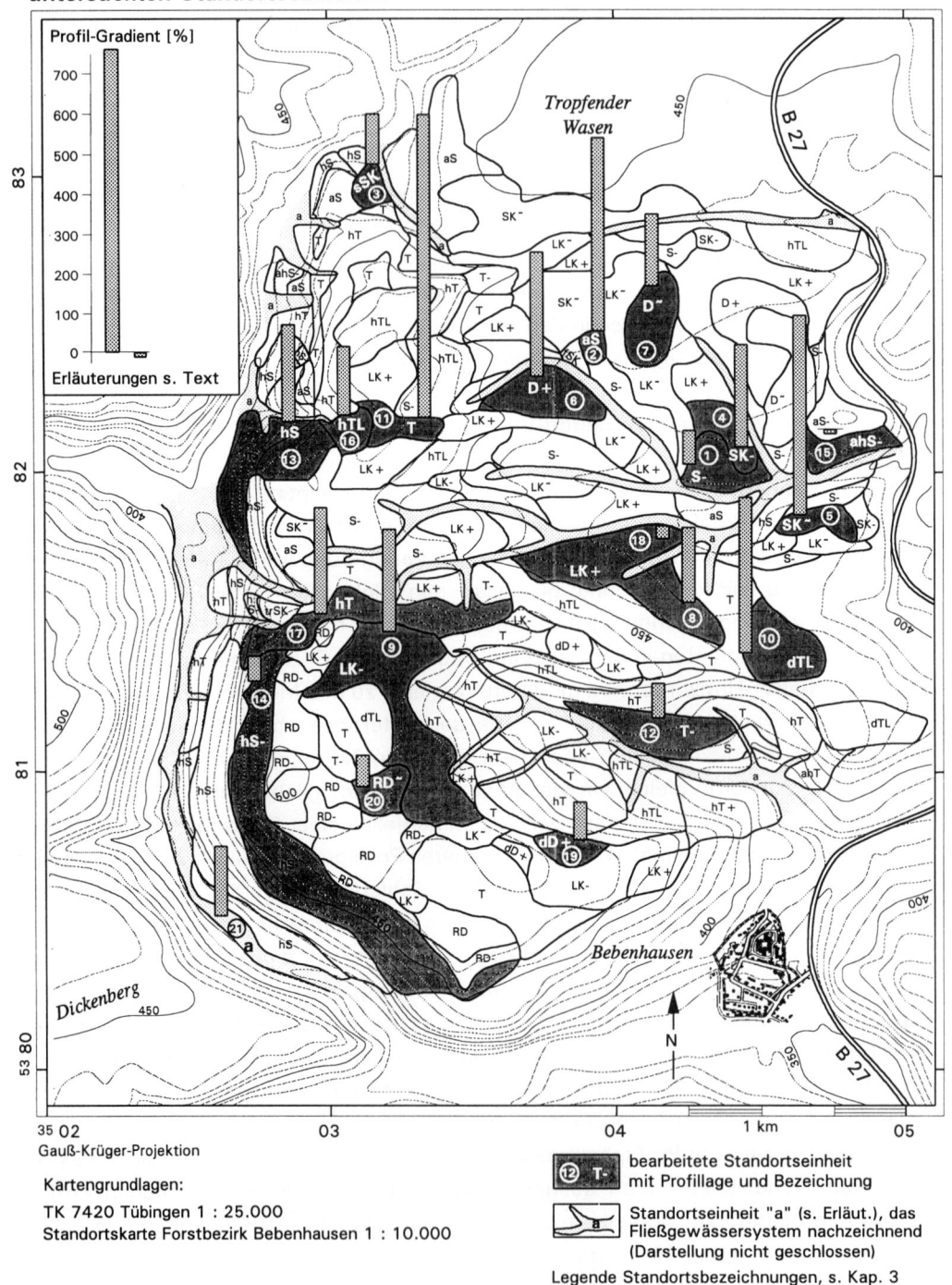

In der folgenden Abbildung sind die Profilgradienten der verschiedenen Standorte nach absteigenden Werten sortiert aufgeführt. Um eine bessere Vergleichbarkeit zu gewährleisten, wurden die Auflagenhorizonte, da nicht überall beprobbar, nicht einbezogen. Die Spanne der summierten Teilgradienten reicht von Anreicherungswerten in Profil 11 um 760 % bis zu Profil 15 mit -5 %, dessen Hauptanreicherungs-Gradient durch starke Bleiverlagerung bereits im untersten Profilhorizont zu liegen kommt. In den Extremen bestätigt sich somit der beschriebene Aussagewert bezüglich der Höhe der Profilgradienten und Anreicherungsbedingungen im Profilverlauf. Die Gegenprobe liefert die Darstellung der mittleren Bleianteile am Gesamt-SM-Gehalt der jeweiligen Profile, unter Beibehaltung der Gradientwert-Reihenfolge. Diese zeigt, wie erwartet werden muß, tendenziell einen umgekehrten Werteverlauf. Der gemittelte Bleianteil eines Profils ist ja letztlich umso größer, je gleichmäßiger und tiefer Blei in den Boden eindringen kann. Die Unebenheiten zwischen Profilgradientabfolge und Reihenfolge der mittleren Bleianteile resultieren aus den erläuterten Variationsmöglichkeiten der die Größe eines Teilgradienten beeinflussenden Steuerfaktoren, die sich in ihrer Wirkung gegenseitig verstärken, abschwächen oder aufheben können. Auszugehen ist auch davon, daß unterschiedliche Horizontmächtigkeiten Einfluß auf die Gradientwerte nehmen. Daß selbst unter Existenz solcher Unwägbarkeiten der eindeutige Zusammenhang zwischen Profilgradient und ökologischen Standortsverhältnissen nicht verlorengeht, bestätigt dabei dessen generellen Wert hinsichtlich vergleichender Betrachtungen.

Abb. 41: Gegenüberstellung - Relative Pb-Anreicherungsgradienten und mittlere Bleianteile der Bodenprofile

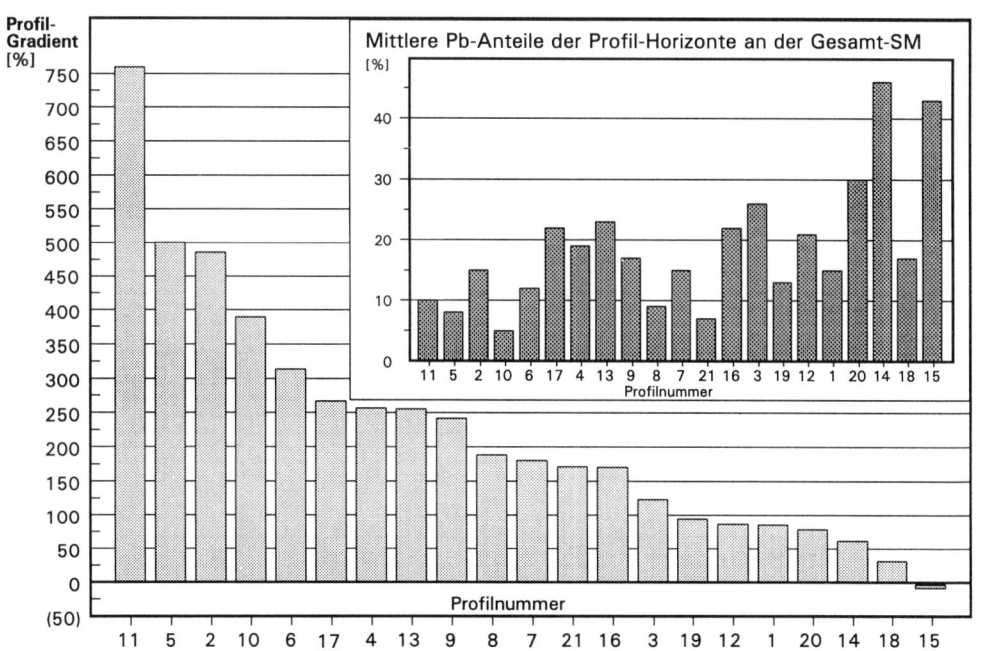

Die Nützlichkeit des Hauptanreicherungsgradienten erweist sich in erster Linie als Marker für periglazialen Schichtwechsel und dessen Qualität als Hinweis auf die Ausprägung oberflächennaher Interflows. In den allermeisten Fällen erklärt sich dessen Größe aus den in Tabelle 29 aufgeführten Haupt-Steuerfaktoren. Entsprechend obiger Abbildung ist auch die Reihenfolge der darin aufgeführten Profile nach abnehmenden Profilgradient-Werten sortiert. Für jedes Profil gibt die Tabelle Auskunft über Lokalität und Größe des Hauptanreicherungsgradienten. Die an dieser Stelle im Profilverlauf auftretenden quantitativen Änderungen der Steuerfaktoren sind den entsprechend bewerteten Spalten zu entnehmen. Weiter erfolgt in der letzten Spalte die Kennzeichnung, ob eine Bleiverlagerung bereits bis zum Anstehenden vorgedrungen ist oder nicht. Es wird offensichtlich, daß mit Tabellenfortschritt die Anreicherungsgradienten allgemein immer kleiner werden, die Bleikontamination der Gesamtprofile hingegen immer weiter fortschreitet.

Tab. 29: Haupt-Steuerfaktoren und Qualität der Blei-Anreicherungsgradienten, Auswirkung auf die Bleiverlagerung in den Profilen

PROFIL	Bodentyp	Geologie	Mehrschicht-Profil	starker Haupt-Anreich.-Horizont vorhanden	pH-Sprung unter Haupt-Anreich.-Horizont(en)	kf-Sprung unter Haupt-Anreich.-Horizont(en) (Interflow)	Bleifront bis Profil-Tiefstes vorgedrungen
11	pseudovergl. Phäno-Parabraunerde-Pelosol	Lias α	●	● +517% IIIP→IIBt	● 3,4→4,4 (+)	● (-750%) 17→2	○
5	pseudovergl. Parabraunerde-Pelosol	km4-Ton	●	● +516% SBt→Al	● 5,5→4,0 (-)	● (-170%) 16→6	○
2	Braunerde-Podsol	km4-Sand	○	● +518% Bsv-Cv→Bvh	○ 3,5→3,6	○ 30→30	⊙
10	Phäno-Parabraunerde	Lias α	●	● +361% IIBt→Al	⊙ 5,7→6,3 (+)	● (-170%) 8→3	○
6	Pseudogley-Phäno-Parabraunerde	dl	●	● +116% IIBt-Sd→Al	○ 3,7→4,0	○ (-10%) 10→9	○
17	Pelosol-Braunerde	km5	●	● +236% IIIP→IIBtv	○ 3,9→3,8	● (-330%) 13→3	○
4	schwach podsolige Phäno-Parabraunerde-Braunerde	km4-Sand	●	⊙ +139% Btv-Cv→IIBtv	○ 4,1→4,2	○ (+30%) 30→38	⊙
13	schwach podsolige Braunerde	km4-Sand	○	● +177% Cv→Bv	⊙ 3,8→3,3 (-)	● (+70%) 64→111	⊙

PROFIL	Bodentyp	Geologie	Mehrschicht-Profil	starker Haupt-Anreich.-Horizont vorhanden	pH-Sprung unter Haupt-Anreich.-Horizont(en)	kf-Sprung unter Haupt-Anreich.-Horizont(en) (Interflow)	Bleifront bis Profil-Tiefstes vorgedrungen
9	Pseudogley-Phäno-Parabraunerde	Lias α	●	● +198% SAl→AhxAl	○ 3,8→4,0	● (-125%) 9→4	○
8	Pseudogley-Phäno-Parabraunerde	Lias α	●	◉ +98% IISBt→SAl	○ 6,5→6,9	○ 3→3	○
7	schwach pseudoverg. Parabraunerde	dl	○	○ +59% Al→Ah	◉ 3,8→4,4 (+)	● (-125%) 16→7	○
21	allochtone braune Vega	a	○	◉ +96% aM2→aM1	○ 6,8→7,1	○ 16→16	○
16	Phäno-Parabraunerde-Pelosol	km5	●	◉ +104% IIBt→Al	● 3,5→6,1 (+)	● (-550%) 13→2	◉
3	schwach podsolige Pelosol-Braunerde	Schuttl. auf km4	●	◉ +114% Bhv→Aeh	○ 3,5→3,7	● (-75%) 30→17	●
19	schwach pseudoverg. Phäno-Parabraunerde	Lias α	●	◉ +139% IISBt→Al	● 2,9→3,9 (+)	● (-350%) 9→2	◉
12	Pelosol-Braunerde	Schuttl. auf km4	●	○ +62% IIP→Bv	● 4,1→5,1 (+)	● (-300%) 12→3	●
1	podsolige Braunerde	km4-Sand	○	○ +87% Aeh→Bhv	○ 3,4→3,6	○ (-90%) 30→16	●
20	podsolige Braunerde	ko	○	○ +57% Ahe→Bvh	○ 3,4→3,8	○ (-90%) 10→10	●
14	podsolige Braunerde	ko	○	○ +47% Aeh→Bvh	○ 3,5→3,3	○ (-190%) 111→38	●
18	pseudovergleyte Pelosol-Braunerde	Schuttl. auf km4	●	○ +49% IISP→SBv	○ 5,1→5,0	● (-300%) 12→3	●
15	podsolige Ranker-Braunerde	km4-Sand	○	○ -5% BvCv←Ahe	◉ 2,9→3,4 (+)	○ (-75%) 111→64	●

ERLÄUTERUNGEN zu Tab. 29:

● = eindeutig ausgeprägt ◉ = in schwacher Form ausgeprägt ○ = nicht ausgeprägt.

IIP→Bv, +62% = Horizonte, zwischen welchen der höchste Teil-Anreicherungsgradient (Haupt-Anr.Grad.) besteht und dessen Größe. **3,9→4,2** = pH-Änderung vom hangenden zum liegenden Horizont. **16→5, (-300%)** = Änderung der Wasserdurchlässigkeit (kf) vom hangenden zum liegenden Horizont, Größe der Änderung. Die kf-Werte [cm/d] werden aus der Bodenart nach AG BODENKUNDE 1994, 305 abgeleitet.

6.6 Ausmaß der Zinkauswaschung auf den verschiedenen Standortseinheiten

6.6.1 Anhaltspunkte einer verstärkten Zinkabfuhr

Mehrfach wurde im Laufe der bisherigen Betrachtungen festgestellt, daß zwischen den Schwermetallen Blei und Zink, denen v.a. im Oberbodenbereich eine immissionsbedingte Komponente nachzuweisen ist, große Diskrepanzen hinsichtlich der quantitativen und qualitativen Verteilung im Tiefenverlauf bestehen (vergl. Abb.33, ⇒Kap.6.3.8). Worin bestehen diese Diskrepanzen?

Im mittleren Tiefenverlauf nimmt Blei mit starkem Gehaltsgefälle zum Anstehenden hin ab. Zink dagegen fällt mit bedeutend schwächerem Gefälle zum Unterboden hin ab, um dann in Richtung Anstehendes behutsam wieder zu steigen. Der erneute Anstieg im Unterbodenbereich wurde auf die dort im Gegensatz zu Blei zunehmend geogene Bedeutung zurückgeführt. Des weiteren wurde bemerkt - und dieses Phänomen gilt es hier zu untersuchen - , daß bei viel höherem Zinkeintrag ein wesentlich geringerer Gehaltsanstieg im Profilverlauf zu verbuchen ist, die Summe der Anreicherungsbilanz im Vergleich zu Blei also viel zu niedrig ausfällt. Um dies zu verdeutlichen, einige Zahlen:

Die Eintragsmessungen von BÜCKING et al. 1986 (vergl. auch Tab.21 ⇒Kap.5.3.8) im Schönbuch belegen im Durchschnitt einen 4- bis 8-fach höheren Eintrag von Zink gegenüber Blei. Eigene Eintragsmessungen in der Tübinger Südstadt und deren Umland (BECK 1996) zeigen im Mittel der Umlandmeßergebnisse einen Unterschied um den 4- bis 14-fachen Betrag an den durchschnittlichen Maximal- und Minimalwerten. Von der Anreicherungsseite im Boden her ist von diesem Unterschied nichts mehr zu bemerken. Die Verhältnisse zeigen sich sogar ins schiere Gegenteil verkehrt. Der Vergleich der relativen Blei- und Zink-Anreicherungsgradienten (⇒Tab. A3, Anhang) spiegeln dies beispielhaft wider:

Tab. 30: Vergleich Blei- und Zink-Anreicherungsgradienten

	Min. Blei Max.		Min. Zink Max.	
Profil-Anreicherungs-Gradient-Werte = (1)	-5%	760%	-33%	81%
Haupt-Anreicherungs-Gradient-Werte = (2)	-5%	517%	4%	108%
Durchschnitt sämtlicher Profile von (1)	226%		17%	
Durchschnitt sämtlicher Profile von (2)	177%		25%	

Während Blei im Mittel aller Profile von unten nach oben um rund 230% (3,3-fache Anreicherung) angereichert wird, nehmen die Zinkwerte mit rund 17% einen bescheidenen Stellenwert ein. Konsequenterweise bleibt nur der Schluß, daß Zink aufgrund seiner größeren Mobilität einer starken Abfuhr oder Auswaschung im Boden anheimfallen muß. Der Umstand, daß die durchschnittlichen Werte von (2) gegenüber (1) bei Zink niedriger ausfallen als bei Blei, ist Ausdruck der mit der Tiefe gegensätzlich zunehmenden geogenen Bedeutung.

Abb. 42: Absoluter Vergleich von Zink- und Bleigehalten im Profiltiefenverlauf

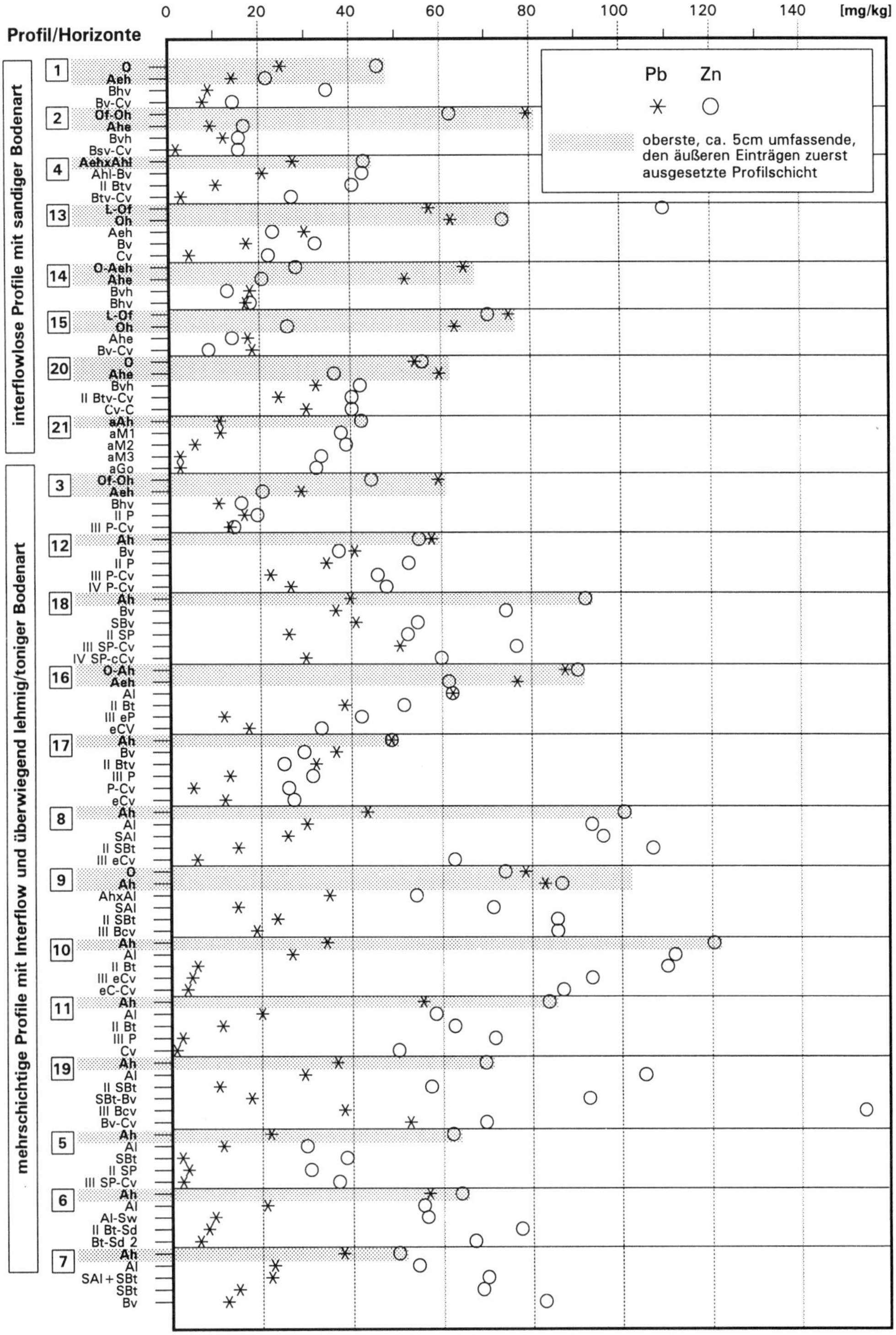

Der Vergleich der Absolutgehalte von Blei und Zink für die mit einem Raster unterlegte, ca 5 cm umfassende oberste Profilschicht der untersuchten Böden soll erstens den immissionsbedingten Zusammenhang beider Schwermetalle noch einmal klar vor Augen führen: Wo Blei in dieser Schicht die höchsten Werte einnimmt, gilt dies ohne Ausnahme auch für Zink. Zweitens wird deutlich, daß sich die Gehaltsdifferenzen beider Elemente darin recht variabel gestalten können. Und Drittens, daß sich die Zinkgehalte im weiteren Tiefenverlauf der durch Interflow gekennzeichneten Profile im allgemeinen deutlicher von den Bleiwerten abtrennen, als es die Böden ohne profilinternen Interflow vermögen. Der Wirkungseinfluß der standörtlichen Unterschiede auf Anreicherung, Verlagerung und Abfuhr wird auch hier offensichtlich.

Da Zink nach BLUME & BRÜMMER 1991 unterhalb seines durch starke Bindung gekennzeichneten pH-Wertes von 5,5 bereits mobil wird - Blei erst ab pH 4 -, sowie seine Adsorption an die Bodenparameter Humus, Ton und Sesquioxide im Vergleich zu Blei (hoch - sehr hoch) als gering bis mittel eingestuft werden, erklärt sich bei den überwiegend stark sauren Oberbodenverhältnissen die Schere zwischen Eintrag und Bodengehalten. Konnten aus den Bleiverhältnissen die Mechanismen der Anreicherung eingetragener SM bei unterschiedlichen Standortsverhältnissen untersucht werden, bietet sich bei Zink aufgrund seiner höheren Mobilität die Gelegenheit des näheren Studiums der Abfuhrbedingungen. Anreicherung und Abfuhr bedingen sich zwar gegenseitig, und die Steuerfaktoren sind letztlich dieselben. Aus dem Vergleich eines gut (Zn) und weniger gut (Pb) verlagerbaren Schwermetalls, das bei der Verlagerung quasi stets einen Schritt hinterherhinkt, dürfen aber verfeinerte Erkenntnisse bezüglich der steuernden Faktoren und ökologischen Profilverhältnisse erwartet werden.

Um die Vergleichbarkeit der SM-Gehalte herzustellen, die hierbei von größter Bedeutung ist, beruhen die künftigen Betrachtungen wieder auf den transformierten Anteilen von Blei und Zink. In Abbildung 42 wurden nur deshalb die Absolutgehalte verwendet, um zu demonstrieren, daß die Eintragskomponente beider SM so groß ist, daß die geogen hohen Werte im Untergrund diese nicht zu übersteigen vermögen. Ausgenommen von dieser Feststellung sind die Lias-Profile 8, 11 und 19 sowie die Decklehmprofile 6 und 7. Vergleicht man deren Zinkverläufe mit den transformierten in Abbildung 43, wird schnell bewußt, daß ohne eine Anpassung an den Gesamt-SM-Gehalt die Verlagerungssituation vom ton- und deshalb zinkreicheren Liegenden verdeckt würde.

6.6.2 Merkmale und Ausmaß der verstärkten Abfuhr von Zink gegenüber Blei

Unter Berücksichtigung der bei der Bleianreicherung erkannten Steuerfaktoren hinsichtlich das Transferverhaltens eingetragener Schwermetalle sind die in Abbildung 43 dargestellten Profile bereits in entsprechender Weise angeordnet.

ZINKAUSWASCHUNG 97

Abb. 43: Situation der Zinkverlagerung im Spiegel des Zn/Pb-Quotienten

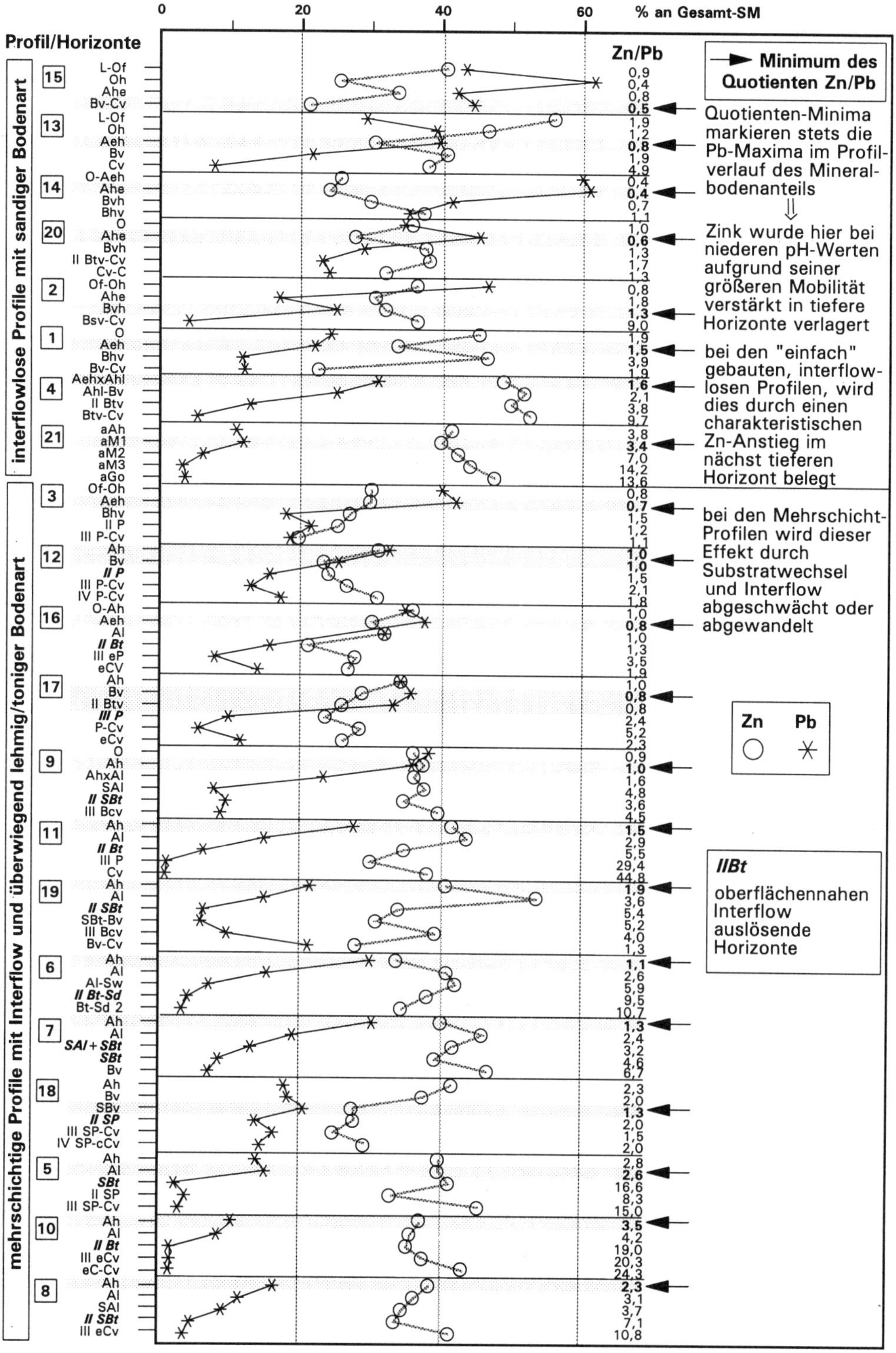

Figure showing Zn/Pb quotients across soil profiles and horizons, with annotations:

- **Minimum des Quotienten Zn/Pb**
- Quotienten-Minima markieren stets die Pb-Maxima im Profilverlauf des Mineralbodenanteils ⇓
- Zink wurde hier bei niederen pH-Werten aufgrund seiner größeren Mobilität verstärkt in tiefere Horizonte verlagert
- bei den "einfach" gebauten, interflowlosen Profilen, wird dies durch einen charakteristischen Zn-Anstieg im nächst tieferen Horizont belegt
- bei den Mehrschicht-Profilen wird dieser Effekt durch Substratwechsel und Interflow abgeschwächt oder abgewandelt

Legende: Zn ○   Pb ✶

IIBt oberflächennahen Interflow auslösende Horizonte

Profilgruppen (linke Spalte):
- interflowlose Profile mit sandiger Bodenart
- mehrschichtige Profile mit Interflow und überwiegend lehmig/toniger Bodenart

Die Profile 15-21 bilden die Gruppe der sandreichen Böden ohne wesentliche Änderung der internen Wasserleitfähigkeit. Innerhalb dieser Gruppe liegt eine weitere Untergliederung nach steigenden pH-Summanden (ΣpH-S, Erläuterung $\Rightarrow$Kap. 7.3.1) und zu geringeren Hangneigungen vor. Entsprechend untergliedert ist die Gruppe der durch profilinternen Interflow charakterisierten Mehrschichtprofile.

Der *ZN/PB-QUOTIENT* ergibt sich aus der entsprechenden Division der Horizontgehalte. Für den Quotientwert spielt es keine Rolle, ob die Absolutgehalte oder deren transformierte Anteile verwendet werden, da, wie ausgeführt, innerhalb eines Horizontes stets die Proportionalität zwischen den SM erhalten bleibt. Worin liegt die Nützlichkeit des Quotienten in Bezug auf die SM-Abfuhrbedingungen begründet? Ausgehend von der Tatsache, daß der Boden-pH-Wert eine Schlüsselstellung hinsichtlich der Mobilisierung von Schwermetallen einnimmt (HORNBURG & BRÜMMER 1989), der Grenz-pH zu schwächerer Bindung bei Zink 1,5 pH-Einheiten höher liegt sowie zudem die Bindungsstärke von Blei an die Bodenbestandteile nach HERMS & BRÜMMER 1984 höher anzusetzen ist, muß der Quotient in denjenigen Horizonten, die durch höchste Verlagerungstendenz gekennzeichnet sind, die kleinsten Werte annehmen. Dort nämlich ist Zink hinsichtlich der Möglichkeit einer Anreicherung gegenüber Blei am meisten benachteiligt. Umgekehrtes gilt für die Möglichkeiten zur Auswaschung und Verlagerung. Bezogen auf die reinen Mineralbodenanteile kommen an dieser Stelle sämtliche Gehaltsmaxima von Blei zu liegen, während Zink ein lokales Minimum im Tiefenverlauf verzeichnet. In der Abbildung sind diese Zonen verstärkter Verlagerungstendenz entsprechend hervorgehoben.

Bei ungestörten vertikalen Verlagerungsbedingungen, wie sie die sandreichen Böden auf Stubensandstein, Rhät und aus Alluvien aufweisen, erfolgt die Bestätigung dieses Sachverhaltes durch einen neuerlichen Anstieg der Zinkgehalte im Liegenden infolge Zufuhr des eben Ausgewaschenen und markiert gleichzeitig die Zink-Verlagerungs-Front im Tiefenverlauf. Wegen des Wechsels der hydraulischen Leitfähigkeit am Übergang zu tonreicheren Periglaziallagen und der damit verbundenen Störung der vertikalen Schwermetallverlagerungsbedingungen wird das beobachtete Verlagerungs-Anreicherungs-Muster bei der Gruppe der Interflow-Profile abgeschwächt oder abgewandelt. Die Zink-Blei-Verhältnisse im Anschluß an den interflowauslösenden Profilhorizont lassen deshalb und wegen ihrer geogen bedingt sehr heterogenen Zusammensetzung keine Berücksichtigung mehr zu. Eine Interpretation hinsichtlich der Verlagerungsbedingungen ist nur mehr auf die zumeist der Hauptlage angehörenden hangenden Horizonte beschränkt. Dies gilt umso mehr, da die SM-Abfuhr dort, wie an den kleinen Zn/PB-Quotienten leicht ersichtlich ist, ihre größte Wirksamkeit entfaltet.

Was die Intensität der Auswaschung sowie die Zinkverteilung im Tiefenverlauf betrifft, kommt neben dem begrenzenden Einfluß stauender Schichten ein weiterer Steuerfaktor, nämlich der *Einfluß der Hangneigung*, zum Durchschein: Grundsätzlich lassen sich aus den in Abbildung 43 dargestellten Zink-Tiefenverläufen der Interflowprofile bis zum Eintritt des Stauhorizontes und unabhängig von geologischer Profilposition oder Bestand zwei gegensätzliche Gehaltsverläufe feststellen. Entweder nehmen die Zinkgehalte kontinuierlich zum interflowauslösenden Horizont hin ab (in Abb. 43: Profile 3-17 und 18-8) oder genauso kontinuierlich zu (Profile 9-7).

Im Falle der Profile 9 bis 7 ist eine Begründung dieses Verlaufs leicht aus den herrschenden pH-Werten über pH 5 ableitbar. Die Zinkabfuhr im Oberboden ist dort derart gehemmt, daß die Verlagerung mit dem im Vergleich zu Blei viel höheren Zink-Eintrag kaum Schritt halten kann. Infolgedessen müssen die Gehalte zur Oberfläche hin mehr oder weniger stark ansteigen.

Bei den Profilen 3-9 in Abbildung 43 kann der Eintragsvorsprung nicht Auslöser dieser Verhältnisse sein. Dies umso weniger, als die Profile 9 bis 7 mit vergleichbarer Bodenazidität im sehr stark sauren Bereich gegenläufiges Verhalten zeigen. Nach Überprüfung der bisher aufgeführten, die Verlagerungs- und Eintragsverhältnisse steuernden Parameter konnte keine Erklärung für diese Gegenläufigkeit bei sonst ähnlichen Standortsbedingungen gefunden werden. Erst die Hinzuziehung der morphologischen Profilposition, respektive der Hangneigung, liefert einen plausiblen Zusammenhang:

Nachvollziehbar ist, daß sich bei zunehmender Hangneigung (Profile 3-17 >6°) die Wirkung eines Stauhorizontes in der Weise auswirkt, daß die oberflächennahe Interflow-Durchflußrate eine Verstärkung erfährt. Dies ist vor allem durch die erhöhte Wirkung der Schwerkraft in Kombination mit dem Druck zuziehenden Hangwassers zu begründen. Da der Abfluß innerhalb des Wasserleiters bei durchschittlichen Niederschlagsereignissen in Richtung Stauhorizont immer größer werden muß, d.h. sich auch die Abfuhrbedingungen entsprechend günstiger gestalten, erklären sich die zum Stauhorizont abfallenden Zinkgehalte. Die Profile 9 bis 7 repräsentieren Verebnungslagen mit schwachen Maximalneigungen bis 2,5°. Das aus den Ah-Horizonten verlagerte Zink tritt deshalb, im Gegensatz zu oben, wegen der geringeren hangparallelen Perkolationsrate wieder in Erscheinung.Die Zn/Pb-Quotienten der Hauptverlagerungshorizonte tragen der geringeren Auswaschungstendenz in Verebnungslagen mit Werten >1, in Hanglagen mit Werten <1 Rechnung. Bei den substratbedingt von vornherein sorptionsschwachen Sandprofilen wirken sich Unterschiede der Wasserdurchflußmenge in gleicher, die Auswaschung generell fördernder Weise aus.

Abbildung 44 faßt die Steuerfaktoren von Abfuhr und Verlagerung sowie deren Auswirkung auf die SM-Tiefenverläufe im Spiegel der Zn/Pb-Quotienten zusammen. Auf diesen Faktoren beruht gleichzeitig die qualitativ dargestellte Abschätzung der SM-Austragsmöglichkeiten entsprechender Standorte.

Abb. 44: Größenordnung der Zinkverlagerung und -auswaschung in Abhängigkeit ihrer Haupt-Steuerungskriterien

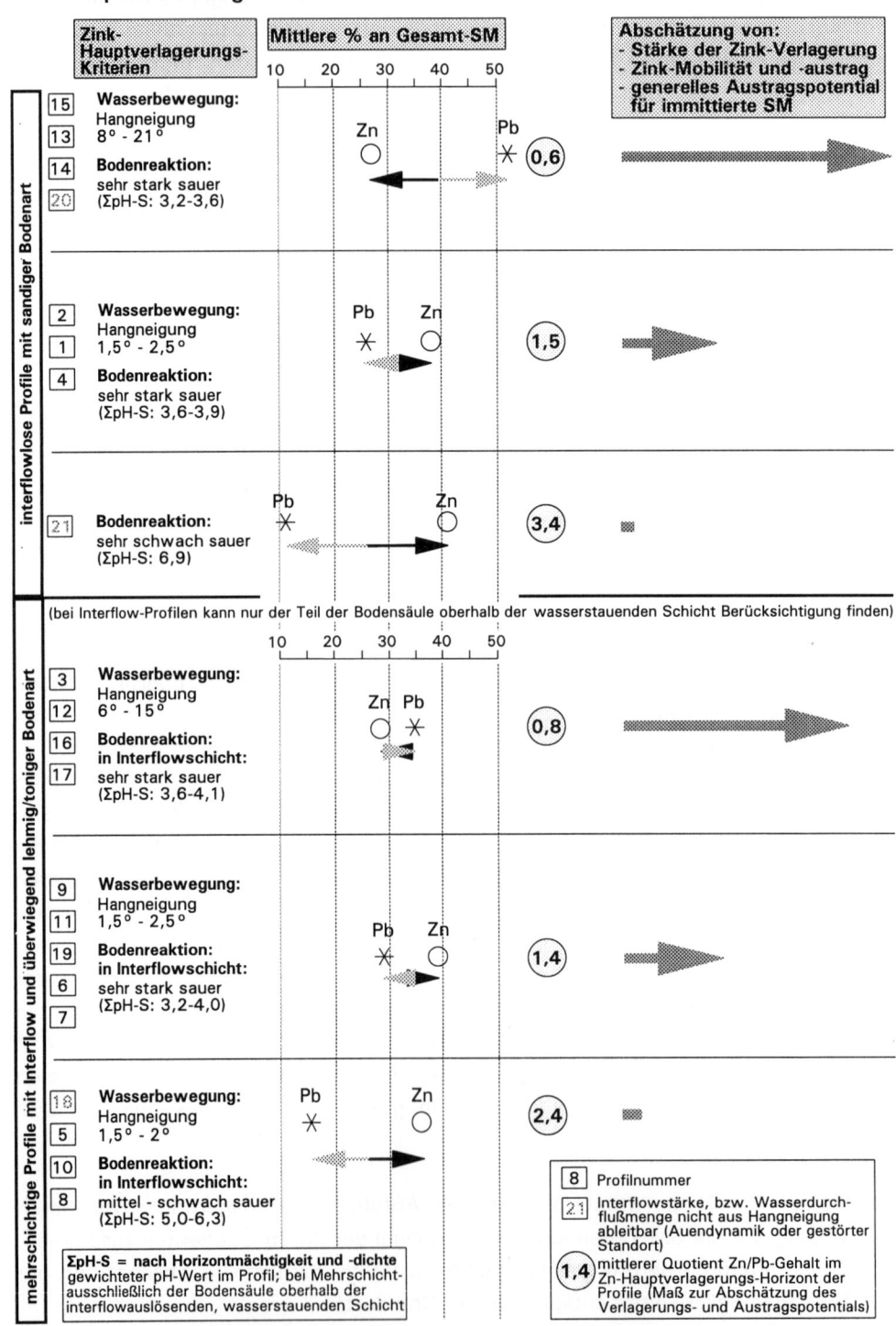

Die linke Spalte der Abbildung benennt die Haupt-Steuerungs-Kriterien, die auf Abfuhr und Verlagerung Einfluß nehmen und quantifiziert sie. Es sind dies:

- periglazial bedingte Profilaufbau- und Substratverhältnisse (Interflowverhältnisse)
- Bodenazidität
- Morphologische Lage (Interflowverhältnisse)

Die mittlere Spalte gibt die gemittelten Zink und Bleianteile des Haupt-Verlagerungs-Horizontes im Mineralboden sowie den Mittelwert von deren Zn/Pb-Quotienten wieder. Die Umkehr der entsprechenden Pfeile und deren Abstände demonstrieren, daß erst bei Eintritt relativer SM-Immobilität aufgrund hoher Oberboden-pH-Werte der Mehreintrag von Zink gegenüber Blei deutlich zum Vorschein kommen kann. Die mittleren Zn/Pb-Quotienten verändern entsprechend ihre Größe. Wie aus dem Größenvergleich der Quotienten in Abbildung 43 besonders deutlich hervorgeht, können folgende wertvolle Hinweise aus ihnen abgeleitet werden:

- Position des Haupt-Verlagerungs-Horizontes
- Abschätzung der Verlagerungsintensität im Profilverlauf
- Position und Wirksamkeit interflowauslösender Profilhorizonte

Die rechte Spalte schließlich stellt den Versuch dar, die unter gemeinsamen Verlagerungskriterien gruppierten Standorte über die den mittleren Quotientwerten entsprechenden Längen der Austragspfeile qualitativ zu bewerten.

Die im Rahmen des Schönbuchprojekts von BÜCKING et al. 1986 durchgeführten Sickerwasser-Untersuchungen in verschiedenen Bodentiefen an sechs verschiedenen Standorten ergaben im Vergleich zu allen anderen SM für Zink die mit Abstand höchsten Konzentrationen in Sickerwässern. Konnten von der Eintragsseite her unter Fichtenbestockung noch höhere SM-Einträge beobachtet werden, stellen die Autoren fest, daß bei den Sickerwässern im Boden keine deutlichen Unterschiede zwischen den Baumarten auftreten. Vorhandene Konzentrationsunterschiede, so wird resümiert, seien mit den Boden- und Sickerwasser-pH-Werten verknüpft, nicht mit der Bestockung. Diese Ergebnisse decken sich mit den hier an der Bodenmatrix ermittelten Sachverhalten. Bedauerlicherweise liegen keine Berechnungen zum Gesamt-Austrag von Schwermetallen mit dem Sickerwasser vor, welche das aus den Quotientwerten abgeleitete Austragspotential bestätigen könnten. Auch wurden Saugkerzen und Kleinlysimeter zur Aufnahme des Bodenwassers in genormten Profiltiefen ohne Rücksicht auf die Lage von Schichtgrenzen in den Boden eingebracht. Mit einem, wenn auch nur graduellen und nicht verlaufsbestimmenden Einfluß der Bestockung auf die Austragsverhältnisse muß dennoch gerechnet werden. Einmal der bodenversauernden Nadelstreu wegen und zum anderen aufgrund der in Nadelwaldbeständen höheren Niederschlagsinterzeption, welche die Quantität der zur Perkolation des Bodens zur Verfügung stehenden Wassermenge herabsetzt. Nach Ergebnissen von AGSTER 1986b, 85 wirkt sich die stärkere Interzeption von Nadel- gegenüber Laubwaldbeständen im langjährigen Mittel in einer um 105 mm/a verringerten Abflußleistung aus.

Abschließend muß noch ein wichtiger Punkt Erwähnung finden, der indirekt aus den in Abbildung 44 dargestellten Sachverhalten hervorgeht:

Was das abgeleitete Austragspotential für immittierte Schwermetalle angeht, läßt sich im Mittel lediglich ein leichter Vorsprung der interflowlosen, sandreichen Böden gegenüber den selbst im Oberboden noch wesentlich tonreicheren und sorptionsstärkeren Profilen erkennen. Dies mag zunächst befremden, überrascht jedoch nicht, wenn man berücksichtigt, daß die interflowlosen Böden ihre SM-Fracht bis zum Übertritt in ein anderes Medium über die gesamte Profilstrecke hinweg verlagern müssen. Bei den Böden mit Interflow besteht schon die Möglichkeit, in geringeren Tiefen, mit dem Auftreten eines tonangereicherten Horizontes oder spätestens mit Ende der Hauptlage, einen großen Teil der mobilisierten Schwermetallfracht mit dem horizontal gerichteten Zwischenabfluß auszutragen. Die verglichen mit den interflowlosen Böden auf eine im Mittel weniger mächtige, wasserleitende Bodenschicht zusammengedrängte Niederschlags-Abflußmenge trägt über die so noch verstärkte Wasserbewegung das ihrige dazu bei.

Für die im folgenden Kapitel 7 zu erläuternden Aspekte bezüglich der Filterleistung von Böden auf entsprechenden Standorten ist diesen Sachverhalten größte Bedeutung zuzumessen.

7. Ergebnisse - Umweltrelevanz

Unter dem Überbegriff der Umweltrelevanz wird der Fähigkeit der Böden auf den unterschiedlichen Standortseinheiten nachgegangen, eingetragene Schwermetalle aus dem Stoffkreislauf per Sorption an die Bodenmatrix zu entfernen oder zumindest zeitverzögert und in möglichst unbedenklicher Dosierung wieder abzugeben. Schwerpunkt der Betrachtung ist somit die u.a. im Bodenschutzgesetz von Baden-Württemberg defininierte Schutzfunktion des Bodens als Filter und Puffer für Schadstoffe, deren Bedeutung und Bewertungsgrundlagen sich bereits in einem entsprechenden Leitfaden (UMWELTMINISTERIUM BAWÜ 1995) niedergeschlagen haben. Rückblickend auf die bisherigen Erkenntnisse muß neben der generellen Sorptionsfähigkeit der Schönbuchböden, welche sich im wesentlichen aus Stoffbestand und pH-Bedingungen der verschiedenen Substrate ergibt, wiederum besondere Aufmerksamkeit auf die Interflowverhältnisse gelegt werden.

7.1 Methodik zur Ermittlung des Boden-Sorptionsvermögens gegenüber SM

7.1.1 Begriffsbestimmung - Sorption

Die Fähigkeit des Bodensubstrats, Schwermetalle zu fixieren beruht auf unterschiedlichen chemischen und physikalischen Prozessen, die zudem untereinander starken Wechselwirkungen unterliegen können. Nach FISCHER 1987 u.v.a.m. ruht das Hauptgewicht bei der Festlegung auf den Vorgängen von Adsorption, Komplexierung und Ausfällung.

Je nach Stärke der Bindung sowie Qualität des Stoffbestandes ist die primäre Immobilisierung mehr oder weniger reversibel. Vor allem der Prozeß der SM-Komplexierung kann, wie bereits ausgeführt, wenn diese an leicht verlagerbaren organischen Komplexbildnern erfolgt, gerade von gegenteiliger Wirkung auf die SM-Rückhaltefunktion des Bodens sein. In den Abhandlungen vieler Autoren konnte auch gezeigt werden, daß Schwermetalle in ihrer Bindungsstärke zu den wichtigsten als Anlagerungsmedien wirkenden Bodenparametern (Ton, Humus, Sesquioxide) teilweise recht unterschiedliche Affinitäten aufweisen (zusammengefaßt in BASTIAN & SCHREIBER 1994) und diese wieder von mannigfaltigen Randparametern wie beispielsweise dem Einfluß von Begleitelektolyten (u.a. HORNBURG et al. 1995) variiert werden können.

Alle Prozesse nun, die unabhängig von der Bindungsform eine Immobilisierung von gelösten Schwermetallen aus dem Bodenwasser durch Anbindung an die wie auch immer zusammengesetzte Bodenmatrix bedingen, werden hier unter dem Begriff der Sorption zusammengefaßt.

7.1.2 Grundsätzliches zur Ermittlung des Sorptionsvermögens

Um unter Laborbedingungen Erkenntnisse über das Bindungsvermögen von Schwermetallen an Böden zu erhalten, ist der einfachste gangbare Weg, das Bodenmaterial künstlich mit einer definierten Schwermetallmenge zu kontaminieren und nach Einstellung eines Gleichgewichtszustandes aus der Differenz von Versatzmenge und nicht sorbiertem Anteil die festlegbare Menge zu bestimmen. Wird dieser Vorgang bei unterschiedlichen Konzentrationen durchgeführt, können die jeweils sorbierten Gehalte mittels Sorptionsisothermen beschrieben und entsprechend interpretiert werden (MAYER 1978, SCHMITT & STICHER 1986, u.v.a.m.). Es versteht sich dabei von selbst, daß die unter künstlichen Versuchsbedingungen erzielten Ergebnisse quantitativ nur bedingt auf die natürlichen Verhältnisse im Boden übertragbar sind, da weder das Verhältnis von fester Bodenphase zu Bodenwasser noch die Eintragsbedingungen der Schwermetalle in realistischen Mengen und Verbindungen nachgestellt werden können. Durch die Zerstörung des natürlichen Bodengefüges und der Aggregatoberflächen werden die Sorptionsbedingungen zusätzlich aus bodenphysikalischer Sicht verändert. Zu alledem kommt der nicht simulierbare Zeitfaktor hinzu.

Wie in der Literatur vielfach beschrieben (FILIUS 1995, WANG 1995, u.v.a.m.), können durch Desorptionsprozesse variable Mengenanteil der zuvor sorbierten Schwermetalle durch teilweise recht geringfügige Änderungen im Chemismus der Bodenlösung - wie dies selbstverständlich auch in der Natur möglich ist - wieder freigesetzt werden.

Je nachdem, welche Zielsetzung man mit Hilfe von Sorptionsversuchen verfolgt, muß man die Versuchsbedingungen und Auswertungsverfahren den speziellen Erfordernissen anpassen. Unterschiedlich stark wirken sich dann auch die unvermeidbaren methodischen Fehlerquellen aus. Ziel dieses Abschnitts der Arbeit ist es, die Böden der unterschiedlichen Standortseinheiten im Untersuchungsgebiet einem Vergleich hinsichtlich ihrer ökologischen Puffermöglichkeiten gegenüber SM-Einträgen zu unterziehen. Daß das im Labor sorbierte Schwermetallquantum nur als mehr oder weniger realistisch einzustufen ist, spielt unter dem Aspekt der vergleichenden Betrachtung keine allzu große Rolle, da alle Proben unter gleich unnatürlichen Bedingungen behandelt wurden. Auch Aspekte wie die Ermittlung von Unterschieden in der Bindungsstärke einzelner Elemente an definierte Bodenbestandteile wie Tonfraktion oder Humus stehen nicht im Mittelpunkt des Interesses. Das Substrat mit all seinen sorptiven Bestandteilen wird unter der beschriebenen Zielsetzung zunächst einmal als mehr oder weniger stark pufferfähige Einheit betrachtet. Zur endgültigen Verifizierung der beschriebenen Verhältnisse bezüglich der Transfermöglichkeiten immittierter SM und deren Einfluß auf die SM-Tiefenverteilung im Profil muß jedoch hinsichtlich der Sorptionsfähigkeit der Einzelelemente eine horizontweise Differenzierung bei gegebenen Substratbedingungen möglich sein. Aus diesem Grund wird von der üblichen Verfahrensweise, die Bodenproben jeweils nur mit einem Schwermetall zu kontaminieren abgewichen. Es wird vielmehr eine Multielement-Versatzlösung verwendet, welche die Schwermetalle Pb, Zn, Cu, Ni und Chrom in gleich hohen Konzentrationen enthält. Die Grundüberlegung im Sinne der formulierten Zielsetzung ist denkbar einfach: Es kann davon ausgegangen werden, daß unter direkter Ionenkonkurrenz der SM-Fraktionen sich eine realistische Rangfolge der Elemente nach ihrer Bindungsfähigkeit ergibt, die durch mehr oder weniger starke Sorption unter gegebenen Substrateigenschaften gekennzeichnet ist. Es muß sich quasi für jede Probe eine Aufsplittung der fünf SM-Fraktionen ergeben, die von der Größenordnung her, dem Anreicherungs- und, umgekehrt ableitbar, auch dem Verlagerungspotential direkt proportional ist. Für die Abschätzung der generellen Sorptionskraft der Böden auf den unterschiedlichen Standorten ergibt sich kein Nachteil aus der Multielement-Lösung, da zu diesem Zweck die insgesamt sorbierbare Menge ohne Berücksichtigung der Fraktionierung völlig ausreichend ist. Zum besseren Verständnis des Beschriebenen vorab ein Beispiel, in welcher Art und Weise sich die mit Hilfe dieser Methode erzielten Ergebnisse darstellen.

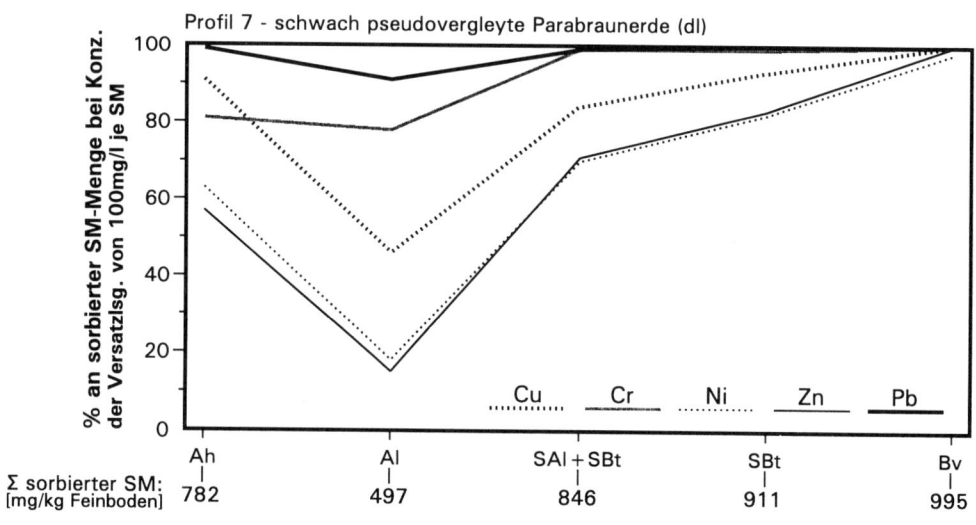

Abb. 45: Sorptionsstärken verschiedener SM im Profil-Tiefenverlauf

Um eine vergleichende Betrachtung erst zu ermöglichen, sowie überhaupt eine signifikante Aufsplittung der SM-Fraktionen zu erreichen, muß als erstes der SM-Gehalt der Versatzlösung ermittelt werden, bei dem auch das sorptionsstärkste Element nicht mehr zur Gänze von der Festphase sorbiert wird, d.h. eine sicher meßbare Menge in der Lösungsphase zurückbleibt. Dazu wählt man am besten einige sehr tonreiche Proben mit hohem pH und einige Proben, die sich durch sandreiche Bodenart bei niederem pH auszeichnen. Oberboden- und Auflagehorizonte sollten wegen der hohen Sorptionsleistung der organischen Substanz bei entsprechenden pH-Extremen mit vertreten sein. Nach Auswahl der entsprechenden Vorproben versetzt man diese mit unterschiedlich konzentrierten Multielement-Lösungen bis eine deutliche Aufspaltung der Sorptionslinien erreicht ist. Aus den Vorproben ergab sich, daß eine Versatzlösung der Gesamt-SM-Konzentration von 500 mg/l (bezogen auf jede einzelne SM-Fraktion = 100mg/l) die beste Aufspaltung ergab. D.h. sorptionsstarke Substrate wurden genügend, sorptionsschwache Substrate nicht zu stark aufgespalten. Nur wenige Profile, die durch hohe pH-Werte in Erscheinung treten, mußten mit einer 1000mg/l-Lösung (200mg/l je SM) versetzt werden, um eine aussagekräftige Differenzierung zu erreichen.

7.1.3 Beschreibung der Labormethodik

Um oben formulierte Zielsetzung laboranalytisch umzusetzen, wurden die Bodenproben und Auflagehorizonte wie folgt behandelt:

Im Falle eines Sorptionsversuchs mit einer 500mg/l-Multielement-Versatzlösung wird mittels Titrisol-SM-Standardlösungen (Pb,Zn,Cu,Ni,Cr / Begleitelektrolyte NO_3^-,Cl^-) eine Mischlösung hergestellt, so daß die Konzentration jedes Elementes in der fertigen Versatzlösung 100mg/l beträgt. Anschließend werden je 25g der Feinbodenproben oder 10g der Auflagehorizonte in 100ml PE-Flaschen eingewogen und mit 50ml der angesetzten Lösung versetzt. (Verhältnis Boden und Auflageproben zu Lösung = 1:2 und 1:5). Anschließend wird 1 Stunde geschüttelt. Vier Tage lang werden die Proben auf dem Schüttler belassen und täglich für eine weitere Stunde bewegt. Vor dem Abfiltrieren wird der pH-Wert der sich jetzt im Gleichgewicht mit der Festphase befindlichen Bodenlösung für jede Probe festgehalten. Die nicht sorbierte, im Filtrat verbleibende Schwermetallkonzentration wird unverzüglich mittels Flammen-AAS quantifiziert. Das im Filter verbleibende Bodenmaterial kann aufbewahrt und zu anschließenden Desorptionsversuchen verwendet werden (hier nicht durchgeführt).

Hinweis zur pH-Kontrolle der Gleichgewichtslösung: Die Kenntnis des pH-Wertes der Gleichgewichtslösungen ist zur Beurteilung des Sorptionsergebnisses und dessen Übertragbarkeit auf Geländebedingungen von großer Bedeutung, da der pH bekanntermaßen großen Einfluß auf die sorbierbare SM-Menge ausübt. Es ist verständlich, daß unter Versuchsbedingungen im Labor die Gelände-pH-Werte nicht aufrechterhalten werden können, da Schwermetallsalze a) keine Neutralsalze darstellen und b) mit steigender SM-Ionen-Konzentration der Multielement-Lösung im Zuge der Sorption verstärkt sauer oder basisch reagierende Ionen der Bodenbestandteile in die Lösung eingetauscht werden. Zur Vermeidung allzu unrealistischer pH-Werte in der Gleichgewichtslösung sollte daher eine Orientierung an den üblicherweise in 0,01 M $CaCl_2$-Lösung bestimmten Boden-pH-Werten erfolgen. Die 500mg/l-SM-Lösung bietet diesbezüglich nahezu optimale Bedingungen, berücksichtigt man, daß eine 0,01 M $CaCl_2$-Lösung auch schon eine Kationen-Konzentration von 400 mg/l erreicht. Zumindest was die pH-Änderung durch Austauschprozesse betrifft, dürfte der methodische Fehler diesbezüglich nicht allzu groß ausfallen. Der pH-Vergleich von Gleichgewichtslösung und Boden-pH ergibt im Mittel aller Proben eine pH-Schwankung um 0,2 pH-Einheiten zum niederen pH der Gleichgewichtslösung, bei nur vereinzelten Extremabweichungen von max. -0,9 bis min. +0,6 pH-Einheiten gegenüber dem Boden-pH ($CaCl_2$). Die Proben welche mit einer 1000mg/l-Lösung versetzt werden mußten um eine Aufspaltung der SM-Fraktionen zu erreichen, zeigen wesentlich größere pH-Abweichungen von durchschnittlich -1,9 Einheiten. Da die zu diesen Proben gehörenden Böden sowieso in die Kategorie der Böden mit mehr als optimaler Schutzfunktion einzustufen sein werden, spielt der unter Extremstbedingungen veränderte pH aus bewertungstechnischer Sicht nur eine untergeordnete Rolle. Zur Interpretation der Sorptionskurven können die Vergleiche der pH-Abweichungen jedoch wertvolle Dienste leisten. Im Anhang (⇒Tab.A7) sind für Proben und Profile die entsprechenden pH-Verhältnisse und deren Änderung bei Versatz mit 25, 50, 250, 500 und 1000ml-Multielement-Versatzlösung aufgeführt.

7.2 Sorptionsverhältnisse der Böden auf unterschiedlichen Standortseinheiten

Die folgenden Abbildungen geben die Ergebnisse der Sorptionsversuche bei Versatz mit einer 500mg/l Multielement-Lösung horizontweise im Profiltiefenverlauf wieder. Um eine Differenzierung der Einzelfraktionen zu erreichen, mußten die sorptionsstarken Substrate der Profile 8,10,12,16,18 und 21 mit einer SM-Konzentration von 1000mg/l behandelt werden. In diesen Fällen erfolgt eine besondere Kennzeichnung. Bevor jedoch eine Bewertung hinsichtlich der Böden nach ihrer aktiven Gesamtsorptionskraft erfolgen kann (⇒Kap. 7.3), muß zunächst eine Betrachtung der Sorptionsbedingungen im Profilverlauf, einschließlich Elementabfolgen und den sich daraus ergebenden umweltrelevanten Folgen, vorausgehen.

Aus der Ableitung von Abfuhr- und Verlagerungsbedingungen stark immissionsbürtiger Schwermetalle am Beispiel von Blei und Zink aus deren Mengenverhältnissen im Profiltiefenverlauf wurde deutlich, daß unter mobilen Bedingungen Verlagerung und Abfuhr in erster Linie von Interflow- und pH-Verhältnissen abhängen. Es ist zu erwarten, daß die Sorptionsverhältnisse im Tiefenverlauf wegen ihres grundlegenden Einflusses auf die SM-Beweglichkeit eine hierzu passende Verknüpfung aufzeigen müssen. Die nachstehend abgebildeten Sorptionskurven der Einzelstandorte werden deshalb nach den Aspekten der wichtigsten SM-Verlagerungskriterien (⇒vergl.Abb.44) geordnet. Am unteren Rand jeder Profildarstellung können Sorptionsverlauf und -stärke mit den in einer Tabelle aufgeführten sorptionssteuernden Bodenparametern, direkt verglichen werden. Eine statistische Analyse deren Beziehung zur sorbierbaren Schwermetallmenge erfolgt zu einem späteren Zeitpunkt.

Abb. 46-53: Sorptionsverhältnisse im Profiltiefenverlauf von interflowlosen Böden mit sandreicher Bodenart und extrem saurer bis neutraler Bodenreaktion

Abb.46: Profil 15 (km4-Sand / Nadelwald / ahS-)

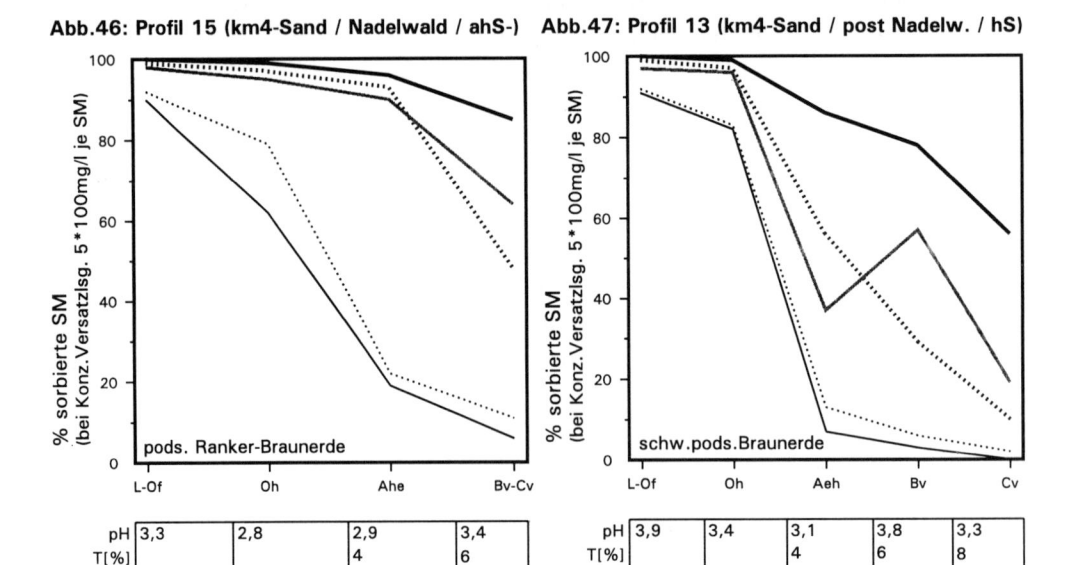

pods. Ranker-Braunerde

	L-Of	Oh	Ahe	Bv-Cv
pH	3,3	2,8	2,9	3,4
T[%]			4	6
C[%]	33	22	6	2

Abb.47: Profil 13 (km4-Sand / post Nadelw. / hS)

schw.pods.Braunerde

	L-Of	Oh	Aeh	Bv	Cv
pH	3,9	3,4	3,1	3,8	3,3
T[%]			4	6	8
C[%]	32	21	4	2	1

Erläuterungen:

Sorptionsverläufe von:
Cu   Cr   Ni   Zn   Pb

Profil-Nr. (Geologie / Bestand / forstl. Standortseinheit)

pH: Boden-pH in 0,01 M Calciumchloridlsg.
T[%]: Tongehalt d. Feinbodenanteils
C[%]: C-Gehalt von Auflage und Feinboden

Abb.48: Profil 1 (km4-Sand / Mischwald / S-)

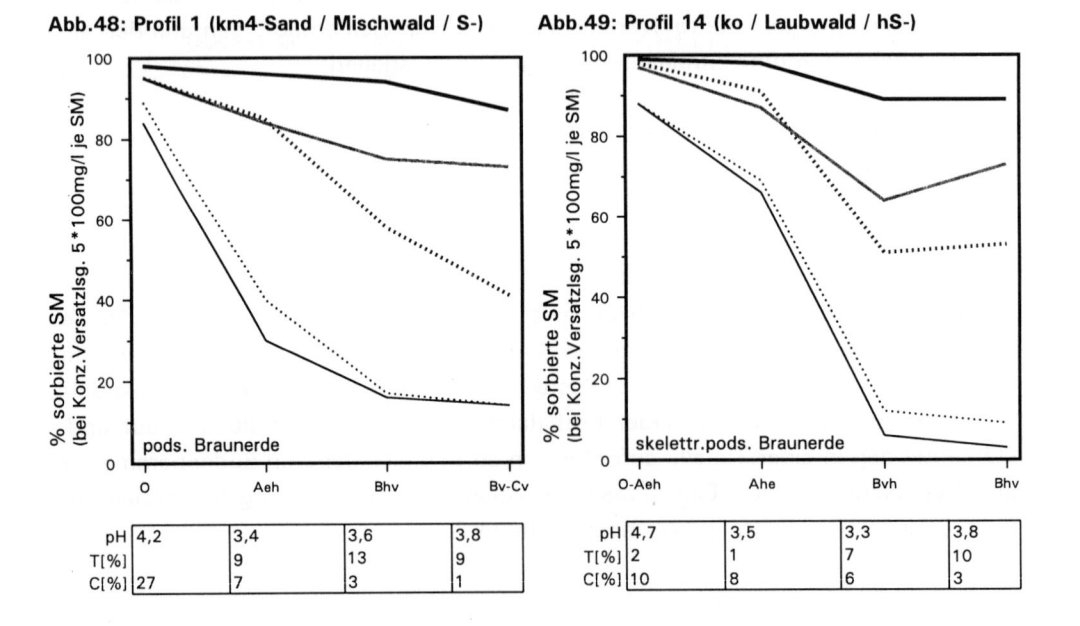

pods. Braunerde

	O	Aeh	Bhv	Bv-Cv
pH	4,2	3,4	3,6	3,8
T[%]		9	13	9
C[%]	27	7	3	1

Abb.49: Profil 14 (ko / Laubwald / hS-)

skelettr.pods. Braunerde

	O-Aeh	Ahe	Bvh	Bhv
pH	4,7	3,5	3,3	3,8
T[%]	2	1	7	10
C[%]	10	8	6	3

Abb. 46-53, Fortsetzung:

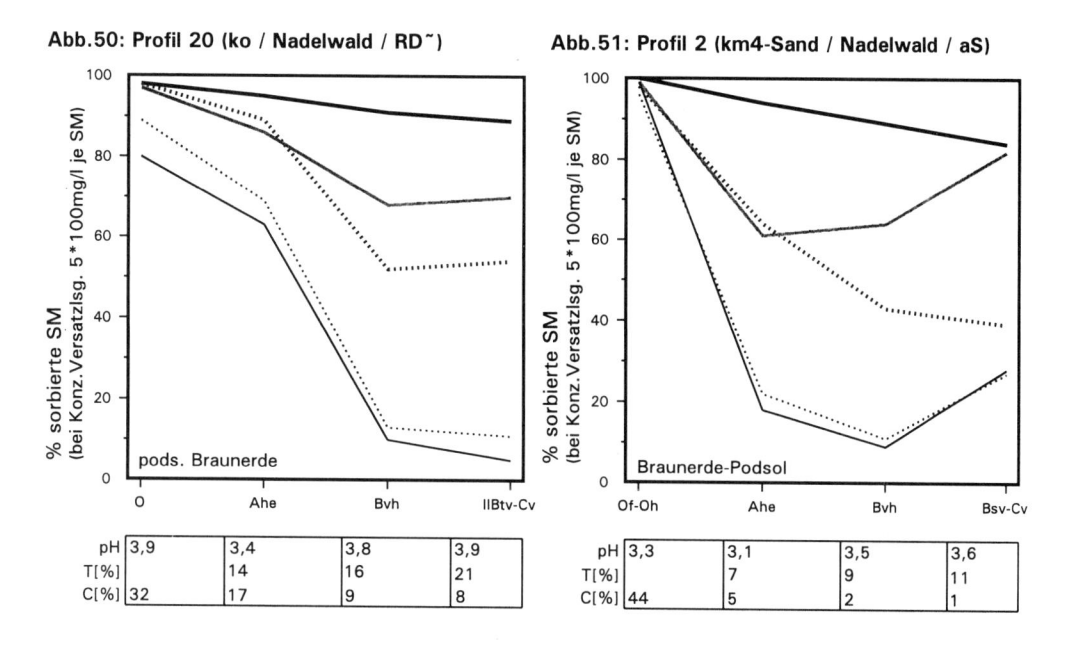

Abb.50: Profil 20 (ko / Nadelwald / RD⁻)

pods. Braunerde

	O	Ahe	Bvh	IIBtv-Cv
pH	3,9	3,4	3,8	3,9
T[%]		14	16	21
C[%]	32	17	9	8

Abb.51: Profil 2 (km4-Sand / Nadelwald / aS)

Braunerde-Podsol

	Of-Oh	Ahe	Bvh	Bsv-Cv
pH	3,3	3,1	3,5	3,6
T[%]		7	9	11
C[%]	44	5	2	1

Erläuterungen:

Sorptionsverläufe von: Cu, Cr, Ni, Zn, Pb

Profil-Nr. (Geologie / Bestand / forstl. Standortseinheit)

pH: Boden-pH in 0,01 M Calciumchloridlsg.
T[%]: Tongehalt d. Feinbodenanteils
C[%]: C-Gehalt von Auflage und Feinboden

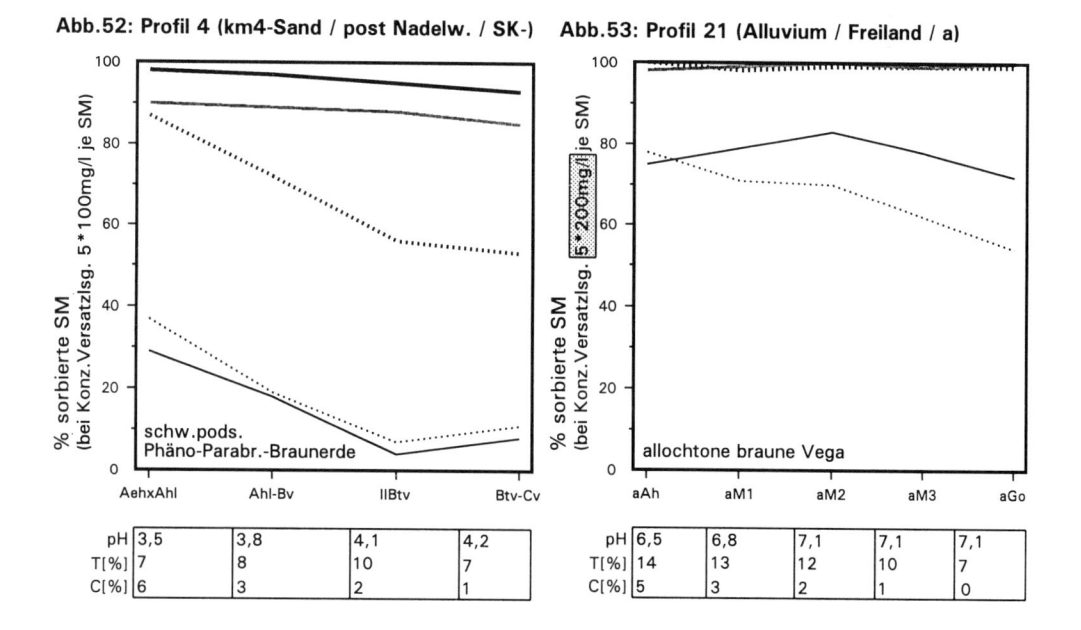

Abb.52: Profil 4 (km4-Sand / post Nadelw. / SK-)

schw.pods. Phäno-Parabr.-Braunerde

	AehxAhl	Ahl-Bv	IIBtv	Btv-Cv
pH	3,5	3,8	4,1	4,2
T[%]	7	8	10	7
C[%]	6	3	2	1

Abb.53: Profil 21 (Alluvium / Freiland / a)

(bei Konz.Versatzlsg. 5*200mg/l je SM)

allochtone braune Vega

	aAh	aM1	aM2	aM3	aGo
pH	6,5	6,8	7,1	7,1	7,1
T[%]	14	13	12	10	7
C[%]	5	3	2	1	0

7.2.1 Merkmale der Sorptionsverhältnisse interflowloser, sandreicher Böden

Bezüglich der Sorptionskraft der Horizontsubstrate im Profiltiefenverlauf ergibt sich grundsätzlich eine mehr oder weniger starke Abnahme hin zum Anstehenden. Die Sorptionsmaxima werden in den humusreichen Auflagehorizonten bei meist gleichzeitig höchsten pH-Werten erreicht. Sorptionsminima sind mit den ton- und humusarmen Cv-Horizonten korreliert. Kurvenverflachungen und -Anstiege zum Profiltiefsten ergeben sich in Abhängigkeit von der Quantität einzelner Bodenparameter. Die übergeordnete Bedeutung des pH-Wertes für die generelle Sorptionsstärke demonstrieren die durchweg hohen Sorptionsraten des durch sehr schwach saure bis sehr schwach alkalische Bodenaziditäten gekennzeichneten Profils 21 (⇒Abb.53).

Was die generelle Affinität der einzelnen Schwermetallfraktionen an das Substrat betrifft, spiegelt sich bei allen Profilen die allgemeine Reihenfolge der Fähigkeit zur Adsorption aus der Bodenlösung an die -Matrix, Pb > Cr > Cu > Ni > Zn, wieder (SCHEFFER & SCHACHTSCHABEL 1989). Wie später noch genauer zu zeigen sein wird, hängen die Größenunterschiede in der jeweils sorbierten Elementmenge, bzw. die Größe der Aufspaltung, von der generellen Sorptionskraft der Probe ab.

Abweichungen von der oben aufgeführten Reihenfolge können dann auftreten, wenn sich die qualitative Zusammensetzung der Bodenparameter im Tiefenverlauf so stark ändert, daß die Unterschiede zwischen den Bindungsstärken der Schwermetalle an bevorzugte Sorbenten sichtbar werden. Bei den vorliegenden Sorptionskurven kommt dies besonders gut im Falle von Chrom und Kupfer beim Übergang vom humusreichen Oberboden in den humusärmeren, dafür aber tonreicheren, Unterboden zum Ausdruck. An dieser Stelle ist stets eine Überschneidung der entsprechenden Sorptionskurven zu beobachten. Für die durchschnittliche Intensität der Physio- und Chemosorption von Kupfer und Chrom ist nach BLUME UND BRÜMMER 1991 eine etwa gleich starke Affinität an die organische Substanz gegeben, wobei die Adsorptionsneigung von Kupfer unter vorliegenden Bedingungen tendenziell als leicht höher einzustufen sein dürfte. Für die Bindungsstärke an die mineralische Tonkomponente ergeben sich deutlichere Unterschiede. Eben Zitierte geben für Chrom eine starke, für Kupfer hingegen nur eine mittlere Bindungsstärke unterhalb des für beide Elemente geltenden Grenz-pH-Wertes von 4,5 an (vergl.⇒Tab.31).

Aus den abgebildeten Sorptionsverhältnissen werden zuguterletzt auch die aus den vorangegangenen Auswertungen der Boden-SM-Verhältnisse abgeleiteten Sachverhalte bezüglich den Abfuhr- und Verlagerungsbedingungen immitierter Schwermetalle untermauert. Aus den extremen Sorptionsunterschieden von Blei und Zink läßt sich beispielsweise das für diese Böden charakteristische Vorauseilen der Zink- gegenüber der Bleiverlagerungsfront ursächlich und anschaulich belegen.

SM-Sorptionsverhältnisse

Abb. 54-58: Sorptionsverhältnisse im Profiltiefenverlauf von Interflow-Böden mit tonreicher Stauschicht und extrem bis stark saurer Bodenreaktion im Wasserleiter

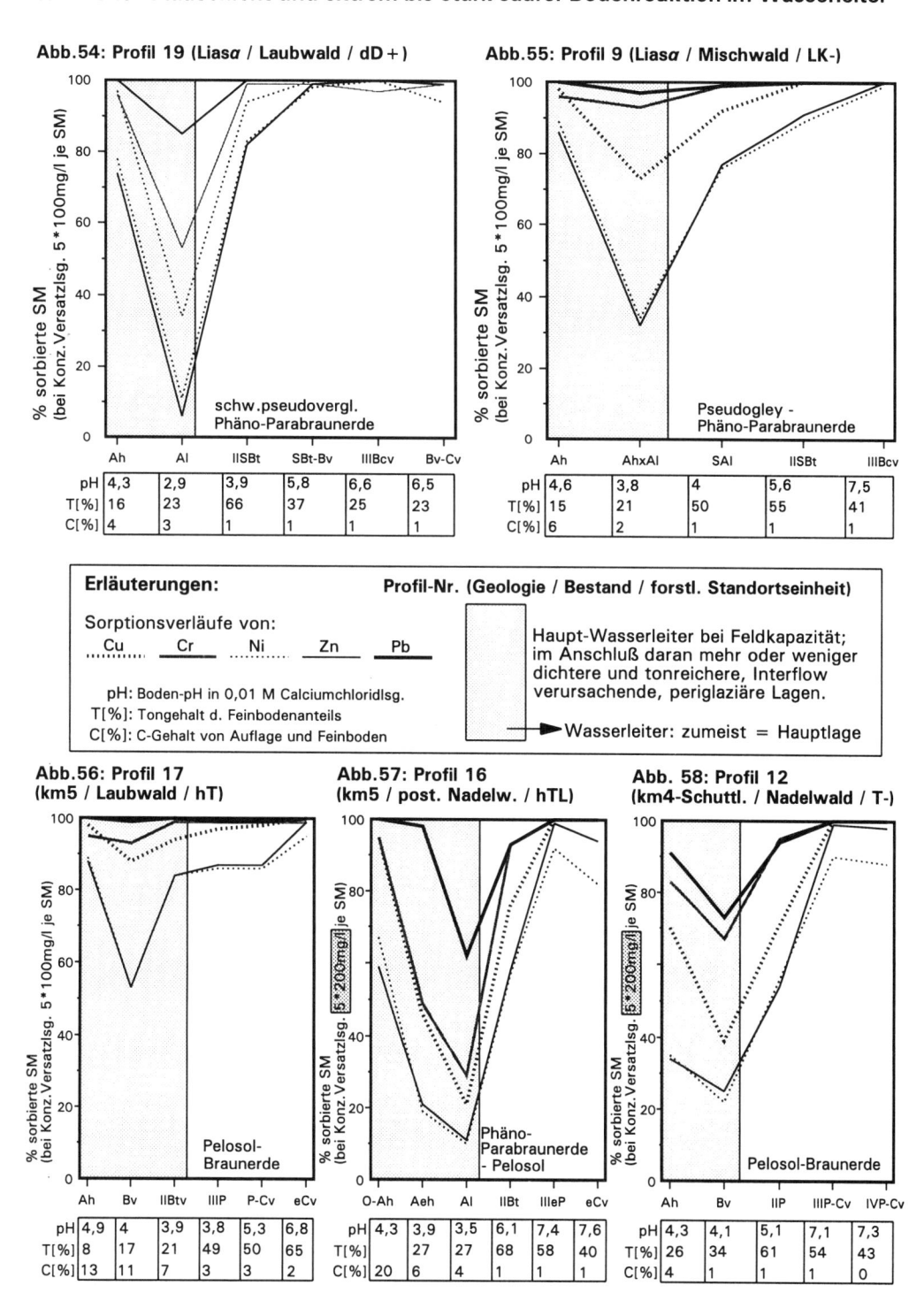

Abb.54: Profil 19 (Liasα / Laubwald / dD+)

schw.pseudovergl. Phäno-Parabraunerde

	Ah	Al	IISBt	SBt-Bv	IIIBcv	Bv-Cv
pH	4,3	2,9	3,9	5,8	6,6	6,5
T[%]	16	23	66	37	25	23
C[%]	4	3	1	1	1	1

Abb.55: Profil 9 (Liasα / Mischwald / LK-)

Pseudogley - Phäno-Parabraunerde

	Ah	AhxAl	SAl	IISBt	IIIBcv
pH	4,6	3,8	4	5,6	7,5
T[%]	15	21	50	55	41
C[%]	6	2	1	1	1

Erläuterungen:

Sorptionsverläufe von: Cu, Cr, Ni, Zn, Pb

pH: Boden-pH in 0,01 M Calciumchloridlsg.
T[%]: Tongehalt d. Feinbodenanteils
C[%]: C-Gehalt von Auflage und Feinboden

Profil-Nr. (Geologie / Bestand / forstl. Standortseinheit)

Haupt-Wasserleiter bei Feldkapazität; im Anschluß daran mehr oder weniger dichtere und tonreichere, Interflow verursachende, periglaziäre Lagen.

▶ Wasserleiter: zumeist = Hauptlage

Abb.56: Profil 17 (km5 / Laubwald / hT)

Pelosol-Braunerde

	Ah	Bv	IIBtv	IIIP	P-Cv	eCv
pH	4,9	4	3,9	3,8	5,3	6,8
T[%]	8	17	21	49	50	65
C[%]	13	11	7	3	3	2

Abb.57: Profil 16 (km5 / post. Nadelw. / hTL)

Phäno-Parabraunerde - Pelosol

	O-Ah	Aeh	Al	IIBt	IIIeP	eCv
pH	4,3	3,9	3,5	6,1	7,4	7,6
T[%]		27	27	68	58	40
C[%]	20	6	4	1	1	1

Abb. 58: Profil 12 (km4-Schuttl. / Nadelwald / T-)

Pelosol-Braunerde

	Ah	Bv	IIP	IIIP-Cv	IVP-Cv
pH	4,3	4,1	5,1	7,1	7,3
T[%]	26	34	61	54	43
C[%]	4	1	1	1	0

Abb. 59-62: Sorptionsverhältnisse im Profiltiefenverlauf von Interflow-Böden mit weniger tonreicher Stauschicht und sehr st. saurer Bodenreaktion im Wasserleiter

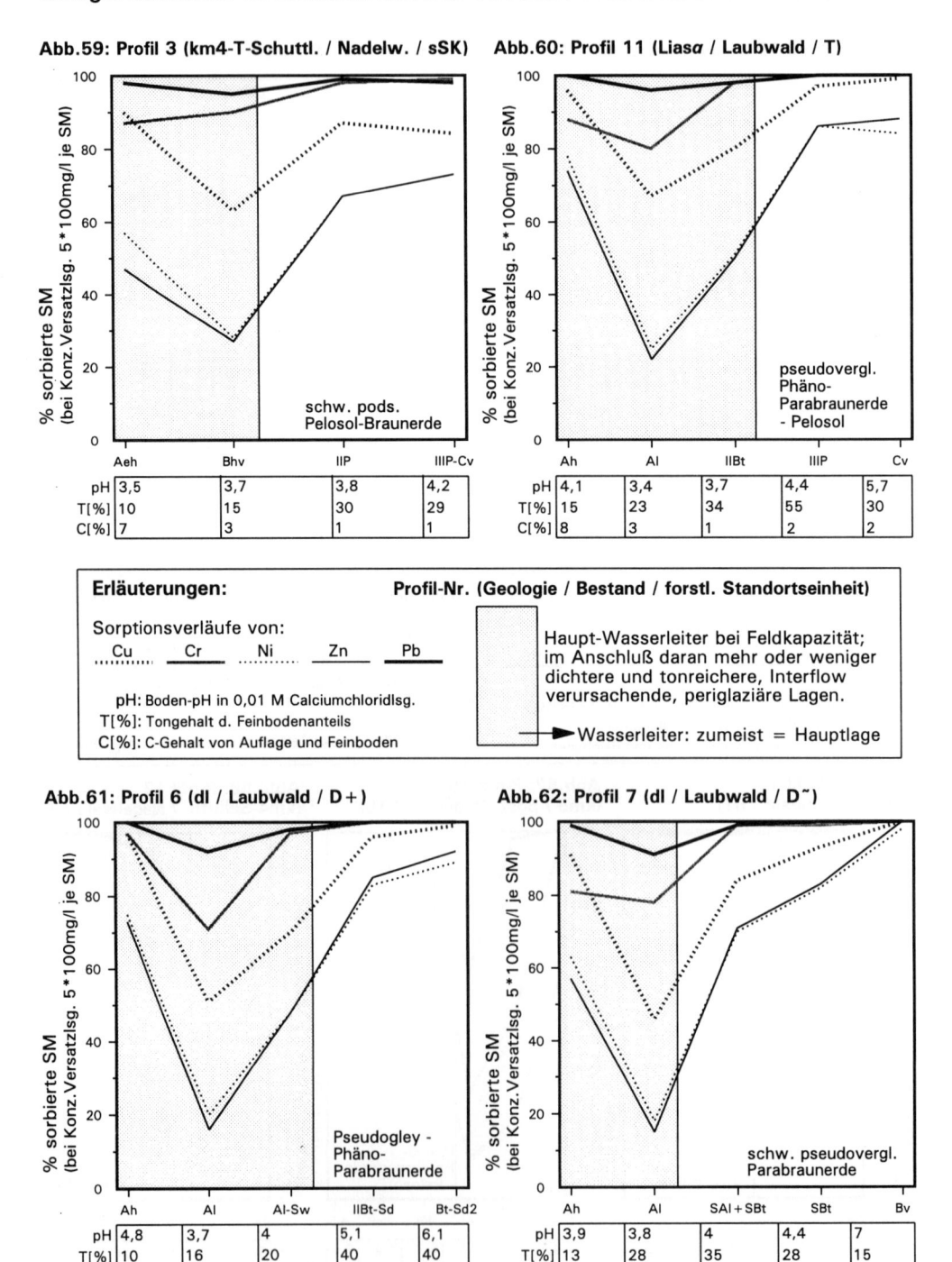

Abb.59: Profil 3 (km4-T-Schuttl. / Nadelw. / sSK)

schw. pods. Pelosol-Braunerde

	Aeh	Bhv	IIP	IIIP-Cv
pH	3,5	3,7	3,8	4,2
T[%]	10	15	30	29
C[%]	7	3	1	1

Abb.60: Profil 11 (Liasα / Laubwald / T)

pseudovergl. Phäno-Parabraunerde - Pelosol

	Ah	Al	IIBt	IIIP	Cv
pH	4,1	3,4	3,7	4,4	5,7
T[%]	15	23	34	55	30
C[%]	8	3	1	2	2

Erläuterungen:

Sorptionsverläufe von: Cu   Cr   Ni   Zn   Pb

pH: Boden-pH in 0,01 M Calciumchloridlsg.
T[%]: Tongehalt d. Feinbodenanteils
C[%]: C-Gehalt von Auflage und Feinboden

Profil-Nr. (Geologie / Bestand / forstl. Standortseinheit)

Haupt-Wasserleiter bei Feldkapazität; im Anschluß daran mehr oder weniger dichtere und tonreichere, Interflow verursachende, periglaziäre Lagen.

▶ Wasserleiter: zumeist = Hauptlage

Abb.61: Profil 6 (dl / Laubwald / D+)

Pseudogley - Phäno-Parabraunerde

	Ah	Al	Al-Sw	IIBt-Sd	Bt-Sd2
pH	4,8	3,7	4	5,1	6,1
T[%]	10	16	20	40	40
C[%]	6	2	1	1	1

Abb.62: Profil 7 (dl / Laubwald / D˜)

schw. pseudovergl. Parabraunerde

	Ah	Al	SAl+SBt	SBt	Bv
pH	3,9	3,8	4	4,4	7
T[%]	13	28	35	28	15
C[%]	7	2	2	1	2

SM-Sorptionsverhältnisse

Abb. 63-66: Sorptionsverhältnisse im Profiltiefenverlauf von Interflow-Böden mit tonreicher Stauschicht und nur mäßig saurer Bodenreaktion im Wasserleiter

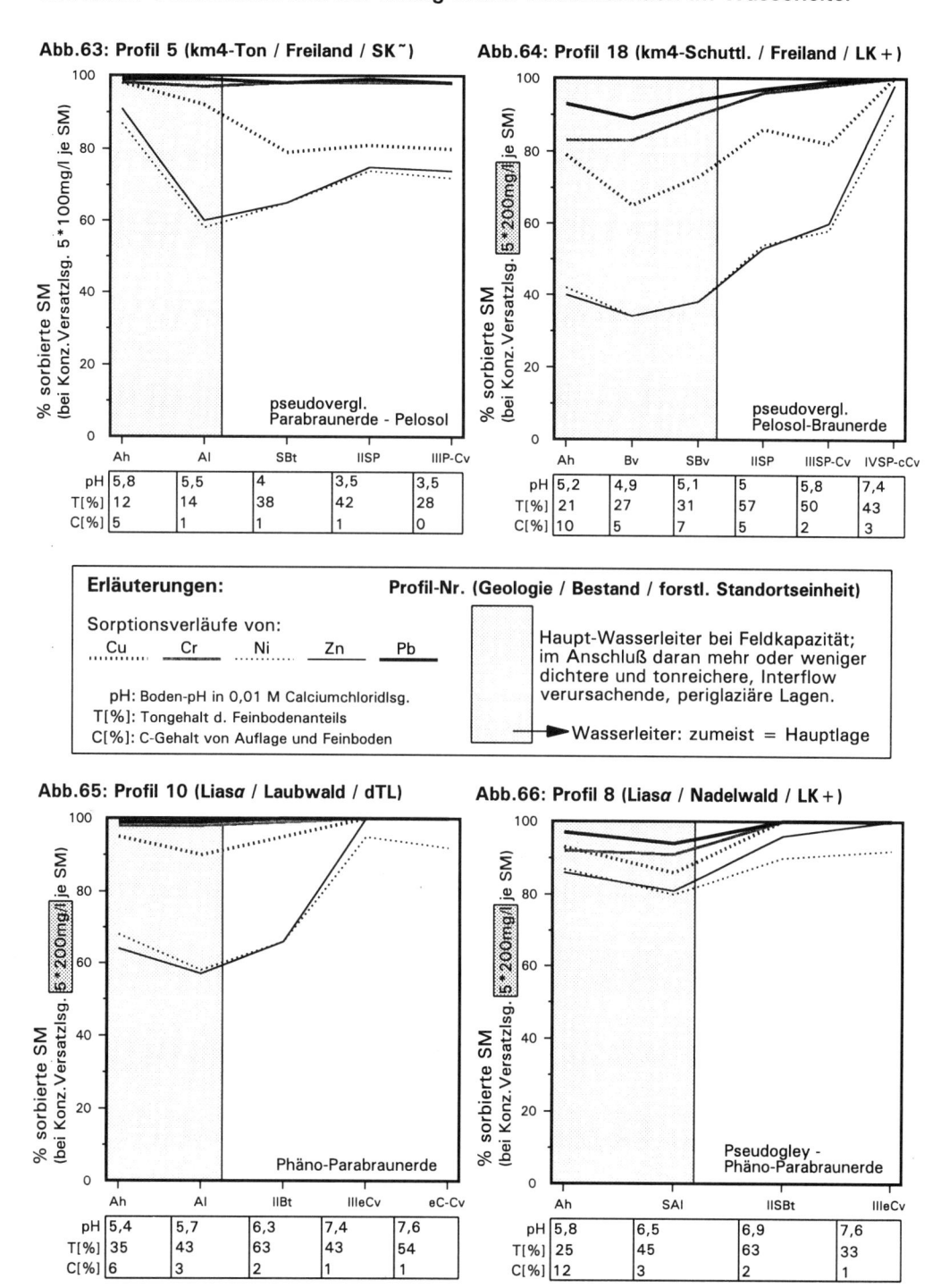

Abb.63: Profil 5 (km4-Ton / Freiland / SK˜)

	Ah	Al	SBt	IISP	IIIP-Cv
pH	5,8	5,5	4	3,5	3,5
T[%]	12	14	38	42	28
C[%]	5	1	1	1	0

pseudovergl. Parabraunerde - Pelosol

Abb.64: Profil 18 (km4-Schuttl. / Freiland / LK+)

	Ah	Bv	SBv	IISP	IIISP-Cv	IVSP-cCv
pH	5,2	4,9	5,1	5	5,8	7,4
T[%]	21	27	31	57	50	43
C[%]	10	5	7	5	2	3

pseudovergl. Pelosol-Braunerde

Erläuterungen:

Sorptionsverläufe von: Cu, Cr, Ni, Zn, Pb

pH: Boden-pH in 0,01 M Calciumchloridlsg.
T[%]: Tongehalt d. Feinbodenanteils
C[%]: C-Gehalt von Auflage und Feinboden

Profil-Nr. (Geologie / Bestand / forstl. Standortseinheit)

Haupt-Wasserleiter bei Feldkapazität; im Anschluß daran mehr oder weniger dichtere und tonreichere, Interflow verursachende, periglaziäre Lagen.

▶ Wasserleiter: zumeist = Hauptlage

Abb.65: Profil 10 (Liasα / Laubwald / dTL)

	Ah	Al	IIBt	IIIeCv	eC-Cv
pH	5,4	5,7	6,3	7,4	7,6
T[%]	35	43	63	43	54
C[%]	6	3	2	1	1

Phäno-Parabraunerde

Abb.66: Profil 8 (Liasα / Nadelwald / LK+)

	Ah	SAl	IISBt	IIIeCv
pH	5,8	6,5	6,9	7,6
T[%]	25	45	63	33
C[%]	12	3	2	1

Pseudogley - Phäno-Parabraunerde

7.2.2 Merkmale der Sorptionsverhältnisse von Böden mit Interflowbedingungen

Im Gegensatz zu den inferflowlosen Böden mit sandiger Bodenart, die durch eine stetige Abnahme der Sorptionsleistung im Tiefenverlauf gekennzeichnet sind, bewirkt hier der Schichtwechsel einen markanten Anstieg. Es ergeben sich in Abhängigkeit von Substratzusammensetzung und periglaziärer Lagesituation zwei gegensätzlich gerichte Sorptionsmaxima. Die Horizonte, welche den oberflächennahen Wasserleiter bilden - in den meisten Fällen fällt dieser mit der lockeren, schluffreichen Hauptlage zusammen -, entwickeln ihr Maximum in den humusreichen Ah-Substraten. Der weitere Verlauf bis zum Übergang in das dichtere, tonigere Liegende ist i.d.R. mit den Sandböden identisch. Das zweite, im Mittel deutlich stärker ausgeprägte Sorptionsmaximum, befindet sich dagegen in Profil-Grundnähe. Dabei ist weniger der Tongehalt für die stärkere Sorptionsleistung bezeichnend, als das Zusammenfallen mit dem pH-Maximum im Tiefenverlauf.

Die Minima in der Sorptionsleistung bilden ohne Ausnahme die direkt im Hangenden der Stauschicht ausgebildeten Al- oder Bv-Horizonte. Die Schwäche der Minima hängt dabei von der Substratzusammensetzung in Verknüpfung mit den pH-Werten ab. Deren relative Sorptionsleistung zur liegenden Stauschicht steht in erster Linie in Beziehung zu deren Tongehalt. Die ⇐Abb.54-58 fassen bezogen auf die Tongehalte die Profile mit markanterem Schichtwechsel zusammen. Infolge dessen zeigen diese im Vergleich zu den ⇐Abb.59-62 steilere Sorptionsverläufe. Wie die ⇐Abb.63-66 wiedergeben, kann eine Verflachung der Minima ebenso mit geringeren pH-Unterschieden, trotz starkem Tongehaltswechsel, verknüpft sein.

Das generelle Auftreten der Sorptionsminima an der beschriebenen Stelle im Profilverlauf dürfte mehrere Gründe haben, die untrennbar miteinander in Wechselbeziehung stehen. Was die Lokalisierung anbelangt, ergibt sich diese aus der Substratzusammensetzung der flankierenden Horizonte. Al- und Bv-Horizonte büßen gegenüber den hangenden Ah's einen Großteil an sorptionsstarker organischer Substanz ein, ohne dabei nur annähernd die Tongehalts-Größenordnung der liegenden Horizonte zu erreichen. Die relative Intensität der sorptionsschwächsten Profilstelle ist demnach sowohl von der Relation der Bodenparameter beiderseits ihrer Erscheinung und von der eigenen in Relation zu diesen abhängig.

In Ergänzung zu der vorher beschriebenen Überkreuzung im Sorptionstiefenverlauf von Cu und Cr läßt sich, aufgrund der typischen Substratabfolge der Mehrschicht-Profile, ein weiterer Einfluß bezüglich der Bindungsreihenfolge an einen definierten Bodenbestandteil erkennen. Während die tonarmen Böden der Sandprofile i.d.R. durchgängig leicht höhere Sorptionsraten von Nickel gegenüber Zink aufweisen, kehrt sich hier mit dem Übergang zu tonreicherem und humusärmerem Substrat die Reihenfolge zugunsten des Zinks um. Entsprechend gibt ALLOWAY 1996 eine höhere

Bindungsstärke von Zink an die Tonfraktion, HERMS & BRÜMMER 1984 von Nickel an die organische Substanz an.

7.2.3 Bindungsstärken der Schwermetallfraktionen in Abhängigkeit der allgemeinen Sorptionsleistung des Bodensubstrats

Die allgemeine Sorptionsleistung der Bodenmatrix gegenüber Schwermetallen setzt sich aus mannigfaltigen, kaum voneinander trennbaren Einzeleinflüssen zusammen, deren Auswirkungen auf jedes Element wiederrum verschieden ausfallen. Tabelle 31, erstellt nach Angaben von BLUME UND BRÜMMER 1991, gibt für die hier behandelten Schwermetalle einen Überblick über die Grundtendenzen variierender Bindungsstärken an die wichtigsten Bodenparameter.

Tab. 31: Durchschnittliche Intensität der Physio- und Chemosorption von Metallen in gut durchlüfteten Böden mäßig saurer Reaktion und pH-Bereichen starker Bindung. (Übernommen f.d. folgend aufgelisteten SM aus BLUME UND BRÜMMER 1992)

Metall	Bindung* an			Starke Bindung oberhalb pH (Grenz-pH)	* gültig für Reaktionsbereiche unterhalb des Grenz-pH. Oberhalb erfolgt starke Bindung durch Bildung von Hydroxokomplexen
	Humus	Ton	Sesquiox.		
Nickel	3,5	2	3	5,5	
Zink	2	3	3	5,5	**Wertung:**
Kupfer	5	3	4	4,5	1 = sehr gering
Chrom	5	4	5	4,5	2 = gering 3 = mittel
Blei	5	4	5	4	4 = hoch 5 = sehr hoch

Des weiteren existieren eine Vielzahl von Ergänzungstabellen (DVWK 1988, BLUME & BRÜMMER 1991), welche die oben aufgelisteten Wertzahlen in Abhängigkeit der quantitativen Substratzusammensetzung sowie pH-, Redox- und hydrologischen Bedingungen durch Zu- und Abschläge präzisieren. Zur möglichst objektiven Bewertung der Transfermöglichkeiten jeder einzelnen Schwermetall-Fraktion in die diversen Stoffkreisläufe ist die Abschätzung der Bindungsbedingungen und -möglichkeiten wichtige und erste Voraussetzung.

Für die im Rahmen dieser Arbeit untersuchten Substrate faßt die folgende Abbildung, unabhängig von definierten Bindungsunterschieden einzelner Bodenbestandteile und pH-Abhängigkeiten etc., aber in Abhängigkeit der Summe all dieser Einflüsse, die sich ergebenden Bindungsstärken für die einzelnen Schwermetalle zusammen. Von besonderer Umweltrelevanz ist dabei das direkt nur mit Hilfe der Multielement-Versatzmethode zu erreichende Ergebnis der selektiven Aufspaltung der Fraktionen. Es kann nicht nur die allgemeine Bindungsfähigkeit der SM an die Bodenmatrix in der Reihenfolge Pb > Cr > Cu > Ni > Zn (SCHEFFER & SCHACHTSCHABEL 1989)

Abb. 67: Vergleich: mittlere generelle und selektive Schwermetallmobilität in Abhängigkeit vom Gesamtsorptionsvermögen des Bodenmaterials

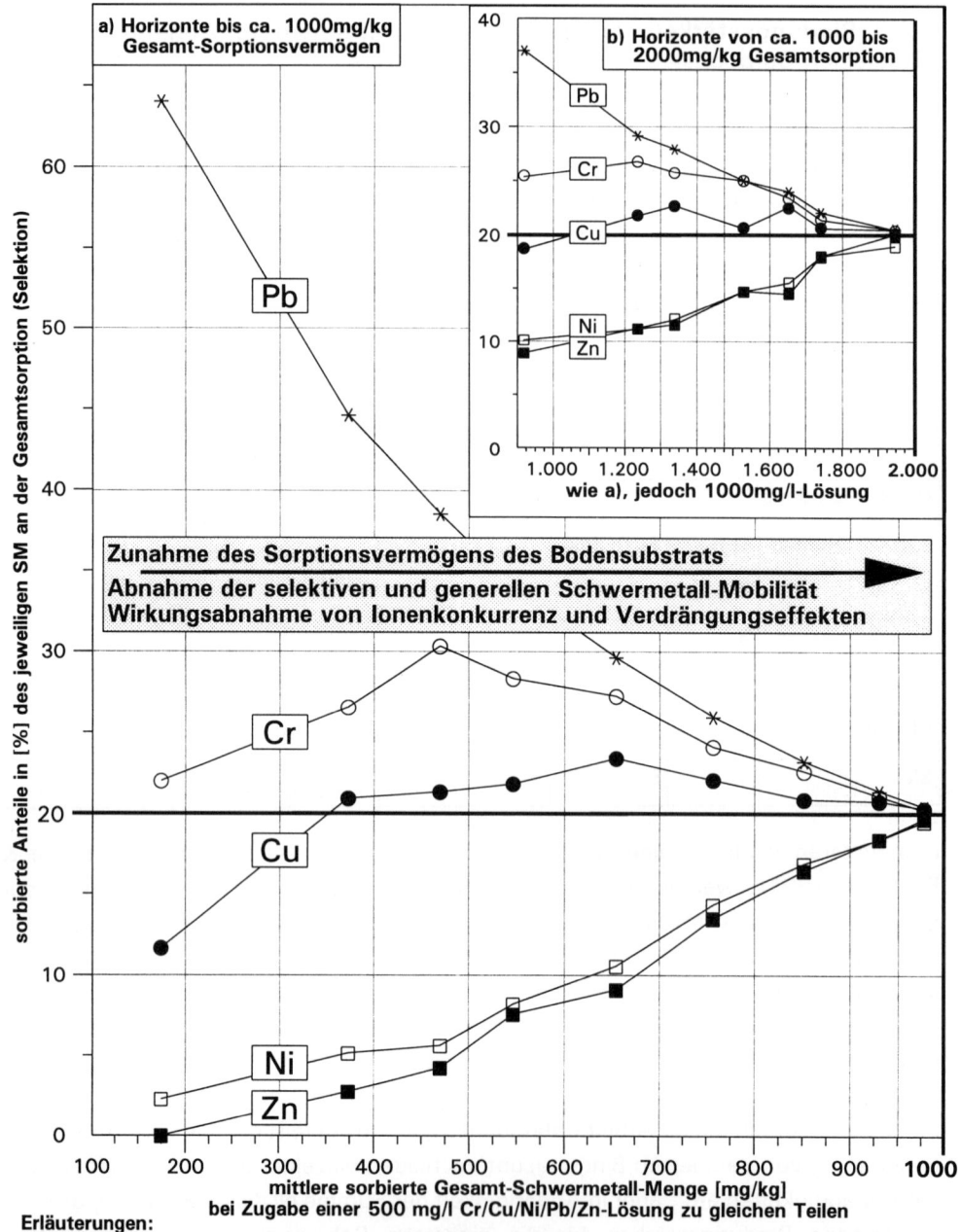

Erläuterungen:

fettgedruckter X-Achsenabschnitt = max.mögliche Gesamtsorptionsmenge; bei diesem Wert wird die gesamte zugesetzte Schwermetallmenge sorbiert

fettgedruckter y-Achsenabschnitt = Linie gleicher Sorptionsanteile; bei diesem Wert wird die gesamte SM-Menge zu gleichen Teilen (5 mal 20%) sorbiert

- Die Punktwerte repräsentieren gemittelte Sorptionswerte aus Horizonten, deren Einzelwerte zwischen den dargestellten Rasterlinien liegen

wiedergegeben werden, sondern gleichzeitig deren selektive Affinität mit zunehmender Sorptionschwäche oder -stärke des Bodensubstrats. Selektiv i.d.S. bedeutet: die bei der elementspezifischen Vergabe der Bindungsplätze auftretenden quantitativen Sorptionsunterschiede, welche unter Ionenkonkurrenz zu Bevorzugungen oder Benachteiligungen einzelner Schwermetall-Fraktionen führen.

Gerade den sorptionsschwachen Böden kommt aufgrund ihres Unvermögens, Schwermetalle nachhaltig aus dem Stoffkreislauf zu entziehen, höchste Umweltrelevanz zu. Wie aus den dargestellten Verhältnissen offensichtlich wird, muß die Reihenfolge der Bindungsmöglichkeiten solcher Böden bei entsprechenden Einträgen viel differenzierter mit Pb > > > > > Cr > > > Cu > > > > Ni > Zn bewertet werden. Bei sorptionsstarken Substraten hingegen kann davon ausgegangen werden, daß die zur Verfügung stehenden Bindungsplätze ausreichen, um auch die weniger bevorzugten Elemente aus der Bodenlösung zu entfernen. Wie das Aufspaltungsdiagramm "b)" der sorptionsstärksten Substrate zeigt, bleibt die vorhandene Abstufung in der Ionenkonkurrenz der Elemente untereinander zwar stets erhalten, ist jedoch bewertungstechnisch von viel geringerer Bedeutung. Aus den selektiven Sorptionsverhältnissen heraus erklärt sich nun auch der Umstand, weshalb sich die von BÜCKING et al. 1986 ermittelten, zwar geringen, im Vergleich zu Blei jedoch höheren Kupfereinträge (⇐Tab.21) in der quantitativen SM-Tiefenverteilung der Böden kaum niederschlagen. Im Falle von Zink gelingt dies bei höchster Mobilität nur wegen der viel höheren Eintragsraten. Die erörterte Dominanz der Bleianteile an der Gesamt-SM-Menge von Standorten mit stark versauerten Sandböden wird gleichfalls ursächlich offensichtlich.

7.2.4 Aspekte zur Bewertung der Sorptionsverhältnisse im Profiltiefenverlauf unter Berücksichtigung der Interflow-Verhältnisse

Die Sorptionsdiagramme im Profiltiefenverlauf der Interflowböden (⇐Abb.54-66) weisen bezüglich ihrer Sorptionsminima eine doppelt ungünstige Konstellation der SM-Transferbedingungen in verschiedene Stoffkreisläufe auf. Das Zusammenfallen der Horizonte geringster Sorptionsleistung mit der am stärksten vom Interflow in Anspruch genommenen Bodenschicht wirkt sich auf den Schwermetallaustrag in den Wasserkreislauf besonders nachteilig aus. Die unterhalb des horizontalen Wasserabflusses liegende Bodensäule kann je nach Durchlässigkeit des interflowauslösenden Horizontes nur noch einen geringen Beitrag zur Ausfilterung und Pufferung eingetragener Schwermetalle leisten. Vergleicht man im Untersuchungsgebiet deren Anteile an der Mächtigkeit der Gesamtprofile wird rasch deutlich, daß das Sorptionspotential von durchschnittlich zwei Dritteln der gesamten Bodensäule nicht zur Verfügung steht. In den Bewertungskriterien zur Beurteilung einer Grundwassergefährdung nach MARKS et al. 1989, 69 sollen daher Unterboden-eigenschaften nur dann herangezogen werden, wenn deren Wasserdurchlässigkeit kf > 10 cm/d beträgt und eine Schichtstärke von mindestens 3 dm gegeben ist. Bei der anschließenden Beurteilung der Standortseinheiten nach ihrem Gesamtsorptionsvermögen muß dies besondere Berücksichtigung finden. Eine Tabelle bodenphysikalischer Grunddaten sowie den daraus ableitbaren kf-Werten findet sich im Anhang (⇒Tab.A1) aufgelistet.

Eine weitere ökologisch nachteilige Konstellation - oben deshalb als doppelt ungünstig bezeichnet - ergibt sich neben dem Zusammenfallen von Interflow-Hauptwasserzug und sorptionsschwächsten Profilhorizonten gleichzeitig aus der Situation heraus, daß dieser Bereich der Al- und Bv-Horizonte Bestandteil der Rhizosphäre und insbesondere die Hauptwurzelzone des Baumbestandes darstellt. Im Umkehrschluß an das Sorptionsvermögen läßt sich dort die höchste Schwermetallmobilität ableiten. SAUERBECK 1989 erläutert, daß die Pflanzenverfügbarkeit der Schwermetalle normalerweise mit deren zunehmenden mobilen Gehalten im Boden steigt. Den elementspezifischen Mobilitäten, wie sie die Selektivitätsunterschiede der sorptionsschwachen Substrate in Abb. 67 wiederspiegeln, kommt dabei höchste Bedeutung zu. Aus SM-Gehaltsvergleichen von Pflanze und Boden bestimmt SAUERBECK 1989, 283 Transferfaktoren (F = Pflanzen-SM-Gehalt / Boden-SM-Gehalt [mg/kg]) für verschiedene Schwermetalle, wonach Blei (F = 0,01-0,1) sehr geringe Aufnahmeraten, Ni und Cu (F = 0,1-1,0) mäßige, sowie Zn, Cd (F = 1,0-10) die höchsten Transferfaktoren zeigen. KOCH & GRUPE 1993, 386 beschreiben zudem, daß bei gleichen Elementkonzentrationen der Böden die Pflanzenverfügbarkeit der Schwermetalle anthropogener Herkunft im Vergleich zu Schwermetallen geogener Herkunft deutlich höher ausfällt. Überträgt man diese Erkenntnisse auf die SM-Situation der Schönbuchböden hinsichtlich der bedeutendsten immissionsbürtigen Schwermetalle Zink und Blei, kann von einer überdurchschnittlichen Pflanzenschädigung durch diese Metalle weitgehend abgesehen werden. Blei gilt zwar für Tier und Pflanze als nicht essentielles, toxisches Element (zu Schadwirkung und -bildern diverser SM auf Pflanzen s. MERIAN 1984), durch seine im Profiltiefenverlauf nachgewiesene hohe Anreicherung bei geringen Einträgen erweist sich jedoch dessen Transferschwäche. Selbst unter den sehr mobilen Bedingungen der sauren Sandstandorte dürfte aufgrund der geringen Absolutgehalte die Wirkung der Bleitoxizität als weniger bedeutend einzustufen sein.

Differenzierter muß im Falle der ökologischen Auswirkung der Zinkeinträge- und bodengehalte diskutiert werden. Einerseits liegt, mit Ausnahme der wenigen auch im Wasserleiterbereich durch hohe pH-Werte gekennzeichneten Profile, bei relativ hoher Nachlieferung dort gleichzeitig höchste Mobilität vor. Andererseits werden gerade wegen der hohen Mobilität und stattfindenden Abfuhr per Interflow keine überdurchschnittlichen Bodengehalte in der Hauptwurzelzone erreicht. Hinzu kommt die Bedeutung des Zinks als für Tier und Pflanze essentielles Spurenelement. In höheren Konzentrationen wirkt Zink auf Pflanzen allerdings toxisch. HENKIN 1984 bemerkt, daß Zinkmangelerscheinungen bei Pflanzen jedoch weit häufiger zu beobachten sind als

Zinkvergiftungen. Bewertet man die bei extremer Zink-Mobilität äußerst niederen Zink-Boden-Gehalte der versauerten Sandstandorte unter der Prämisse des Mangelaspektes, so ist der Zinkeintrag dort als geradezu notwendiger Bestandteil der Zinkversorgung von Baum und Krautschicht zu betrachten.

Empfindlicher als Pflanzen reagieren die meisten Bodenorganismen auf Schwermetalleinträge. FILIP 1995 faßt in einem Übersichtsartikel den Einfluß verschiedener Schwermetalle auf die Bodenorganismen und ihre ökologisch bedeutenden Aktivitäten zusammen, wobei sowohl Zink als auch Blei stark aktivitätshemmende Wirkung zugeschrieben wird. Insgesamt, so FILIP 1995, 95, sei aber festzustellen, daß ausreichend hohe Sorptionskapazität des Bodens und sein Gehalt an organischer Substanz wirksame Faktoren darstellen, die einer Herabsetzung der Aktivität der Bodenorganismen durch Schadstoffe entgegenwirken. Da die Bodenhorizonte mit Sorptionsminima im Hangenden der interflowauslösenden Schicht durchaus noch dem Lebensraum des Edaphons zugerechnet werden können, ergeben sich auch in dieser Hinsicht ungünstige Verhältnisse.

Vergleicht man nun insgesamt die Interflow-Profile mit den interflowlosen Sandstandorten im Hinblick auf die zur Sorption überhaupt zur Verfügung stehenden Bodenhorizonte, sowie deren Sorptionsleistung in der jeweils entwickelbaren Rhizosphärenschicht etc., so darf vermutet werden, daß die gegenüber den Sandböden vermeintlich "besseren" Standorte, hinsichtlich der Schutzwirkung des Bodens gegenüber Schwermetalleinträgen, nicht in jedem Fall besser abschneiden werden.

7.3 Bewertung des Sorptionsvermögens der Böden auf den verschiedenen Standortseinheiten

Die eben formulierte Behauptung erfährt ihre Bestägung aus dem Vergleich der standortsbezogenen Sorptionsleistungen der Böden, wiedergegeben durch die Abbildungen der folgenden Doppelseite. In der linken Abbildung werden die von allen Horizonten eines jeweiligen Profils sorbierten Gesamtschwermetall-Gehalte bis zum Anstehenden, oder maximal einer Tiefe von 1m, aufsummiert dargestellt. Die rechte Abbildung hingegen berücksicht nur jene Horizonte, die aufgrund der Interflow-Verhältnisse tatsächlich einen wesentlichen Beitrag zur Ausfilterung und Pufferung eingetragener Schwermetalle leisten.

Da die zur Berechnung der Sorptionsstärke herangezogen Horizonte unterschiedliche Mächtigkeiten, Bodendichten und Skelettgehalte aufweisen, muß zweckmäßigerweise, um eine den Standortsverhältnissen entsprechende Vergleichsbasis zu schaffen, eine Umrechnung der bestimmten Sorptionswerte unter Berücksichtigung dieser Parameter in mg/kg nach g/m^2 je Horizont erfolgen.

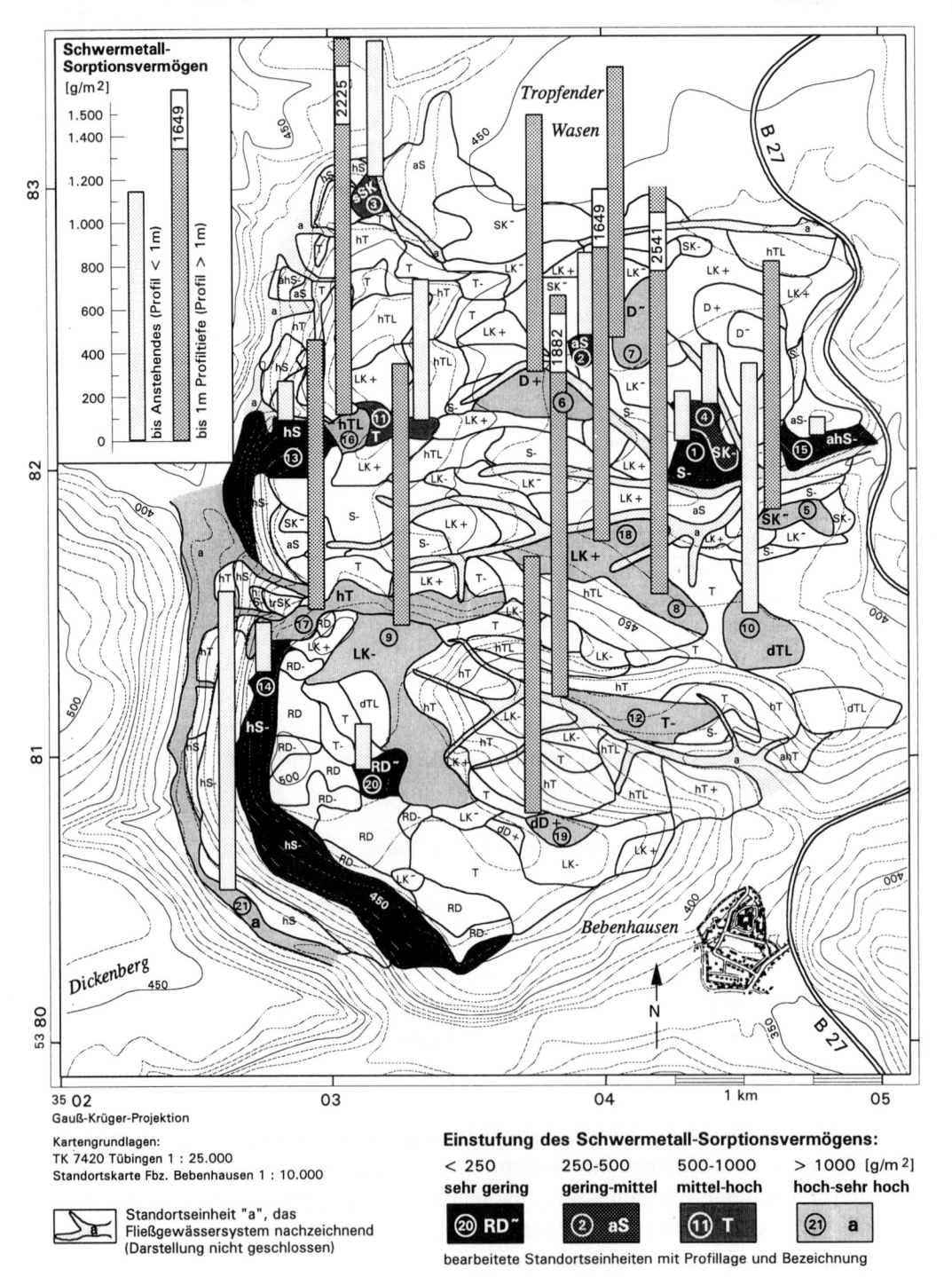

Abb. 68: Schwermetall-Sorptionsvermögen der Böden auf den untersuchten Standortseinheiten bis zum Anstehenden oder max. 1m Profiltiefe

Einstufung des Schwermetall-Sorptionsvermögens:

< 250	250-500	500-1000	> 1000 [g/m²]
sehr gering	gering-mittel	mittel-hoch	hoch-sehr hoch
⑳ RD~	② aS	⑪ T	㉑ a

bearbeitete Standortseinheiten mit Profillage und Bezeichnung

Standortseinheit "a", das Fließgewässersystem nachzeichnend (Darstellung nicht geschlossen)

Kartengrundlagen:
TK 7420 Tübingen 1 : 25.000
Standortskarte Fbz. Bebenhausen 1 : 10.000

Gauß-Krüger-Projektion

STANDORTSBEWERTUNG-SORPTIONSVERMÖGEN

Abb. 69: Schwermetall-Sorptionsvermögen der Böden auf den untersuchten Standortseinheiten bis zum oberflächennahen Interflow auslösenden Profilhorizont

Die Schere zwischen theoretischer Sorptionsleistung der Böden und deren ökologisch wirksamer Realität ist besonders stark bei den Mehrschicht-Profilen in stärker geneigten Hangpositionen und in Verebnungsrandlagen ausgeprägt. Dieser Umstand rührt daher, daß die für die Größe des umweltrelevanten Sorptionsvermögens heranzuziehende wasserleitende Schicht in aller Regel in der schluffreichen, lockeren Hauptlage ausgebildet ist, die in entsprechenden Positionen im Arbeitsgebiet durch anthropogene Eingriffe früherer Zeiten in ihrer Mächtigkeit mehr oder weniger stark erosiv reduziert wurde. ELGNER et al. 1986, 65 stellen fest, daß das Auftreten von fehlender oder reduzierter Hauptlage im Schönbuch (dort als Deckschutt i.S.v. SEMMEL 1968 bezeichnet) eine deutliche Beziehung zu früheren Waldweidearealen aufweist (Zur Nutzungsgeschichte des Schönbuchs s. JÄNICHEN 1969, BURR 1989). Wie u.a. die Karte von GEORG GADNER 1592 "Vorst Schambuech" aus der "Chorographia Ducatus Wirtembergici" wiedergibt, dürften im Arbeitsgebiet vor allem das Rhätplateau der Fohlenweide mit seinen Lias-Randbereichen durch starke Nutzung und Auflichtung des Waldes hiervon betroffen worden sein. Für die Hänge des Knollenmergels kommt erschwerend hinzu, daß sich wegen des tonreichen Ausgangssubstrates unter periglazialen Bedingungen eine geringere Auftautiefe ergibt, weshalb die Hauptlagen dort schon von Natur aus geringer mächtig ausgebildet sein können (ELGNER et al. 1986, 66). Die Profilaufnahme und ergänzende Bohrstocksondierungen ergaben für die entsprechenden Standorte lediglich Hauptlagen-Mächtigkeiten zwischen 15 und 25 cm. Aufgrund der sehr tonreichen Basislagen erlangt der Interflow in diesen Positionen dafür um so größere Wirksamkeit und verstärkt den bereits vorhandenen nachteiligen Effekt der flachgründigen Hauptlagen zusätzlich.

Bedeutend weniger stark klaffen im Vergleich der Sorptionsleistungen die Profile in nur schwach geneigter Relieflage im Übergangsbereich Lias-Unterhang -Stubensandstein- Plateau auseinander (8,10 und 18). Die Hauptlage ist dort mit Mächtigkeiten zwischen 30 und 50 cm nahezu vollständig erhalten geblieben. Eine vermittelnde Stellung nehmen die Decklehmböden ein, die zwar ebenfalls gut ausgebildete Hauptlagen aufweisen, aufgrund ihres vergleichsweise geringen Tongehaltes jedoch weniger sorptionsstark ausfallen.

Keine Veränderung ergibt sich naturgemäß bei den Profilen der sandreichen Böden auf Stuben- und Rhätsandstein, da Interflow wegen der hohen Wasserleitfähigkeit nahezu aller Horizonte, erst bei Erreichen des massiven Anstehenden erfolgt.

Die nebenstehende Tabelle vermittelt nach absteigendem Gesamtsorptionsvermögen geordnet und unter Ausweisung der jeweiligen Sorptionsanteile des Wasserleiters eine vergleichende Übersicht der unterschiedlichen Profilverhältnisse. Die Sorptionsdaten jedes einzelnen Horizontes in g/m^2 sowie die entsprechenden Gehalte der für die Sorptionsstärke in erster Linie maßgeblichen Bodenparameter können dem Anhang (⇒Tab.A8 und A9) entnommen werden.

STANDORTSBEWERTUNG-SORPTIONSVERMÖGEN

Tab. 32: Daten-Übersicht zum vergleichenden Schwermetall-Sorptionsvermögen unter Beachtung und Nichtbeachtung der Interflowverhältnisse

Profil-Nr.	Geologie	Bodentyp	Sorptionsvermögen [g/m²] bis 1.Interflow-Horizont (Prof.-Tiefe [cm] bis 1. Interflow)	Restprofil (a) (Prof.-Tiefe [cm] bis Anstehendes bzw. max. 1m)	Gesamtprof.(b)
				(a)	(b)
8	lα2	Pseudogley-Phäno-Parabr.	1158 (50)	1383 (50)	2541 (100)
16	km5	Phäno-Parabr.-Pelosol	178 (19)	2047 (81)	2225 (100)
12	Schuttl. auf km4	Pelosol-Braunerde	247 (20)	1635 (60)	1882 (100)
18	Schuttl. auf km4	pseudovergl. Pelosol-Braunerde	743 (43)	906 (57)	1649 (100)
21	a	allochtone braune Vega	kein Profil-Interflow		1396 (70)
7	dl	schwach pseudovergl. Parabraunerde	273 (38)	992 (62)	1265 (100)
17	km5	Pelosol-Braunerde	293 (30)	969 (70)	1262 (100)
9	lα3	Pseudogley-Phäno-Parabr.	168 (18)	1057 (82)	1225 (100)
19	lα2	schwach pseudovergl. Phäno-Parabr.	161 (26)	1042 (74)	1203 (100)
6	dl	Pseudogley-Phäno-Parabr.	454 (50)	749 (50)	1203 (100)
10	lα2	Phäno-Parabr.	617 (31)	553 (22)	1170 (53)
5	km4-Ton	Parabraunerde-Pelosol	327 (31)	835 (69)	1162 (100)
11	lα3	pseudovergl. Phäno-Parabr.-Pelosol	374 (39)	285 (31)	659 (70)
3	Schuttl. auf km4	schw. pods. Pelosol-Braunerde	215 (25)	418 (35)	633 (60)
2	km4-Sand	Braunerde-Podsol	kein Profil-Interflow		385 (60)
4	km4-Sand	schw. pods. Phäno-Parabr.-Braunerde	kein Profil-Interflow		281 (50)
1	ko	podsolige Braunerde	kein Profil-Interflow		235 (35)
14	ko	podsolige Braunerde	kein Profil-Interflow		233 (60)
20	ko	podsolige Braunerde	kein Profil-Interflow		213 (53)
13	km4-Sand	schw. pods. Braunerde	kein Profil-Interflow		185 (61)
15	km4-Sand	pods. Ranker-Braunerde	kein Profil-Interflow		88 (41)

Sorptionsvermögen:
ganzes Profil
bis 1. Interflow

7.3.1 Bewertungsschematische Umsetzung der Meßergebnisse

Unter dem Aspekt der Umweltrelevanz nimmt die Bewertung der Bodensubstratverhältnisse nach ihrer Filter- und Pufferwirkung gegenüber Schwermetallen aus naheliegenden Gründen der Risiko- und Gefahrenabschätzung die zentrale Stellung ein. Unter Einbeziehung der wichtigsten für die Sorption und Desorption von Schwermetallen im Boden verantwortlichen Parameter wurden deshalb in den letzten Jahren eine Reihe qualitativer Schätzrahmen entwickelt oder aktualisiert (MÜLLER 1975, v.a. BLUME & BRÜMMER 1987, 1991, DVWK 1988, BASTIAN & SCHREIBER 1994, UMWELTMINISTERIUM BaWü 1995). Wegen des Vielfaktoren-Komplexes von Sorptions- und Desorptionsbedingungen im Boden ist es nahezu unmöglich, die Einzeleinflüsse der verschiedenen Ableitungskenngrößen in eine quantitative Bewertungsskala umzusetzen. Eine Bewertung der Empfindlichkeit von Böden gegenüber Schwermetallen kann deshalb letztlich immer nur qualitativ-abschätzenden Charakter haben. Dieser schlägt sich in der Literatur zumeist in Form einer mehrstufigen Rangskala von sehr geringer bis sehr hoher Filter- und Pufferkapazität nieder.

Hier soll nun der Versuch unternommen werden, die ermittelten quantitativen Sorptionsdaten mit Hilfe der im Leitfaden für Planungen und Gestattungsverfahren des UMWELTMINISTERIUMS BaWü 1995 "Bewertung von Böden nach ihrer Leistungsfähigkeit" nach HUFNAGEL UND SOMMER 1994 (unveröff.) maßgeblichen Ableitungskenngrößen umweltrelevant-bewertend einzuordnen. Das Ergebnis dieser Einordnung wurde bereits schon in die vergleichende Darstellung der Sorptionsleistungen auf den verschiedenen Standortseinheiten (⇐Abb. 68/69) einbezogen. Es folgt an dieser Stelle die Vorstellung der methodischen Vorgehensweise:

Zunächst werden die substratbezogenen Haupt-Ableitungskenngrößen nach Vorgabe des oben genannten Leitfadens quantifiziert. Es sind dies Humus- und Tonmenge in [kg/m^2] sowie der gewichtete pH-Summand je Horizont. Danach wird die zu bewertende Kontrollsektion des Bodens unter Berücksichtigung hydrologisch-bodentypologischer Kriterien ermittelt. Der besondere Vorteil des von HUFNAGEL & SOMMER 1994 entwickelten Ableitungsverfahrens liegt v.a. in dessen praxisorientiertem und analytisch leicht zugänglichem Instrumentarium unter besonderer Berücksichtigung der für die SM-Sorption so maßgeblichen pH-Verhältnisse. Aufgrund der für jeden Horizont berechneten Feinbodenmenge ermöglicht das Verfahren nämlich, den Einfluß der dimensionslosen Größe pH-Wert quantitativ einzubeziehen, so daß dessen Einzelwerte zu einer realistischen Gesamteinflußgröße in der zu bewertenden Boden-Kontrollsektion zusammengefaßt werden können. Da im Folgenden immer wieder auf die substratbezogenen Ableitgrößen Bezug genommen wird, sowie der gewichtete pH-Wert bereits bei der Ableitung der Zinkabfuhrbedingungen (⇐Kap.6.6.2, Abb.44) Anwendung fand, gibt Tabelle 33 aus Gründen der Nachvollziehbarkeit Auskunft über deren Zustandekommen.

Tab. 33: Berechnungsgrundlagen zur Bestimmung der substratbezogenen Ableitgrößen nach UMWELTMINISTERIUM BAWÜ 1995, 28-29

Für Horizont			Für Kontrollsektion		
pH-S	HM	TM	ΣpH-S	ΣHM	ΣTM
= FB/ΣFB*pH	= FB*H/100	= FB*T/100	jeweils Addition der zur Kontrollsektion beitragenden Horizont-Werte		
pH-S = gewichteter pH-Summand, **HM** = Humusmenge [kg/m²], **TM** = Tonmenge [kg/m²] FB = Feinbodenmenge [kg/m²] (Bestimmungsgrößen: Rohdichte, Horizontmächtigkeit, Skelettanteil s. Anhang ⇒Tab.A9) pH = gemessener pH($CaCl_2$) H = Humus [%], T = Ton [%] **ΣpH-S** = pH-Wert in der Kontrollsektion, **ΣHM** = Humusmenge in der Kontrollsekt. [kg/m²] **ΣTM** = Tonmenge in der Kontrollsektion [kg/m²]					

Mit Hilfe der analysierten Bodenparameter wurden, auf den angeführten Formeln basierend, die jeweiligen Ableitungskenngrößen quantifiziert und damit aus der in UMWELTMINISTERIUM BAWÜ 1995, 30 aufgeführten Bewertungstabelle die Klassenwerte für die Filter- und Pufferkapazitäten der Standorte bestimmt. Einmal wurden dabei als Kontrollsektionen nur die Bodenschichten eines jeden Profils bis zum ersten interflowauslösenden Horizont gewählt, ein zweites Mal die Gesamtprofile bis zum Anstehenden oder maximal einem Meter Tiefe.

Der Vergleich spiegelt das bereits weiter oben auf Grundlage der Sorptions-Meßergebnisse beschriebene Auseinanderklaffen von theoretischer (ganzes Profil) und umweltrelevanter Filter- und Pufferkapazität (Bodensäule bis Stauschicht) wider. Die Zuordnung der Filter- und Pufferkapazitäten der untersuchten Schönbuchböden nach der fünfstufigen qualitativen Bewertungsskala (Klassenwerte 1 bis 5, sehr gering bis sehr hoch), ist in Abbildung ⇒70 wiedergegeben.

Da die Klassenwerte in ihrer bewertenden Abstufung mit den im Labor ermittelten Sorptionsleistungen entsprechender Kontrollsektionen in gutem Einklang stehen, bietet sich die Möglichkeit, das rein quantitative Meßergebnis der Sorptionsleistung in g/m² sorbierter Schwermetalle an die Klassenwerte anzulehnen, um so einen qualitativ-bewertenden Bezug herzustellen. Daß die im wesentlichen aufgrund nur dreier substratbezogener Ableitungsgrößen pH, Humus- und Tongehalt ermittelbaren Klassenwerte tatsächlich nur eine Orientierungshilfe - wenn im großen und ganzen auch recht zutreffende - sein können, muß bei der Übertragung der bewertenden Attribute vom Klassenwert auf die quantitativ-bewertende Skaleneinteilung berücksichtigt werden. In einigen Fällen, wie auch der folgenden Abbildung zu entnehmen ist, überschätzen oder unterschätzen die Klassenwerte das tatsächlich gemessene Sorptionsvermögen. Diese Abweichungen ergeben sich ganz einfach aus dem Umstand heraus, daß der Schätzrahmen zur Ableitung des Klassenwertes natürlich nicht stufenlos aufgebaut sein kann und weitere Einflußparameter, wie z.B.

Abb. 70: Übersicht: Quantifizierte Haupt-Steuerfaktoren und Bewertung der Böden nach ihrem Filter- und Puffervermögen für Schwermetalle

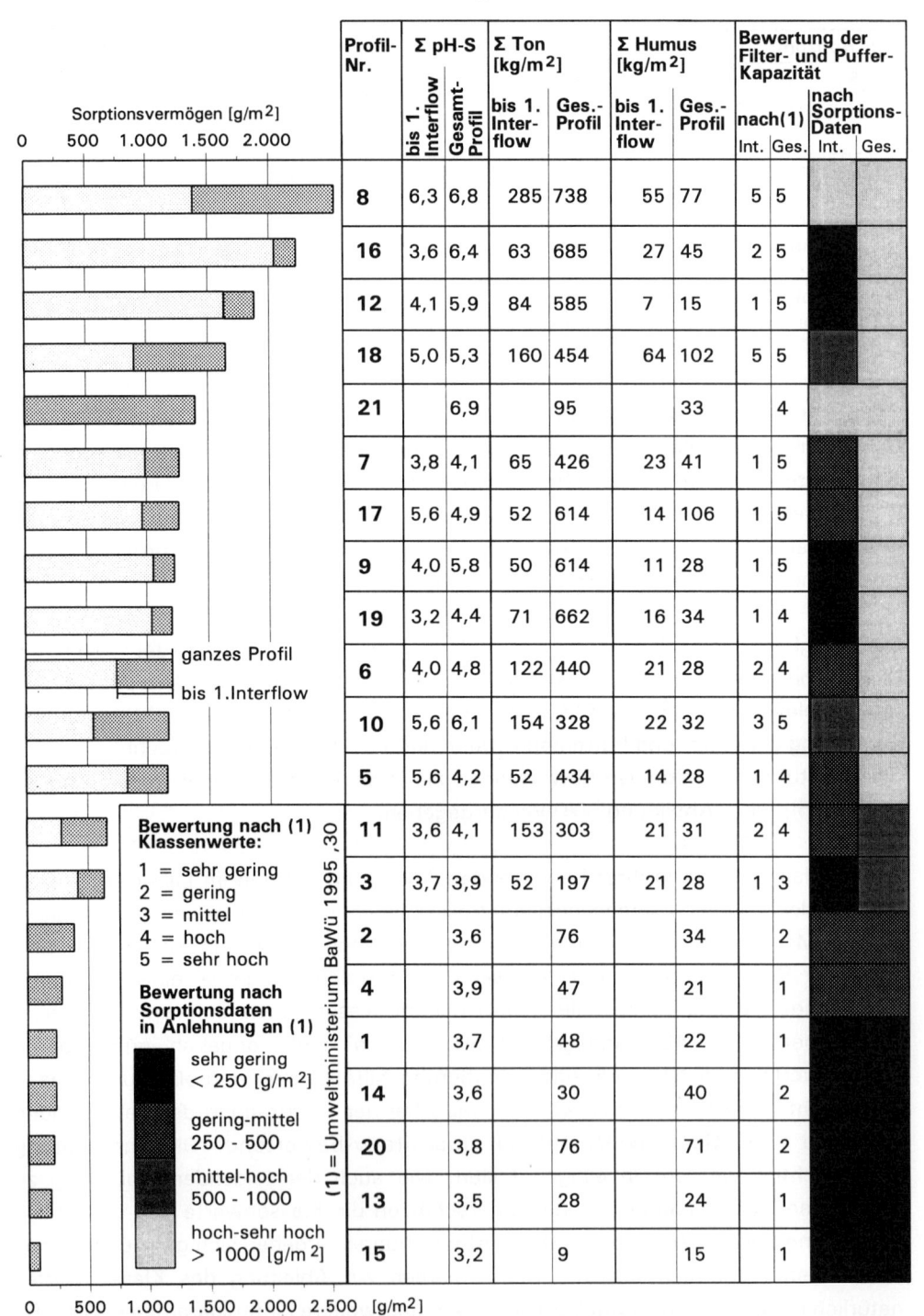

Profil-Nr.	Σ pH-S bis 1. Interflow	Σ pH-S Gesamt-Profil	Σ Ton [kg/m²] bis 1. Interflow	Σ Ton [kg/m²] Ges.-Profil	Σ Humus [kg/m²] bis 1. Interflow	Σ Humus [kg/m²] Ges.-Profil	Bewertung nach (1) Int.	Bewertung nach (1) Ges.	nach Sorptions-Daten Int.	nach Sorptions-Daten Ges.
8	6,3	6,8	285	738	55	77	5	5		
16	3,6	6,4	63	685	27	45	2	5		
12	4,1	5,9	84	585	7	15	1	5		
18	5,0	5,3	160	454	64	102	5	5		
21		6,9		95		33		4		
7	3,8	4,1	65	426	23	41	1	5		
17	5,6	4,9	52	614	14	106	1	5		
9	4,0	5,8	50	614	11	28	1	5		
19	3,2	4,4	71	662	16	34	1	4		
6	4,0	4,8	122	440	21	28	2	4		
10	5,6	6,1	154	328	22	32	3	5		
5	5,6	4,2	52	434	14	28	1	4		
11	3,6	4,1	153	303	21	31	2	4		
3	3,7	3,9	52	197	21	28	1	3		
2		3,6		76		34		2		
4		3,9		47		21		1		
1		3,7		48		22		1		
14		3,6		30		40		2		
20		3,8		76		71		2		
13		3,5		28		24		1		
15		3,2		9		15		1		

Sorptionsvermögen [g/m²]: 0, 500, 1.000, 1.500, 2.000

ganzes Profil
bis 1.Interflow

Bewertung nach (1)
Klassenwerte:
1 = sehr gering
2 = gering
3 = mittel
4 = hoch
5 = sehr hoch

Bewertung nach Sorptionsdaten in Anlehnung an (1)
sehr gering < 250 [g/m²]
gering-mittel 250 - 500
mittel-hoch 500 - 1000
hoch-sehr hoch > 1000 [g/m²]

(1) = Umweltministerium BaWü 1995, 30

0   500   1.000   1.500   2.000   2.500   [g/m²]

freier Kalk oder außergewöhnlich hohe, den vorgegebenen Rahmen sprengende Humusgehalte etc., nur durch Erhöhung oder umgekehrt durch Erniedrigung um eine oder mehrere Einheiten auf den vorher ermittelten Klassenwert zu realisieren sind. Die Differenzen bewegen sich jedoch nach oben oder unten stets nur im schmalen Schwankungsbereich eines Klassenwertes. Es ist daher vertändlich, daß die stufenlose Ergebnisse liefernde, direkte Sorptionsmessung eine höhere Genauigkeit bei besseren Eingrenzungsmöglichkeiten bietet. Die Eignung der Klassenwerte, an ihnen eine qualitativ-bewertende Ausrichtung der Sorptionsergebnisse vorzunehmen, bleibt davon unberührt.

Beide Wege, die direkte Bestimmung der Filter- und Pufferkapazität über die Kontamination des Bodens mit Schwermetallen und auch die aufgrund der Mengenverhältnisse der Haupt-Sorbenten unter Berücksichtigung des pH-Wertes ermittelten Klassenwerte, führen in der Grundaussage im Wesentlichen zur selben Situationsabschätzung der Schönbuchböden. Bei höherem Informationsgehalt der Sorptionsmessung und besseren Vergleichsbedingungen bezüglich der Feinabstufung im Verhältnis der Böden untereinander, bedingt durch die quantitative Basis, erfolgt gleichzeitig eine gegenseitige Kontrolle und Bestätigung des umweltrelevanten Aussagewertes beider Methoden.

Von weitaus größerer Bedeutung als die analytische Vorgehensweise zur Bestimmung der Filter- und Pufferkapazität ist die richtige Einordnung der zu bewertenden Kontrollsektion eines Bodens, was in erster Linie nur eine gewissenhafte Geländeaufnahme mittels Schürfgruben ermöglicht. Werden durch oberflächennahen Interlow geprägte Böden nicht als solche erkannt, ergeben sich schwerwiegende Fehlbewertungen hinsichtlich der Fähigkeit dieser Böden, Schwermetalle dem Stoffkreislauf zu entziehen. Wenn EINSELE et al. 1986, 210 für den Schönbuch beschreiben, daß nach mittelstarken Niederschlagsereignissen im Durchschnitt etwa 60% des Gesamtabflußes in die Vorfluter aus verdrängtem Vorereigniswasser der Bodenzone stammt, und weiter, daß bei Interflowprofilen die Durchsickerung in tiefere Bodenschichten und das anstehende Gestein im Mittel nur wenige Prozent beträgt, wird sofort bewußt, welche Dimension eine derartige Fehlbewertung erreichen kann.

Die Einordnung aller untersuchten Mineralbodenhorizonte in ein Bodenartendiagramm, wie in der folgenden Abbildung wiedergegeben, und deren Zuordnung zu den entsprechend umweltrelevanten Kontrollsektionen unter Angabe der mittleren Sorptionsleistung dieser Horizonte, lassen die oben diskutierten Zusammenhänge auf einen Blick transparent werden.

Abb. 71: Bodenarten- und Sorptions-Unterschiede der Mineralboden-Horizonte unter Zuordnung der jeweiligen Profil-Interflowverhältnissen

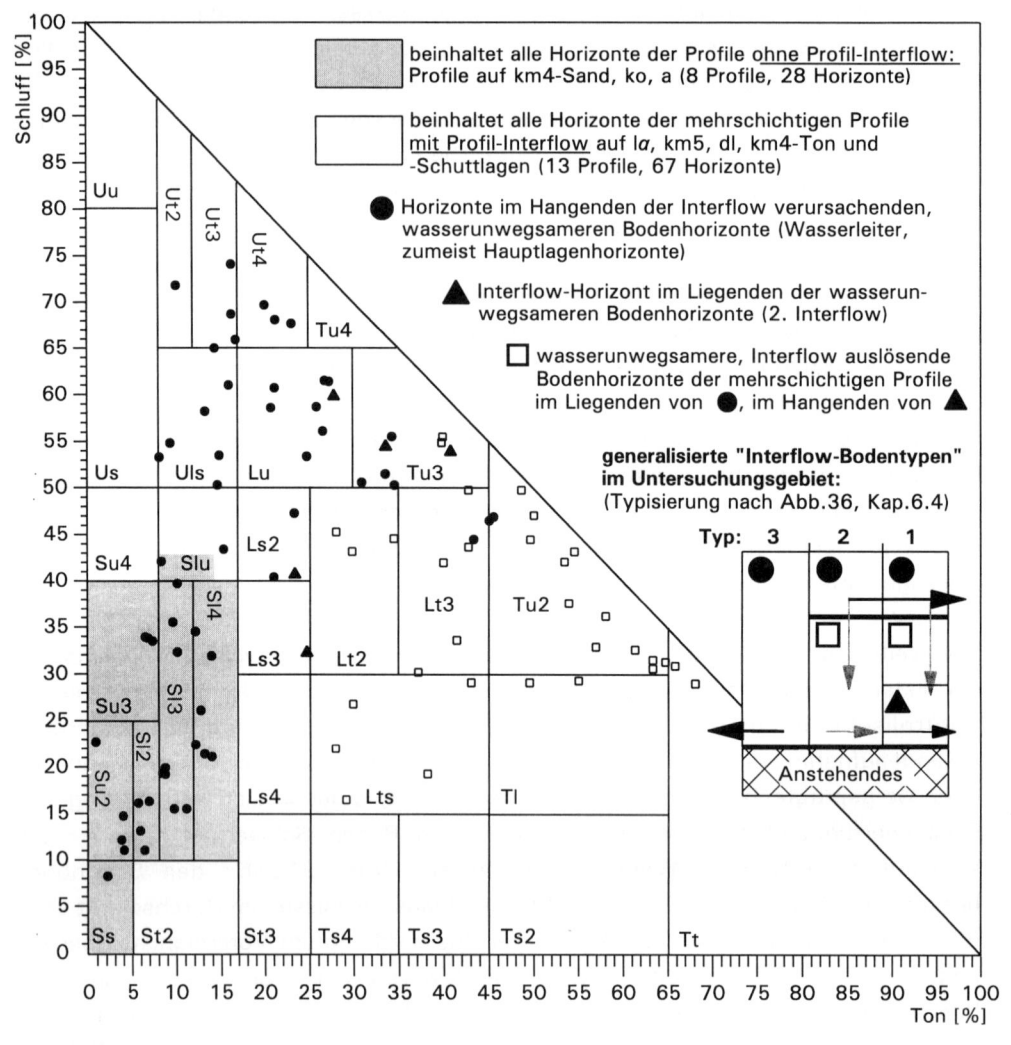

beinhaltet alle Horizonte der Profile ohne Profil-Interflow: Profile auf km4-Sand, ko, a (8 Profile, 28 Horizonte)

beinhaltet alle Horizonte der mehrschichtigen Profile mit Profil-Interflow auf lα, km5, dl, km4-Ton und -Schuttlagen (13 Profile, 67 Horizonte)

● Horizonte im Hangenden der Interflow verursachenden, wasserunwegsameren Bodenhorizonte (Wasserleiter, zumeist Hauptlagenhorizonte)

▲ Interflow-Horizont im Liegenden der wasserunwegsameren Bodenhorizonte (2. Interflow)

□ wasserunwegsamere, Interflow auslösende Bodenhorizonte der mehrschichtigen Profile im Liegenden von ●, im Hangenden von ▲

generalisierte "Interflow-Bodentypen" im Untersuchungsgebiet: (Typisierung nach Abb.36, Kap.6.4)

Typ: 3 2 1

Anstehendes

Mittlere Schwermetall-Sorptionsleistung der dargestellten Boden-Horizonte unter Einbeziehung von Horizontmächtigkeit, Skelettanteil und Rohdichte:

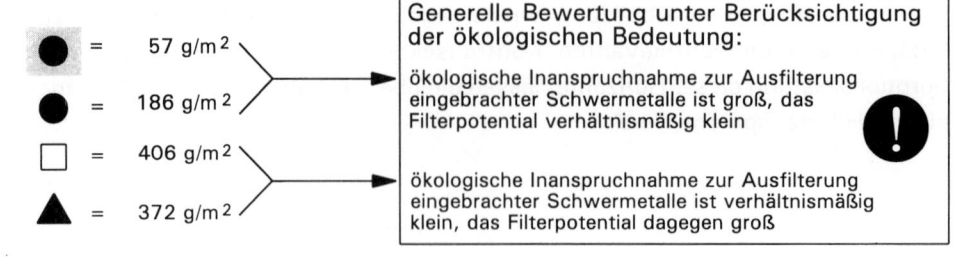

● = 57 g/m²
● = 186 g/m²
□ = 406 g/m²
▲ = 372 g/m²

Generelle Bewertung unter Berücksichtigung der ökologischen Bedeutung:

ökologische Inanspruchnahme zur Ausfilterung eingebrachter Schwermetalle ist groß, das Filterpotential verhältnismäßig klein

ökologische Inanspruchnahme zur Ausfilterung eingebrachter Schwermetalle ist verhältnismäßig klein, das Filterpotential dagegen groß

7.4 Mathematische Beziehungen zur quantitativen Ableitung des Schwermetall-Sorptionsvermögens von Böden

Die Vorteile, welche eine quantitative Kenntnis der Aufnahmefähigkeit von Böden gegenüber Schwermetallen beinhaltet, liegen auf der Hand. Qualitative Bewertungen bieten z.B. keine ausreichende Grundlage, wenn es darum geht Stoffflußbilanzen zu erarbeiten oder wo immer quantitative Daten zu einer Risikoabschätzung miteinander in Beziehung gebracht werden müssen. Auch im Hinblick auf die Einarbeitung in GIS-Datenbanken bieten sich mit ihnen bessere Voraussetzungen. Qualtitative Komponenten, in den wie auch immer zu verrechnenden Parametern, bedeuteten stets eine Verminderung der Aussagekraft des Ergebnisses. Selbstverständlich geben auch die unter Laborbedingungen aus den Sorptionsmessungen hervorgegangen Werte die Wirklichkeit der Sorptionsverhältnisse im Boden nicht exakt wieder. Erstens stellen sie nur eine Momentaufnahme dar, die später mögliche Desorptionsprozesse unter Geländebedingungen nicht berücksich. Zweitens und drittens entsprechen weder Menge noch Zusammensetzung der Kontaminenten den natürlichen Gegebenheiten. Um aber überhaupt eine Vorstellung über die Sorptionsmöglichkeiten von Böden zu erlangen, müssen diese Unzulänglichkeiten akzeptiert werden. Im Bewußtsein, daß auch die direkte Sorptionsmessung letztlich nur eine Abschätzung der tatsächlichen Verhältnisse bieten kann, mindert dies die oben angedeuteten Vorteile gegenüber einer rein qualitativen Bewertung jedoch in keinster Weise. Gleichzeitig muß aber auch hinterfragt werden, ob der mit einer quantitativen Bestimmung der Sorptionsleistung in einer Kontrollsektion verbundene analytische Aufwand, das besser handhabbare, präzisere Ergebnis in jedem Falle rechtfertigt. Allein die jeweilige Zielsetzung einer Untersuchung kann diese Frage für sich entscheiden. Für das u.a. in dieser Arbeit verfolgte Ziel, die Böden auf den unterschiedlichen Standortseinheiten nicht nur entsprechend ihrer Filter- und Pufferkapazität zu bewerten, sondern auch differenziertere Zusammenhänge aufzuzeigen, hätte man sich ohne die Kenntnis der quantitativen Sorptionsabfolge im Profil-Tiefenverlauf auf einer mehr oder weniger spekulativen Ebene bewegen müssen.

Steht die reine Bewertung im Vordergrund des Interesses, bieten die drei Hauptableitungskenngrößen in Verbindung mit den Klassenwerten nach UMWELTMINISTERIUM BAWÜ 1995 bereits ein gute Grundlage. Aus den Ableitbedingungen eines jeden Schätzrahmens heraus ergeben sich jedoch des öfteren ungünstige Konstellationen, welche die vergleichende Aussagekraft erheblich mindern. An einem Beispiel, basierend auf den Parametergruppierungen des oben zitierten Schätzrahmens, soll dies verdeutlicht werden: Die Humusmenge einer Kontrollsektion mit Grundwassereinfluß addiere sich zu 24 kg/m^2, die Tonmenge zu 101 kg/m^2, der gewichtete pH-Wert betrage 4,9. Die Kontrollsektion wird aufgrund der Daten und den Hydromorphiemerkmalen dem Klassenwert 1 (sehr geringe Filter- und Pufferkapazität) zugeordnet. Bei selber Hydromorphie, pH und Tonmenge betrage die Humusmenge einer weiteren Kontrollsektion 26 kg/m². Die zweite Kontrollsektion unterscheidet sich also nur durch einen geringfügig höheren Humusgehalt von der ersten, wird aber bereits dem Klassenwert 2 (gering) zugeordnet, da bei 25 kg/m² Humusmenge eine Abgrenzung zwischen zwei aufeinanderfolgenden Parametergruppierungen gezogen wurde. Das Beispiel soll nicht als Kritik speziell dieses Schätzrahmens verstanden werden, jeder Schätzrahmen leidet zwangsläufig unter solchen oder ähnlichen Konstellationen.

Günstig wäre es daher, dem Klassenwert eine Zahl hinzuzufügen, die unter Verwendung der selben Ableitungskenngrößen die quantitative Sorptionskraft der Kontrollsektion abschätzt und somit den umweltrelevanten Nutzen des klassenwertorientierten Schätzverfahrens durch eine stufenlose, präzisere Datengrundlage erhöht. Für die Ableitungskenngrößen von HUFNAGEL & SOMMER 1994, in UMWELTMINISTERIUM BAWÜ 1995,27-30, wird hier der entsprechende Versuch unternommen. Ziel ist es, aus den dort verwendeten drei Haupt-Kenngrößen (Ton- und Humusmenge, gewichteter pH-Wert) eine Formel abzuleiten, die in guter Näherung die tatsächlich gemessenen Sorptionswerte wiederspiegelt.

7.4.1 Berechnungsgrundlagen und -methodik

Am Beispiel der Kontrollsektionen der für die Filter- und Pufferkapazität der untersuchten Mehrschichtböden wesentlichen Hauptlagenhorizonte, soll die Ableitung oben formulierter Zielsetzung erläutert werden.

Zunächst sind die Ableitkenngrößen für die zu quantifizierende Kontrollsektion, wie in UMWELTMINISTERIUM BAWÜ 1995, 28-29 beschrieben oder ⇐Tabelle 33 zu entnehmen, entsprechend aus pH, Humus- und Tongehalt der einzelnen Horizonte zu berechnen. Diese sind: $\Sigma pH\text{-}S$ (gewichteter pH-Wert der Kontrollsektion), ΣTM und ΣHM (Ton- und Humusmenge in kg/m² in der Kontrollsektion).

Sorptionsfaktor (F): Um eine unkomplizierte, allgemeingültige, mathematische Beziehung der Sorptionsleistung aufgrund der Ableitkenngrößen herzustellen, wurde folgende Formel ermittelt: **F = ΣpH-S (ΣTM + ΣHM)**

Die Formel wurde nach der grundsätzlichen Vorüberlegung konzipiert, daß Ton- und Humusmenge die Zahl der zur Sorption notwendigen Austauscherplätze zur Verfügung stellen, weshalb diese additiv verknüpft werden müssen. Der pH wirkt sich auf die Fähigkeit von Ton und Humus, Schwermetalle zu sorbieren, übergeordnet aus. Und zwar, wie allgemein bekannt, so, daß mit steigendem pH die Sorptionsfähigkeit zunehmend verstärkt wird. Der pH geht in die Formel daher multiplikativ ein. Nach der Methode von Try and Error wurden unzählige Varianten ähnlicher und weitaus komplizierterer Formelgrundgerüste getestet. In der Ausgangsformel wurde beispielsweise der Humusgehalt mit verschieden hohen Zusatzmultiplikatoren versehen, um der größeren Kationenaustauschkapazität der organischen Substanz Rechnung zu tragen; oder der pH so transformiert, daß dessen logarithmische Beziehung zur desorbierend wirkenden H_3O^+-Ionenkonzentration einbezogen werden konnte etc. Für jede Formel und deren Variationen wurden die Sorptionsfaktoren ermittelt und einer linearen Regression mit den gemessenen Werten unterworfen.

Die Größe des aus der jeweiligen Regression hervorgehenden Korrelationskoeffizienten gibt dabei an, wie zutreffend die Beziehung zwischen Formel und Wirklichkeit ist. Erstaunlich, wenn aus anwendungsorientierter Sicht auch sehr erfreulich, ist das Ergebnis dieser Prozedur, daß sich für die umweltrelevanten Kontrollsektionen der Interflow- als auch der interflowlosen sauren Sandprofile, die so einfache oben angeführte Formel als die Beste erwiesen hat ($R^2 = 0,97$ und $0,98$, s. ⇒Abb.72).

Tab. 34a: Ableitgrößen und Sorptionsfaktoren - Interflowprofile (Kontrollsektion: oberflächennaher Wasserleiter)

Profil	ΣpH-S	ΣTM [kg/m²]	ΣHM [kg/m²]	F = ΣpH-S(ΣTM+ΣHM)
8	6,3	285	55	2142
18	5	160	64	1120
10	5,6	154	22	986
6	4	122	21	572
11	3,6	153	21	626
5	5,6	52	14	370
17	4,1	60	54	467
7	3,8	65	23	334
12	4,1	84	7	373
3	3,7	52	21	270
16	3,6	63	27	324
9	4	50	11	244
19	3,2	71	16	278

Die linerare Regression der Sorptionsfaktoren mit den Meßergebnissen führt im Fall der vorgeführten Kontrollsektion zu einer Korrelation von $R^2 = 0,97$ (s. ⇒Abb.72a). Aufgrund der die Regression beschreibenden Ausgleichsgeraden kann jetzt allgemein das quantitative Sorptionsvermögen nach der Regressionsgleichung

SV = (ΣpH-S(ΣTM+ΣHM) + 106)/1,8 abgeschätzt werden.

Die ⇒Tabelle 34b vergleicht die mit dieser Formel errechneten Sorptionsleistungen mit den laboranalytisch gemessenen. Die Wiederfindungsraten bestätigen in ihrer Größenordnung die Anwendbarkeit der abgeleiteten Beziehung als präzisierender quantitativer Zusatz zu den ermittelten Klassenwerten. Aus den Wiederfindungsraten geht aber auch deutlich hervor, daß aufgrund lediglich dreier Parameter eine exakte Berechnung der Sorptionsstärken nicht möglich ist. Die Bodensubstrate unterliegen weiteren Parametereinflüssen, die mit der Formel nicht erfasst werden, z.B. Redoxpotential, Sesquioxidgehalt, etc.. Auch pH-abhängige Fällungsreaktionen, die mit den Austauscherkapazitäten von Ton- und Humusmenge wenig zu tun haben,

Abb. 72: Beziehungen zur quantitativen Abschätzung des SM-Sorptions-Vermögens versch. Kontrollsektionen unter Berücksichtigung der Umweltrelevanz

a) Kontrollsektionen, die in erster Linie für die Ausfilterung von Schwermetall-Einträgen von Bedeutung sind:
- Sektionen im Hangenden eines dichteren, Interflow auslösenden Horizontes
  (bei Mehrschicht-Profilen lockere, schluffreiche Hauptlagenhorizonte)

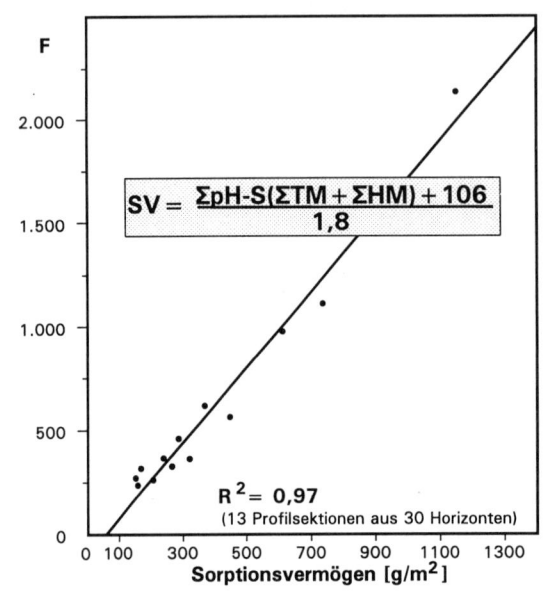

$$SV = \frac{\Sigma pH\text{-}S(\Sigma TM + \Sigma HM) + 106}{1,8}$$

$R^2 = 0,97$
(13 Profilsektionen aus 30 Horizonten)

R^2 = linearer Korrelationskoeffizient aus gemessenem Sorptions-Vermögen und berechnetem Sorptionsfaktor (F)

F = Sorptionsfaktor, Produkt aus $\Sigma pH\text{-}S(\Sigma TM + \Sigma HM)$

SV [g/m²] = Sorptions-Vermögen der betrachteten Profilsektion, abgeleitet aus der beschriebenen Sorptionsgeraden

$\Sigma pH\text{-}S$ = gewichteter pH-Wert (pH-Werte der einzelnen Horizonte, aus denen sich die betrachtete Profilsektion zusammensetzt, werden ihrem Feinbodenanteil entsprechend gewichtet und die Beiträge, (pH-Summanden), aufaddiert; Berechnung s. MfU-BaWü 1995)

ΣTM [kg/m²] = Summe der Horizont-Tonmenge, aus denen sich die betrachtete Profilsektion zusammensetzt

ΣHM [kg/m²] = Summe der Horizont-Humus-Menge, aus denen sich die Profilsektion zusammensetzt

b) Profilsektionen, die für die Ausfilterung von Schwermetall-Einträgen von geringerer Bedeutung sind:
- dichtere, tonreichere, wasserunwegsamere Profilsektionen im Liegenden von a)
  (Mehrschicht-Restprofile)

$$SV = \frac{\Sigma pH\text{-}S(\Sigma TM + \Sigma HM) + 90}{2,2}$$

$R^2 = 0,85$
(13 Profilsektionen, 33 Horizonte)

c) Profile mit hohem Sandanteil (km4- und ko-Sand), die aufgrund ihrer geringen Filterleistung bei hoher Wasserwegsamkeit von besonderer Bedeutung sind:

$$SV = \frac{\Sigma pH\text{-}S(\Sigma TM + \Sigma HM) + 8,8}{1,05}$$

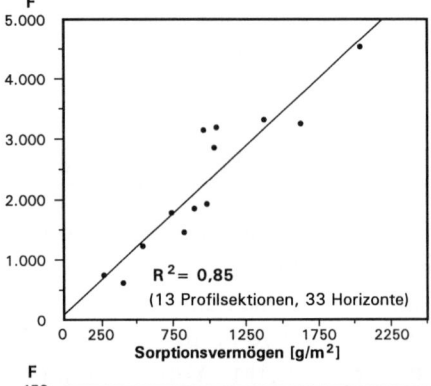

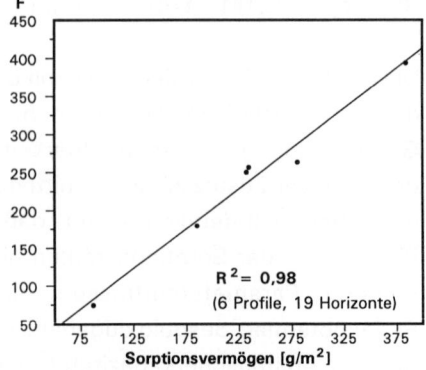

$R^2 = 0,98$
(6 Profile, 19 Horizonte)

finden keine Berücksichtigung. Für die bewertende, quantitative Größenordnung der sorbierbaren Schwermetallmenge kommt diesen Einflüssen, wie die Ergebnisse zeigen, lediglich eine untergeordnete Bedeutung zu. Diese Aussage muß jedoch unter bestimmten Substratbedingungen stark eingeschränkt werden. Im Mittel sind die besten Wiederfindungsraten im sauren pH-Bereich zu verzeichnen, da dort die auf der Austauschkapazität des Substrats basierende Formel ihre höchste Relevanz aufweist. Glücklicherweise ist dies in den umweltrelevanten Kontrollsektionen fast immer der Fall.

Tab. 34b: Vergleich: gemessene und berechnete Sorptionsleistungen - Interflowprofile (Kontrollsektion: oberflächennaher Wasserleiter)

Profil	Gemessenes Sorptionsvermögen [g/m²]	Berechnetes Sorptionsvermögen [g/m²]
8	1158	1235
18	743	674
10	617	600
6	454	373
11	374	403
5	327	261
17	293	315
7	273	242
12	247	263
3	215	207
16	178	236
9	168	192
19	161	211

(Die Vergleichsdaten der weiteren Kontrollsektionen finden sich im Anhang ⇒Tab.A10)

Die z.T. im alkalischen pH-Bereich liegenden, carbonathaltigen Basislagen ergeben, wie aus ⇐Abb.72b hervorgeht, aufgrund der von Ton- und Humusgehalt unabhängigen Fällungsreaktionen eine weniger genaue Berechnungsgrundlage aus der Regressionsgleichung. Da die Bedeutung dieser Profilsektionen zur Ausfilterung und Pufferung von Schwermetallen jedoch gering ist, sowie durchweg hohe Sorptionskapazitäten gegeben sind, ergeben sich daraus keine schwerwiegenden Fehlbeurteilungen bezüglich deren Umweltrelevanz. Weniger günstig aus bewertungstechnischer Sicht gestaltet sich der SM-Fällungseffekt im Falle des schwach carbonathaltigen Auenprofils 21. Bedingt durch das sehr tonarme, dafür sandreiche, kolluviale Bodensubstrat bei teilweise im alkalischen Bereich liegenden Horizont-pH-Werten, berechnet sich das Sorptionsvermögen für das interflowlose Gesamtprofil zu 782 g/m², während die tatsächlich immobilisierte Menge 1396 g/m² beträgt. Da der Grund für diese Differenz eindeutig zuordenbar ist, wurde das Profil 21 nicht zur Ableitung der höchst umweltrelevanten interflowlosen, sauren Sandprofile herangezogen. Die vorhandene Datengrundlage ist leider nicht ausreichend, um eventuelle Zuschläge für derartige Substratbedingungen statistisch abzusichern. Die abgeleiteten Beziehungen können für carbonathaltige Böden deshalb nicht angewendet werden. Für die weitaus umweltrelevanteren sauren Substrate von interflowlosen sandreichen Böden sowie den oberflächennahen Haupt-Wasserleitern mehrschichtiger Böden, ergibt sich jedoch mit Hilfe der abgeleiteten Beziehungen ohne zusätzlichen analytischen Aufwand ein für die Praxis ergänzendes Instrumentarium zur Verbesserung der Risikoabschätzung des von Schwermetallen im Schutzgut Boden ausgehenden Gefährdungspotentials.

8. ZUSAMMENFASSUNG

Hält man sich an die Klärschlammverordnung oder die dritte Verwaltungsvorschrift zum Bodenschutzgesetz des Landes Baden-Württemberg, so können die Schwermetallquantitäten der Schönbuch-Böden im Sinne der dort aufgeführten Grenzwerte zunächst als unbedenklich ausgewiesen werden. Einige wenige Grenzwertüberschreitungen treten lediglich im Zusammenhang mit den tonreichen Basislagen der Liasböden bei den Elementen Kupfer, Nickel und Chrom auf. Sie sind daher eindeutig geogenem Urspung zuzuordnen. Die ökologisch in vielerlei Hinsicht bedeutsamen Hauptlagen zeichnen sich wegen des lößbedingten Verdünnungseffekts im allgemeinen durch geringere geogene Schwermetallgehalte aus. Durch die solifluidale Einmischung von Basislagenmaterial lehnen sich im Standortsvergleich deren SM-Quantitäten jedoch an die vom geologischen Profilstandort diktierten Basisgehalte an. Die durch den Wechsel von Sandstein und Mergellagen verschiedenster Stratigraphie geologisch-substratbedingt sehr heterogenen Verhältnisse im Schönbuch schaffen dabei große natürliche SM-Gehaltsspannen in den entsprechenden Böden. So führen im Vergleich mit den Lias-Böden die Böden auf Stubensandstein etwa nur ein Drittel der Gesamtschwermetallmenge, was den Vergleich zwischen Böden auf unterschiedlich geologischem Untergrund hinsichtlich einer Beurteilung immissionsbedingter Anteile sehr erschwert.

Mit Hilfe der vorgeführten, einfachen Transformation von Absolutgehalten in SM-Anteile an der gesamten Schwermetallmenge, die in erster Näherung ermöglicht, die substratbedingt variierenden Gehaltsunterschiede zu eliminieren, wird jedoch eine bessere Vergleichsgrundlage geschaffen. Bereits die statistische Auswertung der Absolutgehalte erbringt signifikante Zusammenhänge zwischen den Schwermetallen Blei und Zink, denen eine hohe immissionsbedingte Komponente im Oberbodenbereich zugewiesen werden kann. Deren Verhältnisse im Oberbodenbereich sind dabei weniger von der geologischen Substratgrundlage, als vom Bestandeseinfluß und den Verlagerungsmöglichkeiten abhängig. Bei Zink, dem Schwermetall mit gleichzeitig höchstem geogen Gehaltsanteil, ergeben sich, was die Absolutgehalte im Oberboden anbelangt, jedoch Unterschiede durch den Einfluß des jeweiligen Basissubstrats. Die transformierten Gehalte zeigen beispielsweise eine relative Zinkarmut des Knollenmergels, während der anstehende Lias oder auch Decklehmsubstrate höhere Zinkanteile besitzen. Nichtsdestotrotz schafft die Lößkomponente der Hauptlagen, in welcher die Oberböden entwickelt sind, aufgrund ihrer bodenphysikalischen Ähnlichkeit eine recht einheitliche Grundlage bezüglich der Anreicherungs-, Verlagerungs- und Abfuhrbedingungen.

Die im Schönbuch verbreiteten Mehrschichtböden mit überwiegend tonreichen Basis- oder weniger häufigeren Mittellagen (Kerfe) bewirken, daß immitierte Schwermetalle nahezu ausschließlich in der Hauptlage angereichert werden können. Die durch allgemein höhere pH-Werte sowie geringere Wasserwegsamkeit gegenüber den Hauptlagen gekennzeichneten Horizonte der liegenden Lagen verhindern wirksam ein Eindringen mobilisierter Schwermetalle anthropogenen Ursprungs. Vor allem Blei, das sich durch seine hohe Physio- und Chemosorptionskraft an die Bodenmatrix auszeichnet, tritt durchschnittlich um dreifach angereicherte Beträge gegenüber den Unterböden in Erscheinung. Mit Hilfe der bilanzierten Bleianreicherungs-Gradienten lassen sich deren Maxima stets mit den Übergängen zur oberflächennahen Interflow-auslösenden Bodenschicht parallelisieren. Im wesentlichen lassen sich drei, den profilinternen Wasserfluß steuernde Interflowtypen mit Wirksamkeit auf die Schwermetallverteilung im Tiefenverlauf ausgrenzen. Neben der Mehrzahl der Böden mit lediglich oberflächennahem Horizontalabfluß existiert im Falle von Profilen mit mehrschichtigen Basislagen und zu sandreichem Substrat verwitterndem Anstehenden die Möglichkeit eines zusätzlichen grundnahen Interflows. Bei hohen pH-Werten werden dort Schwermetalle aus lateral zugeführten Wässern ausgefällt und können zu atypischen grundnahen SM-Peaks anthropogen eingetragener Elemente führen. Dem dritten Interflowtyp sind die sandreichen Böden der Stubensand- und Rhätplateaus zuzuordnen. Aufgrund der durchweg gut wasserleitenden Bodenartenzusammensetzung dieser Profile können selbst Schichtgrenzen das vertikale Sickerwasser nicht in eine Horizontalbewegung umlenken. Interflow findet hier erst an der Grenze zum massiven Anstehenden statt. Die Schwermetallverhältnisse legen hiervon Zeugnis ab. Die Bleianreicherungs-Gradienten fallen auf den Sandstandorten bedeutend geringer aus und zeigen damit, daß immitierte Schwermetalle bei entsprechender Unterstützung durch die mobilitätsfördernden, stark sauren pH-Werte dieser Böden die ganze Bodensäule zu infiltrieren vermögen. Die Unterböden zeigen diesbezüglich charakteristische Verlagerungsfronten, wobei das leichter verlagerbare Zink der Bleifront stets vorauseilt. Im Unterschied zu den stark sauren Hauptlagen von Mehrschichtböden liegt ein anderer Abfuhrweg vor. Am Beispiel der Zinkauswaschung kann aufgrund der Elementverhälnisse (Zn/Pb-Quotienten) gezeigt werden, daß Zink im wesentlichen mit dem oberflächennahen Interflow ausgewaschen wird, ohne dabei tiefere Bodenschichten zu tangieren. Ein deutlich ausgeprägter Anreicherungsverlauf von Zink im Oberboden ergibt sich lediglich auf den wenigen Böden mit mobilitätshemmenden, hohen pH-Werten. Wie aus den Zinkverhältnissen im Tiefenverlauf weiter abgeleitet werden konnte, ist die Stärke der Zinkauswaschung neben dem pH-Wert über die Stärke des Interflows auch von der Hangneigung abhängig.

Die Bestimmung des Sorptionsvermögens der einzelnen Bodenhorizonte belegt nun gerade in den Profilbereichen, die von der Schwermetallabfuhr am meisten betroffen sind, die geringste Filter- und Pufferkapazität gegenüber immitierten Schwermetallen. Die zur Ausfilterung am stärksten in Anspruch genommenen Hauptlagenhorizonte der Mehrschichtprofile sowie die gesamte Bodensäule der sandreichen Böden weisen ein verhältnismäßig geringes Sorptionspotential auf, während die ökologisch wenig in Anspruch genommenen Mittel-und Basislagen aufgrund ihres Tonreichtums und günstigeren pH-Bedingungen hohe, aber kaum zur Wirkung kommende Filter- und Pufferkapazitäten aufweisen. Um die umweltrelevante Kontrollsektion der Hauptlagen- und Sandsubstrate, im Hinblick auf eingetragene SM detaillierter bewerten zu können wurde der Versuch unternommen den qaulitativen Schätzrahmen zur Filter- und Pufferkapazität von Böden gegenüber anorganischen Schadstoffen, des UMWELTMINISTERIUMS BAWÜ 1995, über ein quantitatives Bezugssystem zu erweitern.

An der Stelle der Sorptionsverhältnisse schließt sich der Kreis zu der am Anfang gemachten Feststellung, daß die Quantitäten der untersuchten Schwermetalle anhand der Grenzwertverordnungen als unbedenklich ausgewiesen werden können. An den Bodenverhältnisse im Schönbuch wird überaus deutlich, daß die Schwermetallgehalte im Oberboden lediglich das Gleichgewicht von Eintrag und Abfuhr darstellen. Berücksichtigt man die den meisten Standorten, eigenen günstigen Abfuhr- bedingungen, wird deutlich, daß aus diesem Grunde SM-Anreicherungen bis zum Erreichen der Grenzwerte bei der moderaten Eintragssituation des Schönbuchs kaum möglich sind. Gleichzeitig tritt das Gefährdungspotential für den Stoffkreislauf selbst bei geringen Immissionen offen zu Tage.

SUMMARY

If one uses the criteria of the "Klärschlammverordnung" or of the "Third Administrative Regulation" concerning the "Soil conservation Law" of Baden-Württemberg, it can be said, that the quantities of heavy metal in the soils of the "Schönbuch-forest" in the first instance can be declared harmless concerning the determined limits of concentration. There are only a few cases, in which the limits of concentration are exceeded in connection with the very clayish base layer ("Basislagen" after AG BODEN 1994) concerning the amount of the elements copper, nickel and chrome. Therefore, they are definitely of geogenic origin. The in many respects ecologically important main layers ("Hauptlagen" after AG BODEN 1994) are characterized by lower geogenic quantities of heavy metal because of the dilution effect of loess. However, the quantities of heavy metal in these layers resemble those, which are dictated by the geological profile location, because of the solifluid meddling of material of the base layer. The very heterogenous conditions in "Schönbuch-forest", which derive from the alternation of sandstone and marl-layers create large natural variations of heavy metal concentration in the soils in question. For instance, soils on "Stubensandstein" (km4) have only around a third of the quantities of heavy metal if you compare them with the quantities of Lias-Soils. This makes it difficult to compare soils on different geological set-ups in relation to an estimation of penetrating quantities.

The statistical interpretation of the absolut amount of heavy metal already shows significant connections between lead and zinc, to which a high penetrating component in the upper floor can be assigned. Their proportions in the upper floor depend less on the geological situation than on the influence of the components and the opportunities of displacement. However, the absolut amount of zinc in the upper floor are vary because of the influence of the specific base layer material, whereat zinc has got the highest geogenic quantity. The transformed amounts show for instance a relative lack of zinc in the "Knollenmergel" (km5) while the "Lias" (lα) or the Decklehm (dl) soils hold higher amounts of zinc. Nethertheless, the loess component of the main layer, in which the upper soils are developed, creates a merely homogenous basis referring to the conditions of enrichment, displacement and transport, because of their physical resemblance. In the multi-layered soils with predominantly clayish base layers or the less frequent middle layers led to the situation, that the penetrated heavy metals in "Schönbuch-forest" are to be found almost exclusivly in the main layer. The generally higher pH-values and the lower water routing in the base layers compared to the main layers prevent effectively infiltration mobilized heavy metals of an anthropogenic origin. Chiefly, there can be distinguished three types of interflow, which influence the distribution of heavy metal in the depth. The majority of the soils has got simply a perched horizontal outflow. In the case of profiles with a multi-layered basis, whose bedrock weathers to material with a high amount of sand, an additional interflow at the ground can appear. With high pH-values heavy metals from waters let in laterally are precipitated and can thus lead to atypically peaks of heavy metal of an anthropogenous nature near the ground. The soils of the "Stubensandstein" (km4) and the "Rhät" (ko) -plateaus, which are rich in sand, belong to the third type of interflow. The conditions in "Schönbuch-forest" led to the situation, that the quantities of heavy metal in the upper soils only shows the balance of penetration and transport. Expecially in soils with a low pH-value and an interflow in the main layer, it's hardly possible to recognize an enrichment of anthropogenous heavy metal, although it's possible to point out penetration.

9. LITERATURVERZEICHNIS

AG BODEN (1994): Bodenkundliche Kartieranleitung. - 4. Aufl.; Hannover

AGSTER, G. (1986 a): Ein- und Austrag sowie Umsatz gelöster Stoffe in den Einzugsgebieten des Schönbuchs.- In: EINSELE, G. [Hrsg.] (1986): Das Landschaftsökologische Forschungsprojekt Naturpark Schönbuch.- DFG Deutsche Forschungsgemeinschaft; Weinheim

AGSTER, G. (1986 b): Wasser- und Grundwasserhaushalt der Einzugsgebiete des Schönbuchs in Abhängigkeit von Waldbestand und Untergrund.- In: EINSELE, G. [Hrsg.] (1986): Das Landschaftsökologische Forschungsprojekt Naturpark Schönbuch.- DFG Deutsche Forschungsgemeinschaft; Weinheim

AGSTER, G. & G. Einsele (1986): Geogene und atmogene Einflüsse auf die Beschaffenheit der Grund und Bachwässer im Schönbuch.- In: EINSELE, G. [Hrsg.] (1986): Das Landschaftsökologische Forschungsprojekt Naturpark Schönbuch.- DFG Deutsche Forschungsgemeinschaft; Weinheim

ALLOWAY, B.J. (1996): Schadstoffe in der Umwelt: Chemische Grundlagen zur Beurteilung von Luft-, Wasser- und Bodenverschmutzungen.- Spektrum Akademischer Verlag; Heidelberg

ALTERMANN, M., I. LIEBEROTH & W. SCHWANEKE (1988): Gliederung der Lockergesteinsdecken der Mittelgebirge.- Z. angew. Geol. 34, 303-306 Gesellsch., 72, 819-824

ALTERMANN, M. (1993): Gliederung von pleistozänen Lagen.- Mitteilgn. Dtsch. Bodenkundl. Gesellsch., 72, 825-828

ANDREAE, H., V. MALESSA, R. MAYER & B. ULRICH (1988): Lage der Versauerungsfront in Waldböden und deren Einfluß auf Tiefengradienten der Schwermetalle Cadmium, Zink und Blei.- Mitteilgn. Dtsch. Bodenkundl. Gesellsch., 57, 137-140

BASTIAN, O. & K.-F. SCHREIBER [Hrsg.] (1994): Analyse und ökologische Bewertung der Landschaft. - Jena, Stuttgart.

BECK, R. (1996): Schwermetalleinträge in der Tübinger Südstadt - Straßenstaubanalyse und Moss-Bag-Monitoring.- Tübinger Geographische Studien H. 116, 307-328

BEISEL, G. (1989): Waldverhältnisse und Waldbauplanung im Naturpark Schönbuch.- AFZ Nr. 51-52, 23. Dezember 1989, S. 1363-1366; München

BIBUS, E. (1986): Die Bedeutung periglazialer Deckschichten für Bodenprofil, Standort und junge Reliefentwicklung im Schönbuch bei Tübingen.- In: EINSELE, G. [Hrsg.] (1986): Das Landschaftsökologische Forschungsprojekt Naturpark Schönbuch.- DFG Deutsche Forschungsgemeinschaft; Weinheim

BLUME, H.-P. [Hrsg.] (1992): Handbuch des Bodenschutzes. Bodenökologie und Belastung. Vorbeugung und abwehrende Schutzmaßnahmen.- 2. Aufl.

BLUME, H.-P. & G. BRÜMMER (1987): Prognose des Verhaltens von Schwermetallen in Böden mit einfachen Feldmethoden.- Mitteilgn. Dtsch. Bodenkundl. Gesellsch., 53, 111-117

BLUME, H.-P. & G. BRÜMMER (1991): Prediction of of heavy metal behaviour in soil by means of simple field tests. Ecotox. Environm. Safety 22, 164-174

BMU [Hrsg.] (1992): Klärschlammverordnung (AbfKlärV) vom 15.04.1992.- BGBL, 1992, Teil I, 912 ff

BOR, J & J. KRZYZANOWSKI (1987): Rechenmodelle zur Schwermetallbilanzierung in Böden. -Mainzer geowiss. Mitt., 16, 307-326

BRÜMMER, G. & U. HERMS (1985): Einflussgrößen der Schwermetall-Löslichkeit, - Bindung und Verfügbarkeit in Böden. - Bielefelder Ökol. Beitr. 1, 117-139

BRÜMMER, G.W., V. HORNBURG & G. WELP (1993): $CaCl_2$- und NH_4NO_3- extrahierbare Schwermetallgehalte in Böden - ein Methodenvergleich.- Mitteilungen der Deutschen Bodenkundlichen Gesellschaft., 72:373-376; Göttingen

BÜCKING, W., F.-H. Evers & Krebs, A. (1986): Stoffdeposition in Fichten- und Buchenbeständen des Schönbuchs und ihre Auswirkungen auf Boden- und Sickerwasser verschiedener Standorte.- In: EINSELE, G. [Hrsg.] (1986): Das Landschaftsökologische Forschungsprojekt Naturpark Schönbuch.- DFG Deutsche Forschungsgemeinschaft; Weinheim

BURR, O. (1989): Wald-, Jagd- und Besitzgeschichte des Schönbuchs.- AFZ Nr. 51-52, 23. Dezember 1989, S. 1357-1362; München

DAUBERT, K. (1967): Witterung und Klima.- In: STAATLICHE ARCHIVVERWALTUNG BADEN-WÜRTTEMBERG [Hrsg.]: Amtliche Kreisbeschreibung des Landkreises Tübingen, Bd.1, 64-101; Tübingen

DEUTSCHER VERBAND FÜR WASSERWIRTSCHAFT UND KULTURBAU e.V. (DVWK) (1988): Filtereigenschaften des Bodens gegenüber Schadstoffen, Teil I: Beurteilung der Fähigkeit von Böden, zugeführte Schwermetalle zu immobilisieren.- Merkblätter zur Wasserwirtschaft 212/1988; Paul Parey, Hamburg und Berlin

EBERT, K.H. (1989): Neue Wege der Rotwildbewirtschaftung im Gatterforstamt Bebenhausen.- AFZ Nr. 51-52, 23. Dezember 1989, S. 1371-1374; München

EIBERWEISER, M. & J. VÖLKEL (1993): Schwermetallverteilung als Indikator für Schichtwechsel in Böden des ostbayerischen Grundgebirges und seiner Randgebiete.- Mitteilgn. Dtsch. Bodenkundl. Gesellsch., 72, 327-330

EIBERWEISER, M. (1995): Untersuchung zur Schwermetall-Tiefenverteilung in Böden und periglazialen Deckschichten des ostbayerischen Kristallins und seiner Randgebiete.- Dissertation an der Philosophischen Fakultät III der Universität Regensburg

EIKMANN, Th. & A. KLOKE (1991): Nutzungs- und schutzgutbezogene Orientierungswerte für (Schad-) Stoffe in Böden.- VDLUFA-Mitteilungen Heft 1/1991

EINSELE, G. [Hrsg.] (1986): Das Landschaftsökologische Forschungsprojekt Naturpark Schönbuch.- DFG Deutsche Forschungsgemeinschaft; Weinheim

EINSELE, G., G. AGSTER & M. ELGNER (1986): Niederschlag-Bodenwasser-Abflußbeziehungen bei Hochwasserereignissen im Keuper-Lias-Bergland.- In: EINSELE, G. [Hrsg.] (1986): Das Landschaftsökologische Forschungsprojekt Naturpark Schönbuch.- DFG Deutsche Forschungsgemeinschaft; Weinheim

ELGNER, M, J. KÖRNER, E. Bibus & G. Einsele (1986): Beispiele für Deckschuttkartierungen im Schönbuch.- In: EINSELE, G. [Hrsg.] (1986): Das Landschaftsökologische Forschungsprojekt Naturpark Schönbuch.- DFG Deutsche Forschungsgemeinschaft; Weinheim

ELSPASS, R. (1988): Mobile und mobilisierbare Schwermetallfraktionen in Böden und im Bodenwasser dargestellt für die Elemente Pb, Cd, Fe, Mn, Ni und Zn unter landwirtschaftlichen Nutzflächen. Marburger Geographische Schriften 109; Marburg

FASSBENDER, H.W. & G. SEEKAMP (1976): Fraktionen und Löslichkeit der Schwermetalle Cd, Co, Cr, Cu, Ni und Pb im Boden. - Geoderma, 16, 55-69

FILIP, Z. (1995): Einfluß chemischer Kontaminenten (insbesondere Schwermetalle) auf die Bodenorganismen und ihre ökologische bedeutenden Aktivitäten.- UWSF-Z. Umweltchem. Ökotox. 7 (2), 92-102

FILIPINSKI, M. (1989): Pflanzenaufnahme und Lösbarkeit von Schwermetallen aus Böden hoher geogener Anreicherung und zusätzlicher Belastung. Dissertation Göttingen

FILIUS, A. (1993): Schwermetall-Sorption und Verlagerung in Böden. Dissertation Technische Universität Braunschweig

FILIUS, A. & J. RICHTER (1991): Desorption und Verlagerung von Schwermetallen in Abhängigkeit vom pH-Wert.- Mitteilgn. Dtsch. Bodenkundl. Gesellsch., 66/I, 299-302

FISCHER, W.R. (1987): Das Verhalten von Spurenelementen im Boden.- Naturwissenschaften 74, 63-70

FLEIGE, H. & R. HINDEL (1987): Auswirkungen pedogenetischer Prozesse auf die Schwermetallverteilung im Bodenprofil.- Mitteilgn. Dtsch. Bodenkundl. Gesellsch., 55/I, 313-319

FLEIGE, H., R. HINDEL & E. WEIDNER (1989): Der Einfluß der Deckschichtenzusammensetzung auf die Schwermetallverteilung in ausgewählten Bodenprofilen.- Mitteilungen der Deutschen Bodenkundlichen Gesellschaft 59/I:329-334; Göttingen

FLÜGEL, W.A. & O. SCHWARZ (1983): Oberflächenabfluß und Interflow auf einem Braunerde-Peolosol-Standort im Schönbuch; Ergebnisse eines Beregnungsversuchs. Allg. Forst- u. Jagdzeitung, 154. Jg., 3:59-64

FORSTDIREKTION TÜBINGEN (1988): Standortskarte des Forstbezirks Bebenhausen.

FORSTDIREKTION TÜBINGEN (1962): Erläuterungen zur Standortskarte des Staatswaldes Bebenhausen.

FORSTDIREKTION TÜBINGEN (1977): Erläuterungen zur Standortskarte des Staatswalddistriktes IV, Weil im Forstbezirk Bebenhausen.

FRÄNZLE, O. (1988): Naturraumgliederung mit Hilfe der Schwermetallbelastbarkeit von Böden.- Ber. z. dt. Landeskunde, Bd. 62, H. 2, S. 287-303

FRÄNZLE, O., K. JENSEN-HUSS, A. DASCHKEIT, TH. HERTLING, R. LÜSCHOW & W. SCHRÖDER (1993): Grundlagen zur Bewertung der Belastung und Belastbarkeit von Böden als Teilen von Ökosystemen. - Berlin. (UBA-Texte 59/93)

FRÜHAUF, M. (1992): Zur Problematik und Methodik der Getrennterfassung geogener und anthropogener Schwermetallgehalte in Böden.- GEOÖKODYNAMIK Band XIII, 97-120; Bensheim

GAIDA, R. & U. RADTKE (1990): Die Bedeutung eisen- und manganhaltiger Bodenhorizonte für die Fixierung und Remobilisierung von Schwermetallen. In: Naturwissenschaften im Unterricht - Chemie, 1:31-33; Seelze

GEHRMANN, J. et al. (1990): Umweltkontrolle am Waldökosystem. In: Forschung und Beratung, Reihe C, 48; Münster

GEOLOGISCHES LANDESAMT BADEN-WÜRTTEMBERG [Hrsg.] (1990): Bodenkarte von Baden-Württemberg 1:25 000, Blatt 7420 Tübingen; Freiburg i. Br.

GEOLOGISCHES LANDESAMT BADEN-WÜRTTEMBERG [Hrsg.] (1980): Erläuterungen zur Geologischen Karte 1:25000, Blatt 7420 Tübingen, 2. Aufl.; Stuttgart.

GREES, H. [Hrsg.] (1969): Der Schönbuch. Beiträge zu seiner landeskundlichen Erforschung.- Veröffentlichungen des Alemannischen Instituts Freiburg Nr. 27

GRUPE, M. (1989): Schwermetallgehalte in Böden in Abhängigkeit vom Ausgangssubstrat.- Mitteilgn. Dtsch. Bodenkundl. Gesellsch., 59/II, 895-896

GRUPE, M. & D. KOCH (1993): Mobilität von Schwermetallen geogener/anthropogener Herkunft.- Mitteilungen der Deutschen Bodenkundlichen Gesellschaft., 72:385-388; Göttingen

HENKIN, R.I. (1984): Zink.- In: MERIAN, E. [Hrsg.] (1984): Metalle in der Umwelt: Verteilung, Analytik u. biolog. Relevanz.- Verlag Chemie; Weinheim

HERMS, U. & G. BRÜMMER (1984): Einflußgrößen der Schwermetalllöslichkeit und -bindung in Böden.- Z. Pflanzenernähr.Bodenk.; 147, 400-424

HERMS, U. (1989): Löslichkeit von Schwermetallen in Böden unter variierenden Milieubedingungen. In: BREHMS & WIESNER (1989): 189-197

HERMS, U. & G. BRÜMMER (1978b): Einfluß organischer Substanzen auf die Löslichkeit von Schwermetallen.- Mitteilgn. Dtsch. Bodenkundl. Gesellsch., 27, 181-192

HERMS, U. & G. BRÜMMER (1986): Einflußgrößen geogener und pedogener Faktoren für die weitere Belastung der Böden mit Schwermetallen. In: Zeitschrift für Pflanzenernährung und Bodenkunde 147:400-424; Weinheim

HINDEL, R. & H. FLEIGE (1989): Verfahren zur Unterscheidung lithogener und anthropogener Schwermetallanreicherungen in Böden. In: Mitteilungen der Deutschen Bodenkundlichen Gesellschaft 59/I:389-394

HINDEL, R. & H. FLEIGE (1989): Kennzeichnung der Empfindlichkeit der Böden gegenüber Schwermetallen unter Berücksichtigung von Grundgehalt, geogener und pedogener Anreicherung sowie anthropogener Zusatzbelastung.- Umweltbundesamt (UBA)- Forschungsvorhaben 10701001, Bd. 1

HINDEL, R. & H. FLEIGE (1991): Schwermetalle in Böden der Bundesrepublik Deutschland - geogene und anthropogene Anteile. Arbeitsblock I: Schwermetallverteilung in Bodenprofilen aus verschiedenen Ausgangsgesteinen und Unterscheidungskriterien zur Abgrenzung lithogener, pedogener und anthropogener Anteile. - UBA-Texte 13/91; Berlin.

HORNBURG, V. & G.W. BRÜMMER (1989): Untersuchungen zur Mobilität und Vefügbarkeit von Schwermetallen in Böden.- Mitteilgn. Dtsch. Bodenkundl.Gesellsch.; 59/II, 727-732

HORNBURG, V. & G.W. BRÜMMER (1993): Verhalten von Schwermetallen in Böden- 1. Untersuchungen zur Schwermetallmobilität.- Z. Pflanzenernähr. Bodenk. 156, 467-477

HORNBURG, V., G. WELP & G.W. BRÜMMER (1995): Verhalten von Schwermetallen in Böden-2. Extraktion mobiler Schwermetalle mittels $CaCl_2$ und NH_4NO_3.- Z.Pflanzenernähr. Bodenk., 158, 137-145

HUFNAGEL, J. & M. SOMMER (1994): Entwicklung und Beprobung eines Instrumentariums zur Bewertung von Böden in ihren Funktionen als Standort und für die natürliche Vegetation und als Filter und Puffer für Schadstoffe. Abschlußbericht zum Werkvertrag mit der Fa. ÖKOPLAN, im Auftrag des Umweltministeriums Baden-Württemberg, unveröffentlicht.

HUTTENLOCHER, F. (1955): Schönbuch und Glemswald.- In: MEYNEN, E. & J. SCHMITHÜSEN (1953-1962): Handbuch der Naturräumlichen Gliederung Deutschlands.

JÄNICHEN, H. (1969): Zur Geschichte des Schönbuchs.- In: GREES, H. [Hrsg.] (1969): Der Schönbuch. Beiträge zu seiner landeskundlichen Erforschung.- Veröffentlichungen des Alemannischen Instituts Freiburg Nr. 27, 49-64

JUNG, H. (1991): Die Wechselbeziehungen zwischen anstehendem Gestein, periglazialen Deckschichten, Relief und Böden in einem Ausschnitt des Schönbuchs bei Tübingen. Dissertation an der Geowissenschaftlichen Fakultät der Universität Tübingen.

KOCH, D. & M. GRUPE (1993): Mobilität von Schwermetallen geogener/anthropogener Herkunft.- Mitteilgn. Dtsch. Bodenkundl. Gesellsch., 72, 385-388

KÖNIG, N., P. BACCINI & B. ULRICH (1986): Der Einfluß der natürlichen organischen Substanzen auf die Metallverteilung zwischen Boden und Bodenlösung in einem sauren Waldboden.- Z. Pflanzenernaehr. Bodenk. 149, 68-82

KRATZ, W. & K. BIELITZ (1989): Streuabbau und Schwermetalldynamik (Pb, Cd) in Blatt und Nadelstreu in ballungsraumnahen Waldökosystemen. In: Verhandlungen der Gesellschaft für Ökologie 17: 473-478; Göttingen

KRETSCHMAR, R. (1991): Kulturtechnisch-bodenkundliches Praktikum. Ausgewählte Laboratoriumsmethoden. Eine Anleitung zum selbständigen Arbeiten an Böden. - Kiel

KRÜGER, A., B. SCHNEIDER, H. NEUMEISTER & H. KUPSCH (1995): Akkumulation und Transport von Schwermetallen in Böden des Bitterfelder Industriegebietes. Geoökodynamik, Bd. 16, 25-56. - Bensheim

KUNTZE, H. & U. HERMS (1986): Bedeutung geogener und pedogener Faktoren für die weitere Belastung der Böden mit Schwermetallen. In: Naturwissenschaften 73:195-204; Heidelberg

KUNTZE, H. et al. (1991): Empfindlichkeit der Böden gegenüber geogenen und anthropogenen Gehalten an Schwermetallen - Empfehlungen für die Praxis.- BoS 8. Lfg. VI/91

KUTTLER, W. (1986): Raum-zeitliche Analyse atmosphärischer Spurenstoffeinträge in Mitteleuropa. Bochumer Geographische Arbeiten 46; Paderborn

LANDESANSTALT FÜR UMWELTSCHUTZ BADEN-WÜRTTEMBERG (LFU) [Hrsg.] (1994): Schwermetallgehalte in Böden aus verschiedenen Ausgangsgesteinen Baden-Württembergs. -Materialien zum Umweltschutz, Bd. 3; Karlsruhe.

LICHTFUSS, R. (1989): Geogene, pedogene und anthropogene Schwermetallgehalte in Böden. In: BEHRENS & WIESNER (1989): 119-136

MARKS, R., M.J. MÜLLER, H. LESER & H.-J. KLINK [Hrsg.] (1989): Anleitung zur Bewertung des Leistungsvermögens des Landschaftshaushaltes (BA LVL).- Forschungen zur Deutschen Landeskunde, Bd. 229

MAYER, R. (1978): Adsorptionsisothermen als Regelgrößen beim Transport von Schwermetallen in Böden.- Z. Pflanzenernähr. Bodenk., 141, 11-28

MAYER, R. (1981): Natürliche und anthropogene Komponenten des Schwermetallhaushaltes von Waldökosystemen. Göttinger Bodenkundliche Berichte 70; Göttingen

MAYER, R. (1983): Schwermetalle in Waldökosystemen der Lüneburger Heide.- Mitt. Deutsche Bodenkundl. Ges. 38, 251-256

MERIAN, E. [Hrsg.] (1984): Metalle in der Umwelt: Verteilung, Analytik u. biolog. Relevanz.- Verlag Chemie; Weinheim

MIEHLICH, G. & A. Gröngröft (1989): Schwermetalle in der Bodenlösung.- In: BEHRENS, D. & J. WIESNER [Hrsg.], 199-216

MONN, L. (1989): Schwermetallausträge aus unterschiedlich bewaldeten Teileinzugsgebieten des Naturparks Schönbuch bei Tübingen.- Mitteilungen der Deutschen Bodenkundlichen Gesellschaft 59/I:429-432; Göttingen

MÜLLER, G. et al. (1991): Erfassung und Bewertung stark erhöhter Chromgehalte in Böden des Rein-Neckar-Raums sowie Untersuchungen zur Harmonisierung von Schwermetall-Konzentrationsangaben in Böden.- Agrar- und Umweltforschung in Baden-Württemberg, Forschungsreport IV

MÜLLER, S. & W.-D. LANGBEIN (1986): Die Bodenlandschaften und Böden des Schönbuchs.- In: EINSELE, G. [Hrsg.] (1986): Das Landschaftsökologische Forschungsprojekt Naturpark Schönbuch.-DFG Deutsche Forschungsgemeinschaft; Weinheim

MÜLLER, W. (1975): Filtereigenschaften der Böden und deren kartiertechnische Erfaßbarkeit.- Mitteilgn. Dtsch. Bodenkundl. Gesellsch. 22, 323-330

MÜLLER-WESTERMEIER (1990): Klimadaten der Bundesrepublik Deutschland im Zeitraum 1951-1980; Offenbach

MÜNNICH, K.O. et al. (1991): Untersuchungen des Transportverhaltens natürlicher und anthropogener Stoffe in der ungesättigten Bodenzone.- Agrar- und Umweltforschung in Baden-Württemberg, Forschungsreport IV

NOACK, G. & S.-W. BRECKLE (1989): Der Einfluß von Blei und Cadmium auf das Wachstum und den Kationengehalt von Buchenkeimlingen auf Waldböden. In: Verhandlungen der Gesellschaft für Ökologie 17: 557-562; Göttingen

PFEFFER, K.-H. (1996): Aktuelle geowissenschaftliche Forschungen auf Sturmwurfflächen in Baden-Württemberg.- In: Tübinger Geographische Studien 116, 201-220

REHFUESS, K.E. (1990): Waldböden. Entwicklung, Eigenschaften und Nutzung.- 2. Auflage; Paul Parey, Hamburg und Berlin

RICHTER, H., R. RUSKE & W. SCHWANECKE (1970): Die periglaziäre Fazies im lößfreien Hügelland und im Mittelgebirge.- Pet. Geogr. Mitt. Erg.-H. 274, 57-97

RUCK, A. (1989): Beurteilung von Schadstoffen im Boden - ein Kriterienkatalog.- Mitteilgn. Dtsch. Bodenkundl. Gesellsch., 59/II, 965-968

RUPPERT, H. (1987): Bestimmung von Schwermetallen im Boden sowie ihr Verhalten beeinflussende Bodeneigenschaften. - Beil. zu GLA-Fachber. 2, 11 S.; München.

SABEL, K.-J. (1989): Zur Renaissance der Gliederung periglazialer Deckschichten in der deutschen Bodenkunde.- Frankf. geowiss. Arb., D 10, 9-16

SAUERBECK, D. (1989): Der Transfer von Schwermetallen in die Pflanze.- In: BEHRENS, D. & J. WIESNER [Hrsg.] (1989), 281-316

SCHEFFER, F. & P. SCHACHTSCHABEL (1989): Lehrbuch der Bodenkunde. - 12. Auflage; Stuttgart.

SCHILLING, W. & H. Wiefel (1962): Jungpleistozäne Periglazialbildungen und ihre regionale Differenzierung in einigen Teilen Thüringens und des Harzes.- Geologie 11, 428-460

SCHLICHTING, E. & D. MÜLLER (1979): Schwermetallbilanzen und -umsätze in südwestdeutschen Kleinlandschaften aus Sedimentgesteinen.- Mitt. Deutsche Bodenkundl. Ges. 29, 545-548

SCHLICHTING, E., H.-P. BLUME & K. STAHR (1995): Bodenkundliches Praktikum. Eine Einführung in pedologisches Arbeiten für Ökologen, insbesondere Land- und Forstwirte und für Geowissenschaftler. - 2., neubearbeitete Auflage, Pareys Studientexte 81; Berlin, Wien.

SCHMIDT, M. (1980): Erläuterungen zur Geologischen Karte 1:25000, Blatt 7420 Tübingen.- 2. Aufl., Hrsg.: GEOLOGISCHES LANDESAMT BADEN-WÜRTTEMBERG. Stuttgart.

SCHMITT, H.W. & H. STICHER (1987): Modelle für die Berechnung der Verlagerung von Schwermetallen in mehrhorizontigen Böden.- Mitteilgn. Dtsch. Bodenkundl. Gesellsch., 55/I, 421-426

SCHMITT, H.W. & H. STICHER (1986): Prediction of heavy metal contents and displacement in soil.- Z. Pflanzenernähr. Bodenk. 149, 157-171

SCHULTZ, R. (1987): Vergleichende Betrachtung des Schwermetallhaushalts verschiedener Waldökosysteme Norddeutschlands.- Bericht Forschungszentrum Waldökosysteme/Waldsterben Reihe A, 32

SCHWARZ, O. (1986): Zum Abflußverhalten von Waldböden bei künstlicher Beregnung.- In: EINSELE, G. [Hrsg.] (1986): Das Landschaftsökologische Forschungsprojekt Naturpark Schönbuch.- DFG Deutsche Forschungsgemeinschaft; Weinheim

SEMMEL, A. (1968): Studien über den Verlauf jungpleistozäner Formung in Hessen.- Frankfurter Geogr. Hefte 45

SEMMEL, A. (1991): Schuttdecken und ihre Bedeutung für den Landschaftshaushalt in hessischen Mittelgebirgen.- Geographische Rundschau 43 (1991) H.5, 298-302

SEMMEL, A. (1993): Grundzüge der Bodengeographie.- 3. überarb. Aufl.; Stuttgart

SENGUTTA, U. (1993): Adsorption von Blei und Cadmium an Tonen. - UWSF-Z.Umweltchem. Ökotox 5 (2) S. 72-76; Landsberg.

SICK, W.-D. (1969): Beiträge zur siedlungsgeographischen Entwicklung des Schönbuchs.- In: Grees, H. (1969): Der Schönbuch. Beiträge zu seiner landeskundlichen Erforschung.- Veröffentlichungen des Alemannischen Instituts Freiburg Nr. 27

STRECK, T. & J. RICHTER (1992): Beschreibung der Schwermetallsorption in Abhängigkeit von räumlich variablen Zustandsgrößen.- Mitteilgn. Dtsch. Bodenkundl. Gesellsch., 67, 159-162

ULRICH, B. (1984): Deposition von Säure und Schwermetallen aus Luftverunreinigungen und ihre Auswirkungen in Waldökosystemen. In: MERIAN, E. (1984): Metalle in der Umwelt. 163-170

ULRICH, B., R. MAYER & E. MATZNER (1986): Vorräte und Flüsse der chemischen Elemente.- In: ELLENBERG, H., R. MAYER & J. SCHAUERMANN (1986): Ökosystemforschung - Ergebnisse des Solling-Projekts 1966-1986, S. 375-417; Stuttgart

UMWELTMINISTERIUM BADEN-WÜRTTEMBERG (1993): VwV Anorganische Schadstoffe.- Dritte Verwaltungsvorschrift des Umweltministeriums zum Bodenschutzgesetz über die Ermittlung und Einstufung von Gehalten anorganischer Schadstoffe im Boden vom 24.4.1993.- Gemeinsames Amtsblatt des Landes Baden-Württemberg (Hrsg.): Innenministerium 41. Jg. (1993) Nr. 30, 1029-1036

UMWELTMINISTERIUM BADEN-WÜRTTEMBERG [Hrsg.] (1995): Bewertung von Böden nach ihrer Leistungsfähigkeit. Leitfaden für Planungen und Gestattungsverfahren. - Luft, Boden, Abfall; Heft 31

VÖLKEL, J. (1995): Periglaziale Deckschichten und Böden im Bayerischen Wald und seinen Randgebieten als geogene Grundlage Landschaftsökologischer Forschung im Bereich naturnaher Waldstandorte. - Zeitschrift für Geomorphologie, Suppl. -Bd. 96

WAGNER, V., K. FISCHER, A. WEISS & A. KETTRUP (1995): Freisetzung von Schwermetallen aus dem bodenbildenden Tonmineral Illit durch Aminosäuren.- Z. Umweltchem. Ökotox. 7 (2) 63-68; ecomed. Landsberg

WALK, H. (1982): Die Gehalte der Schwermetalle Cd, Tl, Pb, Bi und weiterer Spurenelemente in natürlichen Böden und ihren Ausgangsgesteinen Südwestdeutschlands.-Dissertation Karlsruhe

WANG, S. (1995): Verhalten von Schwermetallen in Böden unter besonderer Berücksichtigung der Mobilität in Abhängigkeit von ihrer Konzentration.- Hohenheimer Bodenkundliche Hefte, Heft 27

ZAUNER, G. (1996): Schwermetallgehalte und -bindungsformen in Gesteinen und Böden aus südwestdeutschem Jura und Keuper.- Hohenheimer Bodenkundliche Hefte 31

ZEIEN, H. & G.W. BRÜMMER (1989): Chemische Extraktionen zur Bestimmung von Schwermetallbindungsformen in Böden.- Mitteilgn. Dtsch. Bodenkundl. Gesellsch., 59/I, 505-510

ZEIEN, H. & G.W. BRÜMMER (1991): Ermittlung der Mobilität und Bindungsformen von Schwermetallen in Böden mittels sequentieller Extraktion.- Mitteilgn. Dtsch. Bodenkundl. Gesellsch., 66, 439-442

ZEIEN, H. (1995): Chemische Extraktionen zur Bestimmung der Bindungsformen von Schwermetallen in Böden.- Bonner Bodenkundl. Abh., 17

ZÖTTL, H.W., K. STAHR & F. HÄDRICH (1979): Umsatz von Spurenelementen in der Bärhalde und ihren Ökosystemen.- Mitt. Deutsche Bodenkundl. Ges., 29, 569-576

10. ANHANG

Tabellenverzeichnis   Seite

Tab. A1: Bodenchemische und -physikalische Profilkennzeichnung A2

Tab. A2: Horizont-SM-Gehalte sortiert nach Tongehaltsgruppen A8

Tab. A3: Blei- und Zink-Anreicherungs-Gradienten A10

Tab. A4: Sorbierte SM-Gehalte in % bei Versatz mit Multielement-
Versatzlösungen von 25-, 50,- 250 mg/l A12

Tab. A5: Sorptionsleistung je Horizont bei Versatz mit Multielement-
Versatzlösung von 500-, und 1000 mg/l A14

Tab. A6: Sorptionsanteile der SM-Fraktionen je Horizont, bei Versatz
mit 500- und 1000 mg/l Multielement-Versatzlösung A16

Tab. A7: pH-Werte und -Differenzen von Gleichgewichtslösungen bei
verschieden konzentrierten Multielement-Versatzlösungen
gegenüber dem Boden-pH (CaCl$_2$) A18

Tab. A8: Horizontbezogene Sorptions-Begleitparameter I A20

Tab. A9: Horizontbezogen Sorptions-Begleitparameter II A22

Tab. A10: Vergleich gemessener und berechneter Sorptionsleistungen
unterschiedlicher Kontrollsektionen A24

Tab. A 1: Bodenchemische und -physikalische Profilkennzeichnung

Profilnummer	Probe	Farbe	Skelett [%]	CaCO₃ [%]	pH [CaCl₂]	Ct [%]	Nt [%]	Pt [%]
Prof. 1	O	10 YR 3/2			4,2	27,3	0,43	0,04
	Aeh	10 YR 4/2			3,4	6,8	0,10	0,03
	Bhv	10 YR 6/3			3,6	3,1	0,06	0,02
	Bv-Cv	10 YR 7/4			3,8	1,1	0,05	0,02
Prof. 2	Of-Oh	10 YR 3/4			3,3	44,1	1,15	0,07
	Ahe	10 YR 5/3			3,1	5,2	0,06	0,02
	Bvh	10 YR 6/6			3,5	1,9	0,03	0,02
	Bsv-Cv	10 YR 7/5	3		3,6	1,4	0,01	0,01
Prof. 3	Of-Oh	10 YR 3/2			3,6	31,8	0,54	0,05
	Aeh	10 YR 4/3			3,5	7,0	0,19	0,03
	Bhv	7,5 YR 5/6			3,7	3,2	0,07	0,02
	II P	7,5 YR 6/4	2		3,8	0,9	0,05	0,02
	III P-Cv	7,5 YR 5/6	3		4,2	0,8	0,03	0,01
Prof. 4	AhxAhl	10 YR 4/3			3,5	6,0	0,20	0,05
	Ahl-Bv	10 YR 5/4			3,8	2,9	0,12	0,04
	II Btv	10 YR 6/6	30		4,1	1,6	0,06	0,04
	Btv-Cv	10 YR 7/6	70		4,2	1,3	0,05	0,03
Prof. 5	Ah	10 YR 5/3			5,8	4,7	0,20	0,13
	Al	10 YR 6/3	1		5,5	1,3	0,01	0,03
	SBt	7,5 YR 5,5/4			4,0	1,4	0,03	0,02
	II SP	5 YR 5/4			3,5	0,5	0,03	0,02
	III SP-Cv	5 YR 6/4			3,5	0,1	0,01	0,01
Prof. 6	Ah	10 YR 5/3			4,8	6,0	0,12	0,02
	Al	10 YR 7/3			3,7	2,0	0,09	0,02
	Al-Sw	10 YR 6,5/3			4,0	0,9	0,05	0,02
	II Bt-Sd	10 YR 6/5			5,1	0,5	0,00	0,03
	Bt-Sd 2	7,5 YR 5/6			6,1	0,5	0,01	0,03
Prof. 7	Ah	10 YR 5/2,5			3,9	7,1	0,20	0,02
	Al	10 YR 7/3,5			3,8	1,9	0,04	0,01
	SAl+SBt	7,5 YR 6/4			4,0	1,9	0,03	0,02
	SBt	7,5 YR 5,5/6			4,4	0,5	0,03	0,02
	Bv	10 YR 6/6			7,0	1,9	0,05	0,03
Prof. 8	Ah	10YR 3/3			5,8	12,0	0,45	0,05
	Al	10YR 4/4			6,3	4,2	0,20	0,03
	SAl	10YR 4/3			6,5	3,1	0,15	0,03
	II SBt	10YR 3/3			6,9	1,7	0,08	0,03
	III eCv	10YR 6/6	2	46,7	7,6	1,1	0,05	0,04
Prof. 9	O	10YR 3/3			3,6	40,6	0,89	0,12
	Ah	10YR 5/2			4,6	5,7	0,46	0,02
	Ah x Al	10YR 6,5/4			3,8	2,2	0,08	0,02
	SAl	2,5 Y 6,5/4	1		4,0	0,5	0,06	0,01
	SAl St.Pfl.	2,5 Y 6,5/4	50		4,3	1,3	0,08	0,01
	II SBt	2,5 Y 6/4			5,6	0,9	0,07	0,01
	III Bcv	2,5 Y 6/4			7,5	0,8	0,06	0,03
Prof. 10	Ah	10YR 4/3			5,4	5,5	0,32	0,05
	Al	10YR 5/4			5,7	2,5	0,13	0,03
	II Bt	10YR 4/4			6,3	2,1	0,11	0,03
	III eCv	10YR 6/6	5	15,8	7,4	1,2	0,09	0,04
	eC-Cv	10YR 6,5/6		36,4	6,2	4,6	0,21	0,03
Prof. 11	Ah	10YR 4,5/3			4,1	8,4	0,31	0,03
	Al	10YR 6,5/4	2		3,4	2,8	0,09	0,02
	II Bt	10YR 5,5/6			3,7	1,2	0,05	0,02
	III P	10YR 5/6	2		4,4	1,8	0,06	0,04
	Cv	10YR 6/6	70		5,7	1,7	0,04	0,01
Prof. 12	Ah	10YR 5/4			4,3	4,3	0,24	0,02
	Bv	7,5 YR 5/4	3		4,1	1,0	0,11	0,01
	II P	7,5 YR 5/5			5,1	0,5	0,08	0,02
	III P-Cv	6,25 YR 5/4	10		7,1	0,7	0,04	0,04
	IV P-Cv	7,5 YR 5/4	45		7,3	0,3	0,03	0,04

Fortsetzung Tab. A1

Profilnummer	Probe	Farbe	Skelett [%]	CaCO$_3$ [%]	pH [CaCl$_2$]	Ct [%]	Nt [%]	Pt [%]
Prof. 13	L-Of	10YR 3/3			3,9	32,0	0,88	0,12
	Oh	10YR 3/2			3,4	20,9	0,54	0,05
	Aeh	10YR 4/2	5		3,1	4,1	0,04	0,02
	Bv	10YR 6/3	25		3,8	2,0	0,00	0,01
	Cv	10YR 6/6	85		3,3	0,9	0,01	0,01
Prof. 14	O-Aeh	10YR 3/1			4,7	10,3	0,46	0,03
	Ahe	10YR 4/2	25		3,5	8,2	0,28	0,03
	Bvh	10YR 5/4	50		3,3	6,0	0,05	0,01
	Bhv	10YR 7/6	50		3,8	3,2	0,04	0,01
Prof. 15	L-Of	10 YR 3/4			3,3	33,1	0,76	0,05
	Oh	10 YR 2/2			2,8	22,3	0,35	0,03
	Ahe	10 YR 5/2			2,9	5,8	0,10	0,01
	Bv-Cv	10 YR 6/3	70		3,4	1,9	0,06	0,01
Prof. 16	O-Ah	10 YR 4/3			4,3	19,8	0,66	0,05
	Aeh	10 YR 5,5/3			3,9	6,1	0,31	0,02
	Al	10 YR 6/4	2		3,5	4,3	0,08	0,02
	II Bt	10 YR 5/4			6,1	1,1	0,02	0,01
	III eP	7,5 YR 5/4		15	7,4	1,1	0,06	0,01
	eCv	5 YR 5/2,5		24	7,6	0,6	0,03	0,01
Prof. 17	Ah	10YR 4/2			4,9	12,5	0,34	0,03
	Bv	10YR 5/3	1		4,0	10,6	0,13	0,02
	II Btv	10YR 5/4	30		3,9	7,0	0,10	0,02
	III P	10YR 4/6			3,8	3,3	0,07	0,02
	P-Cv	2,5YR 4/4			5,3	3,2	0,04	0,02
	eCv	2,5YR 3/6		1,3	6,8	2,4	0,04	0,03
Prof. 18	Ah	10YR 4/3			5,2	10,1	0,30	0,04
	Bv	10YR 5/4			4,9	5,2	0,17	0,03
	SBv	10YR 5,5/4			5,1	6,6	0,11	0,05
	II SP	10YR 3,5/3			5,0	5,1	0,08	0,03
	III SP-Cv	10YR 5/6	50		5,8	2,4	0,06	0,06
	IV SP-cCv	10YR 5/4	50	16	7,4	3,4	0,04	0,06
Prof. 19	Ah	10YR 6/4			4,3	3,8	0,29	0,05
	Al	10YR 7/4	1		2,9	2,5	0,05	0,04
	II SBt	10YR 7/6			3,9	1,2	0,05	0,03
	SBt-Bv	10YR 5/8			5,8	0,6	0,02	0,16
	III Bcv	10YR 4,5/6	5		6,6	0,5	0,02	0,20
	Bv-Cv	10YR 5/6	25		6,5	0,6	0,02	0,09
Prof. 20	O	10YR 4/3,5			3,9	32,0	0,84	0,07
	Ahe	10YR 4/2			3,4	17,0	0,31	0,03
	Bvh	10YR 6/5	1		3,8	8,5	0,09	0,02
	II Btv-Cv	10YR 7/6	60		3,9	8,3	0,05	0,02
	Cv-C	10YR 5,5/6			3,8	3,7	0,04	0,02
Prof. 21	aAh	10 YR 3,5/2			6,5	4,7	0,22	0,02
	aM1	7,5 YR 4/3	1		6,8	2,9	0,11	0,02
	aM2	7,5 YR 4/3	10		7,1	1,6	0,09	0,02
	aM3	7,5 YR 4/3	40		7,1	1,4	0,05	0,01
	aGo	7,5 YR 4/3	30		7,1	0,1	0,03	0,01

Fortsetzung Tab. A1

	Probe	Fe [mg/kg]	Mn [mg/kg]	Al [mg/kg]	Ca [mg/kg]	K [mg/kg]	Mg [mg/kg]
Prof. 1	O	3203	707	4181	752	472	890
	Aeh	3731	38	4830	0	313	653
	Bhv	5793	30	7929	0	495	840
	Bv-Cv	3635	52	5096	0	260	712
Prof. 2	Of-Oh	1850	233	1715	1931	677	460
	Ahe	3368	26	3918	0	205	569
	Bvh	4823	33	5093	0	225	677
	Bsv-Cv	3476	76	6794	0	314	915
Prof. 3	Of-Oh	5272	404	3383	784	652	693
	Aeh	11554	276	5712	14	581	805
	Bhv	13780	397	6845	0	645	893
	II P	18687	512	13911	0	1459	1663
	III P-Cv	13643	135	12232	0	1339	1571
Prof. 4	AehxAhl	7858	466	6618	0	395	827
	Ahl-Bv	9477	573	7950	0	324	952
	II Btv	9081	438	8392	0	274	936
	Btv-Cv	7462	212	6391	0	235	940
Prof. 5	Ah	11463	720	12683	689	1311	2512
	Al	11239	475	9862	190	774	1720
	SBt	15465	47	26395	324	2936	5349
	II SP	22414	43	20320	196	3941	3695
	III SP-Cv	10591	34	16133	163	2254	3356
Prof. 6	Ah	16114	831	13270	303	1368	2370
	Al	17703	395	15431	98	1441	2751
	Al-Sw	22816	667	18689	121	2203	3222
	II Bt-Sd	33023	558	33953	392	5099	6163
	Bt-Sd 2	34625	813	35125	511	6281	6250
Prof. 7	Ah	10427	936	10308	83	1120	2275
	Al	13065	697	11558	20	967	2073
	SAl+SBt	23180	582	23180	45	2961	3999
	SBt	26954	669	27943	54	3382	4692
	Bv	27171	439	26799	398	2320	6253
Prof. 8	Ah	30138	826	22924	2998	3326	3426
	Al	34710	985	30716	1629	4100	3701
	SAl	41110	1659	36703	1078	4328	3728
	II SBt	48344	1528	37927	1090	5085	4108
	III eCv	24558	872	17035	129884	2665	4451
Prof. 9	O	8333	818	6604	3775	1336	1156
	Ah	20668	2119	15842	1135	2160	2017
	AhxAl	32125	900	16875	75	1781	1669
	SAl	44307	297	34530	248	5483	3255
	II SBt	38358	870	35172	504	6887	5018
	III Bcv	33608	243	28892	4363	5460	5542
Prof. 10	Ah	35550	2294	26938	1089	4596	3242
	Al	37674	1988	29593	640	4756	3079
	II Bt	40625	1551	37257	752	5127	3438
	III eCv	32477	933	25472	55645	4152	4355
	eC-Cv	25417	750	18226	112619	2869	3885
Prof. 11	Ah	22614	993	12083	65	1399	1792
	Al	27496	501	16340	13	1475	1416
	II Bt	43499	550	24061	20	2910	1962
	III P	63993	1240	39335	71	6034	3173
	Cv	35348	541	20004	66	3139	2187

Fortsetzung Tab. A1

	Probe	Fe [mg/kg]	Mn [mg/kg]	Al[mg/kg]	Ca[mg/kg]	K[mg/kg]	Mg[mg/kg]
Prof. 12	Ah	25000	1084	21305	650	3984	4612
	Bv	31395	919	23837	322	4297	5233
	II P	50461	1000	40899	681	7753	7892
	III P-Cv	32042	933	29812	674	5317	11561
	IV P-Cv	24272	601	21481	30	4114	6578
Prof. 13	L-Of	1976	3129	2866	2339	585	996
	Oh	2653	874	3277	484	398	796
	Aeh	2067	58	3040	22	207	608
	Bv	1724	208	3818	49	160	677
	Cv	1476	149	3197	33	160	676
Prof. 14	O-Aeh	2229	1215	1898	743	323	458
	Ahe	2628	217	2136	187	211	375
	Bvh	3160	20	2260	60	122	351
	Bhv	4096	50	4096	50	115	454
Prof. 15	L-Of	1106	153	1022	1660	483	381
	Oh	1453	26	1986	329	262	370
	Ahe	787	4	1748	3	114	280
	Bv-Cv	1175	3	2368	0	114	360
Prof. 16	O-Ah	17200	2399	13013	150	1919	1682
	Aeh	23650	842	16011	50	1972	1783
	Al	31118	1056	17108	19	1917	1781
	II Bt	32788	1097	29555	159	6683	4474
	III eP	27729	1218	20365	1442	4838	12848
	eCV	19856	836	14028	1528	3902	20624
Prof. 17	Ah	14217	3201	9634	376	879	2280
	Bv	15823	2597	10772	102	849	2117
	II Btv	17530	2741	11466	110	839	2287
	III P	26771	597	29160	354	3921	5441
	P-Cv	21968	110	19056	643	3088	5273
	eCv	22712	141	19617	887	3333	6764
Prof. 18	Ah	30833	1132	22065	659	3040	3311
	Bv	30805	1146	23683	573	2922	3360
	SBv	36841	1878	25386	460	3473	3552
	II SP	35775	400	33138	625	5333	4329
	III SP-Cv	53651	1597	31968	755	4998	4592
	IV SP-cCv	34813	2775	23038	27538	4255	5443
Prof. 19	Ah	23517	1473	14592	397	1887	2026
	Al	25651	976	16517	149	1589	2115
	II SBt	45258	212	30453	404	4797	2907
	SBt-Bv	64339	1103	33042	1222	4152	4988
	III Bcv	86783	3691	33167	1734	3317	5948
	Bv-Cv	92042	4675	17977	417	2319	2577
Prof. 20	O	7533	2681	6217	362	614	1232
	Ahe	12915	516	8846	61	462	1193
	Bvh	15627	799	12755	59	480	1558
	II Btv-Cv	15464	837	12319	91	467	1716
	Cv-C	17782	464	13750	50	899	2053
Prof. 21	aAh	13250	436	14875	1115	4794	7175
	aM1	13014	409	15068	2865	4492	7934
	aM2	13415	421	15610	5488	4750	9878
	aM3	12559	361	13981	7701	4331	9716
	aGo	10562	191	11842	5861	3756	8577

Fortsetzung Tab. A1

	T [%]	fU [%]	mU [%]	gU [%]	fS [%]	mS [%]	gS [%]	T [%]	U [%]	S [%]	Bodenart	kf* [cm/d]
Profil 1												
Aeh	8,8	5,1	6,8	7,2	14,1	31,6	26,3	8,8	19	72	Sl3	30
Bhv	12,8	4,8	13,1	8,2	7,3	33,5	20,3	13	26	61	Sl4	16
Bv-Cv	8,8	3,5	1,1	15,2	5,4	34,7	31,3	8,8	20	71	Sl3	30
Profil 2												
Ahe	7	4,9	6	5,4	13	44,1	19,6	7	16	77	Sl2	64
Bvh	8,5	3,9	7,1	8,2	11	51,5	9,8	8,5	19	72	Sl3	30
Bsv-Cv	11,2	4,3	4,8	6,4	9,3	34,9	29,1	11	16	73	Sl3	30
Profil 3												
Aeh	10,2	10,6	16,4	12,7	9,7	25,7	14,6	10	40	50	Sl3	30
Bhv	15,4	10,2	18,1	15,1	8,2	22,4	10,5	15	43	41	Slu	13
II P	30	8,3	10,1	8,5	4,7	26,8	11,7	30	27	43	Lts	6
III P-Cv	29,2	6	5	5,5	5	21,9	27,4	29	17	54	Lts	6
Profil 4												
AehxAhl	6,9	5,3	15,5	13	6,4	19,9	33	6,9	34	59	Su3	38
Ahl-Bv	8,4	8,2	17,7	16,2	4,5	18,8	26,2	8,4	42	50	Slu	13
II Btv	9,7	6,5	14,5	14,5	3,6	21,8	29,4	9,7	36	55	Sl3	30
Btv-Cv	6,7	5,6	12,8	15,3	5,4	17,2	36,9	6,7	34	60	Su3	38
Profil 5												
Ah	12,2	6,2	14,1	14,2	25,7	21,1	6,5	12	35	53	Sl4	16
Al	14	6,3	13,2	12,5	24,3	20,4	9,4	14	32	54	Sl4	16
SBt	38,2	6	5,5	7,9	28,4	13,4	0,7	38	19	43	Lts	6
II SP	41,5	10,4	9,3	13,9	20,3	4,5	0,2	42	34	25	Lt3	8
III SP-Cv	28	7,8	9,7	4,6	14,8	32,4	2,9	28	22	50	Lts	8
Profil 6												
Ah	10,1	8,3	33,6	29,9	9,1	6,8	2,2	10	72	18	Ut2	13
Al	16,3	9,7	28,9	35,4	3,2	4,2	2,2	16	74	9,6	Ut3	10
Al-Sw	20,1	8,9	27,1	33,7	2,7	4,3	3,2	20	70	10	Ut4	9
II Bt-Sd	39,8	7,4	20,8	26,7	3,1	1,8	0,4	40	55	5,3	Tu3	12
Bt-Sd 2	39,9	9,9	19,6	26,1	2,8	1,4	0,3	40	56	4,6	Tu3	12
Profil 7												
Ah	9,4	6,9	22,2	25,7	13,5	17,8	4,5	9,4	55	36	Uls	16
Al	13,3	10,7	24,1	23,4	9,1	15	4,4	13	58	29	Uls	16
SAl + SBt	28,1	7,2	17,4	20,7	7,8	13,4	5,4	28	45	27	Lt2	7
SBt	34,5	6,4	16,1	22,2	8,7	10,8	1,5	35	45	21	Lt2	7
Bv	27,9	8,4	24	27,7	5,1	6,6	0,4	28	60	12	Lu	13
Profil 8												
Ah	24,8	20,8	25,7	6,9	9,2	6,2	6,5	25	53	22	Lu	13
Al	45,6	15,4	20,8	10,8	4,2	2,2	1,1	46	47	7,5	Tu2	3
SAl	45,1	16,7	21,1	8,8	4,4	2,4	1,5	45	47	8,4	Tu2	3
II SBt	63,4	10,7	16,4	4,5	1,6	1,4	2,1	63	32	5	Tu2	3
III eCv	33,4	11,6	23	19,8	7,2	2,9	2	33	54	12	Tu3	12
Profil 9												
Ah	14,7	11	20,1	19,1	9,1	8	18	15	50	35	Uls	16
Ah x Al	21,3	12,7	32,1	23,4	3,5	3,2	4	21	68	11	Ut4	9
SAl	49,7	7,9	12,1	24,5	3,6	1	1,2	50	45	5,8	Tu2	3
II SBt	54,6	14,8	19,2	9,1	1,3	0,6	0,3	55	43	2,2	Tu2	3
III Bcv	40,7	17,8	25,8	10,2	2,2	1,3	1,9	41	54	5,4	Tu3	12
Profil 10												
Ah	34,6	20,4	23	7	6,5	4,3	4,2	35	50	15	Tu3	12
Al	43,4	15,8	20,8	7,9	6,5	3,9	1,7	43	45	12	Lt3	8
II Bt	63,4	10,5	14	6,1	2,6	2	1,3	63	31	5,9	Tu2	3
III eCv	42,8	13,1	21	15,8	5,1	1,6	0,7	43	50	7,5	Lt3	8
eC-Cv	53,5	15,5	17,8	8,9	2,5	1,1	0,7	54	42	4,4	Tu2	3
Profil 11												
Ah	14,9	7,4	16,9	29,1	18	10,3	3,3	15	54	32	Uls	16
Al	23,4	12,4	15,6	19,4	23,8	2,7	2,8	23	47	29	Ls2	17
II Bt	33,6	10	12,6	28,9	9,4	2,4	3,1	34	52	15	Tu3	12
III P	55,1	8,4	5	15,8	12	1,9	1,7	55	29	16	Tl	2
Cv	29,9	5,6	5,2	32,4	12,6	3,7	10,5	30	43	27	Lt2	7

Fortsetzung Tab. A1

	T [%]	fU [%]	mU [%]	gU [%]	fS [%]	mS [%]	gS [%]	T [%]	U [%]	S [%]	Bodenart	kf* [cm/d]
Profil 12												
Ah	25,9	14,5	24,2	20	7,3	3,8	4,3	26	59	15	Lu	13
Bv	34,3	15,1	22,1	18,3	4,3	2,3	3,5	34	56	10	Tu3	12
II P	61,4	7,1	12,9	12,7	4	0,9	1,1	61	33	6	Tu2	3
III P-Cv	54	16,4	14,1	7,1	2	1,7	4,6	54	38	8,4	Tu2	3
IV P-Cv	42,8	13	16,3	14,5	3,9	3,8	5,7	43	44	14	Lt3	8
Profil 13												
Aeh	4,1	2,7	5	3,2	4,2	21,4	59,3	4,1	11	85	Su2	111
Bv	6	3,3	4,3	5,5	7,7	31,8	41,3	6	13	81	Sl2	64
Cv	3,8	3,9	2,7	5,5	7,4	32,2	44,5	3,8	12	84	Su2	111
Profil 14												
O-Aeh	2,2	0,3	6,1	1,7	36,9	22,2	30,5	2,2	8,2	90	Ss	276
Ahe	0,9	6,6	7,5	8,6	49,8	19,7	6,9	0,9	23	76	Su2	111
Bvh	7,4	6,1	11	16,4	50,3	8,1	0,7	7,4	34	59	Su3	38
Bhv	10,2	5,1	12,7	14,5	47,7	7,9	2	10	32	58	Sl3	30
Profil 15												
Ahe	4	4,4	4,9	5,5	7,4	31,3	42,6	4	15	81	Su2	111
Bv-Cv	5,8	3,5	7	5,7	5,3	37	35,7	5,8	16	78	Sl2	64
Profil 16												
Aeh	26,8	15,5	29,4	16,6	5,8	3,8	2,1	27	62	12	Lu	13
Al	27,3	16,7	26,8	17,8	4,8	3,3	3,1	27	61	11	Lu	13
II Bt	68,1	11	10,9	7,5	1,7	0,7	0,2	68	29	2,5	Tt	2
III eP	58,1	15,4	13,3	7,5	1,9	1,8	1,9	58	36	5,6	Tu2	3
eCv	40	20,1	14,9	6,9	12,1	3,3	2,6	40	42	18	Lt3	8
Profil 17												
Ah	8,2	12	25,3	16,1	20,8	12,9	4,7	8,2	53	38	Uls	16
Bv	16,8	18,9	25,4	21,6	10,5	3,9	2,9	17	66	17	Ut3	10
II Btv	21,2	19,8	25,2	15,7	9,8	3,2	5,1	21	61	18	Lu	13
III P	48,7	15,7	17,9	16,2	1,5	0,1	0	49	50	1,6	Tu2	3
P-Cv	50,1	16,4	14,7	16	2,4	0,3	0,1	50	47	2,8	Tu2	3
eCv	64,8	13,6	12,5	5,2	2,5	0,9	0,5	65	31	4	Tu2	3
Profil 18												
Ah	20,8	12,7	31,3	14,6	10,4	8	2,3	21	59	21	Lu	13
Bv	26,6	16	22,9	17,3	6,6	7,3	3,4	27	56	17	Lu	13
SBv	31	13	19,7	17,9	7,4	7,6	3,4	31	51	18	Tu3	12
II SP	57	10,9	8,4	13,6	4,2	4,8	1,2	57	33	10	Tu2	3
III SP-Cv	49,6	7,5	9,2	12,4	7,3	8,8	5,2	50	29	21	Tl	2
IVSP-cCv	43,1	9,7	10,6	8,7	6,8	10,9	10,1	43	29	28	Lts	6
Profil 19												
Ah	16	11,2	28,3	21,5	7,6	6,9	8,6	16	61	23	Uls	16
Al	23,1	15,9	27,8	24	3,4	2,5	3,3	23	68	9,2	Ut4	9
II SBt	65,9	13,9	10,5	6,5	1,1	1	1,1	66	31	3,2	Tt	2
SBt-Bv	37,2	10,4	7,2	12,6	14,4	8,1	10,1	37	30	33	Lt3	8
III Bcv	24,8	6,1	9,1	17,1	26,1	7,9	8,9	25	32	43	Ls3	8
Bv-Cv	23,3	3,4	4,6	32,8	14,6	10	11,5	23	41	36	Ls2	17
Profil 20												
Ahe	14,4	4,8	27,2	33,1	13,5	4,3	2,9	14	65	21	Ut3	10
Bvh	16,3	8,5	29,1	31	10,3	3,1	1,7	16	69	15	Ut3	10
II Btv-Cv	21,1	6,7	13,6	20,1	25,3	4,7	8,5	21	40	39	Ls2	17
Profil 21												
aAh	14	8,1	7	6	19,7	34,3	10,9	14	21	65	Sl4	16
aM1	13,2	8,6	6,1	6,7	23,4	34,2	7,8	13	21	65	Sl4	16
aM2	12,2	6,5	6,6	9,2	17	35,7	12,8	12	22	65	Sl4	16
aM3	9,8	4,8	4,8	5,9	14,7	35,6	24,5	9,8	16	75	Sl3	30
aGo	6,5	5,1	3,3	2,6	6,7	30,1	45,8	6,5	11	83	Sl2	64

* Wasserleitfähigkeit abgeleitet aus der Bodenart nach AG BODENKUNDE 1994,305

verwendete Orientierungswerte für die Rohdichte trocken [g/cm3] für verschiedene Horizonte nach UMWELTMINISTERIUM BAWÜ 1995, Anlage 3,Tafel 4:

Tab. A2: Horizont-Schwermetallgehalte sortiert nach den Tongehaltsgruppen der VwV Anog. Schadstoffe 1993 zur Abschätzung natürlicher Hintergrundwerte (Hges)

Profil- Probe Nr.	Ton [%]	Cu [mg/kg]	Cr	Ni	Zn	Pb	oberer Hintergrundwert (Hges)	Tongehaltsgruppe
14 Ahe	0,9	7,9	3,0	1,6	20,7	52,2		T1 (0-8 %)
14 O-Aeh	2,2	11,0	3,0	1,2	28,1	65,3	Cu = 10	
13 Cv	3,8	23,4	3,7	4,1	22,1	4,5	Cr = 20	
15 Ahe	4,0	7,3	1,7	0,9	14,0	17,5	Ni = 15	
13 Aeh	4,1	15,4	4,1	2,6	23,1	30,0	Zn = 35	
15 Bv-Cv	5,8	9,8	1,8	2,6	8,8	18,4	Pb = 25	
13 Bv	6,0	18,5	6,2	4,9	32,4	17,2		
21 aGo	6,5	4,8	17,9	10,8	32,4	2,4		
4 Btv-Cv	6,7	10,3	7,5	3,8	27,3	2,8		
4 AehxAhl	6,9	7,4	7,4	2,8	43,2	27,6		
2 Ahe	7,0	21,3	3,7	3,7	16,8	9,3		
14 Bvh	7,4	5,0	4,6	2,6	13,0	18,0		
		11,8	**5,4**	**3,5**	**23,5**	**22,1**	Durchscnitt	
17 Ah	8,2	12,2	15,3	16,9	48,8	48,8		T2 (>8-17 %)
4 Ahl-Bv	8,4	5,2	10,5	3,1	42,9	20,9	Cu = 20	
2 Bvh	8,5	20,0	4,4	2,0	15,7	12,3	Cr = 35	
1 Bv-Cv	8,8	18,3	5,8	18,3	14,4	7,7	Ni = 25	
1 Aeh	8,8	9,3	5,7	13,3	21,8	14,2	Zn = 60	
7 Ah	9,4	5,9	20,1	10,7	50,1	37,9	Pb = 35	
4 II Btv	9,7	8,0	9,7	12,4	40,6	10,6		
21 aM3	9,8	8,3	20,1	11,8	33,5	2,4		
6 Ah	10,1	18,5	33,3	16,8	64,1	57,0		
14 Bhv	10,2	4,4	5,3	3,1	18,1	17,1		
3 Aeh	10,2	11,8	6,6	0,9	20,6	29,0		
2 Bsv-Cv	11,2	10,6	5,2	9,6	15,7	1,7		
21 aM2	12,2	11,0	23,2	13,4	39,0	5,6		
5 Ah	12,2	17,1	40,2	13,7	62,2	22,0		
1 Bhv	12,8	6,0	8,4	16,8	35,0	8,9		
21 aM1	13,2	11,4	21,7	12,6	37,9	11,3		
7 Al	13,3	7,5	22,6	11,3	54,5	22,6		
21 aAh	14,0	12,5	22,5	13,8	42,4	11,1		
5 Al	14,0	8,0	16,1	9,1	29,8	11,5		
20 Ahe	14,4	10,3	12,1	13,0	36,4	59,7		
9 Ah	14,7	13,6	29,7	17,3	86,6	82,9		
11 Ah	14,9	16,2	30,9	14,5	83,7	55,7		
3 Bhv	15,4	22,6	6,9	4,0	10,9	10,9		
19 Ah	16,0	14,5	30,1	19,7	69,6	36,7		
20 Bvh	16,3	9,6	13,7	13,9	42,2	32,4		
6 Al	16,3	13,9	29,9	15,6	55,7	21,1		
17 Bv	16,8	9,1	13,2	13,7	29,5	36,6		
		11,7	**17,2**	**11,9**	**40,8**	**25,5**	Durchscnitt	
6 Al-Sw	20,1	14,6	34,0	19,4	56,6	9,6		T3 (>17-27 %)
18 Ah	20,8	33,3	28,2	25,7	92,0	39,8	Cu = 30	
20 II Btv-Cv	21,1	9,5	13,9	17,5	40,3	24,2	Cr = 50	
17 II Btv	21,2	11,0	14,2	14,3	25,1	32,1	Ni = 40	
9 AhxAl	21,3	12,5	32,5	15,0	54,3	35,0	Zn = 75	
19 Al	23,1	13,8	32,5	15,0	105,1	29,4	Pb = 40	
19 Bv-Cv	23,3	31,2	61,1	34,2	69,6	52,7		
11 Al	23,4	8,8	33,9	12,6	58,5	20,1		
8 Ah	24,8	41,3	34,2	38,9	100,6	43,4		
19 III Bcv	24,8	36,2	104,7	59,5	154,0	38,2		
12 Ah	25,9	11,1	33,3	19,7	55,0	57,9		
18 Bv	26,6	29,5	27,9	27,9	74,4	36,6		
16 Aeh	26,8	20,1	29,6	15,4	61,6	76,9		
Schnitt		**21,0**	**36,9**	**24,2**	**72,9**	**38,1**	Durchscnitt	

Fortsetzung Tab. A2

Profil- Probe Nr.	Ton [%]	Cu [mg/kg]	Cr	Ni	Zn	Pb	oberer Hintergrundwert (Hges)	Tongehaltsgruppe
16 Al	27,3	21,2	32,5	16,2	62,4	62,5		
7 Bv	27,9	13,6	40,9	27,3	82,8	12,4	Cu = 35	T4 (>27-45 %)
5 III SP-Cv	28,0	4,9	22,2	14,3	36,9	2,5	Cr = 60	
7 SAl+SBt	28,1	17,4	33,6	24,3	70,0	22,0	Ni = 55	
3 III P-Cv	29,2	16,1	11,6	17,0	14,3	13,4	Zn = 95	
11 Cv	29,9	10,0	42,4	27,9	50,2	1,1	Pb = 50	
3 II P	30,0	14,6	14,6	11,7	19,5	16,5		
18 SBv	31,0	40,5	29,0	31,3	54,7	41,0		
8 III eCv	33,4	32,6	18,3	30,9	62,8	5,8		
11 II Bt	33,6	27,2	53,6	25,2	62,7	11,4		
12 Bv	34,3	17,4	39,9	24,7	37,3	40,8		
7 SBt	34,5	18,5	38,3	34,6	68,9	14,8		
10 Ah	34,6	58,5	37,6	69,8	120,4	34,4		
19 SBt-Bv	37,2	24,9	91,0	73,7	92,6	17,7		
5 SBt	38,2	9,3	24,4	18,3	38,6	2,3		
6 II Bt-Sd	39,8	25,6	51,2	40,7	77,6	8,1		
6 Bt-Sd 2	39,9	23,8	51,3	46,3	67,1	6,3		
16 eCv	40,0	26,1	24,9	22,4	33,3	17,4		
9 III Bcv	40,7	31,8	43,6	35,4	85,7	19,0		
5 II SP	41,5	6,2	36,9	14,8	30,7	3,7		
12 IV P-Cv	42,8	19,4	34,0	26,7	47,8	26,7		
10 III eCv	42,8	55,3	30,4	62,3	93,3	4,6		
18 IV SP-cCv	43,1	38,8	30,3	43,8	60,0	30,0		
10 Al	43,4	67,4	37,8	65,5	111,6	26,7		
		24,8	34,8	32,2	59,3	17,7	Durchscnitt	
8 SAl	45,1	53,9	41,2	57,1	95,9	25,9		
8 Al	45,6	45,6	38,6	46,4	93,4	30,1	Cu = 50	T5 (>45-65 %)
17 III P	48,7	21,3	26,2	40,9	31,4	13,2	Cr = 75	
18 III SP-Cv	49,6	61,9	39,0	77,0	76,7	50,7	Ni = 70	zusammengefaßt mit
9 SAl	49,7	24,8	47,0	30,9	71,4	14,9	Zn = 110	
17 P-Cv	50,1	5,0	22,5	33,0	26,1	5,0	Pb = 55	
10 eC-Cv	53,5	42,9	17,9	48,6	86,9	3,6		
12 III P-Cv	54,0	20,0	46,7	37,6	45,9	22,3	Cu = 60	T6 (> 65 %)
9 II SBt	54,6	34,3	49,0	53,4	85,7	23,5	Cr = 90	
11 III P	55,1	25,6	85,3	53,6	71,7	2,4	Ni = 100	
18 II SP	57,0	41,3	30,6	36,4	52,5	26,3	Zn = 150	
16 III eP	58,1	33,4	35,8	28,6	42,2	11,9	Pb = 55	
12 II P	61,4	33,4	54,1	45,2	52,8	34,6		
8 II SBt	63,4	67,3	43,8	81,2	106,8	15,0		
10 II Bt	63,4	71,8	40,9	80,1	110,0	5,8		
17 eCv	64,8	5,0	22,3	37,8	27,2	12,1		
19 II SBt	65,9	20,5	51,8	28,4	57,4	10,6		
16 II Bt	68,1	55,3	45,7	52,9	51,6	38,5		
		36,8	41,0	48,3	65,9	19,2	Durchscnitt	

Tab. A3: Blei- und Zink-Anreicherungs-Gradienten

Probe		Pb-Anteil [%-Gesamt-SM]	Horizont-Differenz	Teilanreich.-Grad. [%]	Zn-Anteil [%-Gesamt-SM]	Horizont-Differenz	Teilanreich.-Grad. [%]
Prof. 1	O	24,5		10,6	45,5		34,0
	Aeh	22,1	2,4	86,7	33,9	11,5	-27,2
	Bhv	11,9	10,3	-0,7	46,6	-12,7	108,2
	Bv-Cv	11,9	-0,1	86,0	22,4	24,2	81,0
Prof. 2	Of-Oh	46,6		174,0	36,5		19,4
	Ahe	17,0	29,6	-32,2	30,6	5,9	-4,5
	Bvh	25,1	-8,1	517,5	32,0	-1,4	-12,4
	Bsv-Cv	4,1	21,0	485,3	36,6	-4,5	81,0
Prof. 3	Of-Oh	40,1		-4,7	30,1		0,7
	Aeh	42,1	-2,0	134,0	29,9	0,2	10,7
	Bhv	18,0	24,1	-16,4	27,0	-2,9	6,7
	II P	21,5	-3,5	16,2	25,3	-1,7	28,2
	III P-Cv	18,5	3,0	133,8	19,8	5,6	45,6
Prof. 4	AehxAhl	31,3		23,4	49,0		-5,7
	Ahl-Bv	25,3	5,9	94,1	51,9	-2,9	3,8
	II Btv	13,0	12,3	139,1	50,0	1,9	-5,2
	Btv-Cv	5,5	7,6	256,6	52,7	-2,7	-7,1
Prof. 5	Ah	14,2		-8,2	40,1		0,1
	Al	15,4	-1,3	515,6	40,1	0,0	-3,6
	SBt	2,5	12,9	-37,5	41,6	-1,5	25,0
	II SP	4,0	-1,5	31,4	33,2	8,3	-27,3
	III SP-Cv	3,0	1,0	501,3	45,7	-12,5	-5,8
Prof. 6	Ah	30,0		94,3	33,8		-17,5
	Al	15,5	14,6	116,3	40,9	-7,2	-2,9
	Al-Sw	7,1	8,3	78,4	42,2	-1,2	10,7
	II Bt-Sd	4,0	3,1	24,8	38,1	4,0	10,7
	Bt-Sd 2	3,2	0,8	313,8	34,5	3,7	1,0
Prof. 7	Ah	30,4		59,4	40,2		-12,6
	Al	19,1	11,3	44,9	46,0	-5,8	9,9
	SAl + SBt	13,2	5,9	55,4	41,8	4,1	6,4
	SBt	8,5	4,7	20,8	39,3	2,5	-15,9
	Bv	7,0	1,5	180,5	46,7	-7,4	-14,9
Prof. 8	Ah	16,8		41,9	38,9		5,9
	Al	11,8	5,0	25,4	36,7	2,2	5,0
	SAl	9,4	2,4	98,3	35,0	1,7	2,9
	II SBt	4,8	4,7	23,1	34,0	1,0	-18,6
	III eCv	3,9	0,9	188,7	41,8	-7,7	-4,8
Prof. 9	O	38,4		6,7	36,2		-3,8
	Ah	36,0	2,4	53,6	37,6	-1,4	3,5
	AhxAl	23,5	12,6	198,4	36,3	1,3	-3,8
	SAl	7,9	15,6	-20,0	37,8	-1,4	8,6
	II SBt	9,6	-0,9	8,6	34,8	4,5	-12,4
	III Bcv	8,8	0,8	240,6	39,8	-4,9	-4,1
Prof. 10	Ah	10,7		24,0	37,5		3,9
	Al	8,7	2,1	361,2	36,1	1,4	1,3
	II Bt	1,9	6,8	0,1	35,6	0,5	-6,0
	III eCv	1,9	0,0	4,8	37,9	-2,3	-12,8
	eC-Cv	1,8	0,1	390,1	43,5	-5,6	-13,6
Prof. 11	Ah	27,7		84,7	41,6		-4,7
	Al	15,0	12,7	137,8	43,7	-2,1	25,5
	II Bt	6,3	8,7	517,0	34,8	8,9	15,9
	III P	1,0	5,3	20,1	30,0	4,8	-21,2
	Cv	0,9	0,2	759,6	38,1	-8,1	15,5
Prof. 12	Ah	32,7		28,3	31,1		33,4
	Bv	25,5	7,2	62,3	23,3	7,8	-2,8
	II P	15,7	9,8	21,4	24,0	-0,7	-9,9
	III P-Cv	12,9	2,8	-25,1	26,6	-2,6	-13,9
	IV P-Cv	17,3	-4,3	86,9	30,9	-4,3	6,8
Prof. 13	L-Of	29,5		-25,1	56,1		20,1
	Oh	39,4	-9,9	-1,1	46,7	9,4	52,3
	Aeh	39,9	-0,5	83,3	30,7	16,1	-25,0
	Bv	21,8	18,1	176,6	40,9	-10,2	6,8
	Cv	7,9	13,9	259,9	38,3	2,6	-18,2

Fortsetzung Tab. A3

Probe		Pb-Anteil [%-Gesamt-SM]	Horizont- Differenz	Teilanreich.- Grad. [%]	Zn-Anteil [%-Gesamt-SM]	Horizont- Differenz	Teilanreich.- Grad. [%]
Prof. 14	O-Aeh	60,1		-1,8	25,9		6,7
	Ahe	61,2	-1,1	46,9	24,2	1,6	-19,4
	Bvh	41,7	19,5	17,2	30,1	-5,8	-20,1
	Bhv	35,6	6,1	62,3	37,7	-7,6	-32,8
Prof. 15	L-Of	43,4		-29,6	40,7		59,4
	Oh	61,6	-18,3	46,0	25,5	15,2	-24,4
	Ahe	42,2	19,4	-5,2	33,8	-8,2	59,3
	Bv-Cv	44,5	-2,3	-5,2	21,2	12,6	59,3
Prof. 16	O-Ah	35,0		-7,5	36,1		19,2
	Aeh	37,8	-2,8	17,7	30,3	5,8	-5,6
	Al	32,1	5,7	103,5	32,0	-1,8	51,5
	II Bt	15,8	16,3	101,2	21,2	10,9	-23,9
	III eP	7,8	7,9	-44,1	27,8	-6,6	3,5
	eCV	14,0	-6,2	170,8	26,8	0,9	44,7
Prof. 17	Ah	34,4		-4,1	34,4		19,1
	Bv	35,8	-1,5	7,8	28,9	5,5	11,2
	II Btv	33,2	2,6	235,6	26,0	2,9	10,0
	III P	9,9	23,3	80,8	23,6	2,4	-17,1
	P-Cv	5,5	4,4	-52,7	28,5	-4,9	9,3
	eCv	11,6	-6,1	267,4	26,1	2,4	32,5
Prof. 18	Ah	18,2		-2,5	42,0		10,8
	Bv	18,6	-0,5	-10,7	37,9	4,1	36,1
	SBv	20,9	-2,2	48,7	27,8	10,1	-0,9
	II SP	14,0	6,8	-15,5	28,1	-0,2	11,7
	III SP-Cv	16,6	-2,6	12,3	25,1	2,9	-15,1
	IV SP-cCv	14,8	1,8	32,3	29,6	-4,5	42,6
Prof. 19	Ah	21,5		43,2	40,8		-24,0
	Al	15,0	6,5	139,1	53,7	-12,9	57,6
	II SBt	6,3	8,7	6,4	34,0	19,6	10,3
	SBt-Bv	5,9	0,4	-39,2	30,9	3,2	-21,4
	III Bcv	9,7	-3,8	-54,2	39,3	-8,4	40,4
	Bv-Cv	21,2	-11,5	95,3	28,0	11,3	62,9
Prof. 20	O	34,8		-23,4	35,8		29,4
	Ahe	45,4	-10,6	56,8	27,7	8,1	-26,6
	Bvh	28,9	16,4	26,2	37,7	-10,0	-1,4
	II Btv-Cv	22,9	6,0	-4,4	38,2	-0,5	19,5
	Cv-C	24,0	-1,1	78,6	32,0	6,2	-8,5
Prof. 21	aAh	10,9		-8,7	41,4		3,7
	aM1	11,9	-1,0	95,8	40,0	1,5	-5,6
	aM2	6,1	5,8	95,6	42,3	-2,4	-3,8
	aM3	3,1	3,0	-11,2	44,0	-1,7	-7,3
	aGo	3,5	-0,4	171,5	47,5	-3,4	-13,0
Durchschnittliche relative Profilanreich.-Gradienten:				226,4			16,7
Durchschnittliche Hauptanreicherungsgrad.:				176,6			24,9

Erläuterung: 95,8 Hauptanreicherungsgradient   171,5 Profilgradient   jeweils nur von Mineralböden

Tab. A4: Sorbierte SM-Gehalte in % bei Versatz mit Multielement-Lösungen von 25-,50,-250 mg/l (Konz. je Element 5-,10-,50 mg/l)

	Cu [25]	Cu [50]	Cu [250]	Cr [25]	Cr [50]	Cr [250]	Ni [25]	Ni [50]	Ni [250]	Zn [25]	Zn [50]	Zn [250]	Pb [25]	Pb [50]	Pb [250]
Profil 1															
O	98	98	98	98	99	97	97	97	95	94	96	93	95	100	100
Aeh	97	98	95	97	99	96	93	90	71	82	84	57	99	99	99
Bhv	97	97	79	97	98	93	83	73	33	77	68	25	100	100	96
Bv-Cv	98	97	58	99	99	94	90	80	28	85	80	22	100	100	90
Profil 2															
Of-Oh	99	99	99	99	99	99	99	99	97	97	98	95	100	100	100
Ahe	96	95	84	97	98	91	90	83	50	84	76	37	100	99	97
Bvh	95	88	52	97	98	93	71	50	21	62	45	15	100	99	90
Bsv-Cv	98	98	60	100	99	97	95	96	51	93	93	46	99	100	91
Profil 3															
Of-Oh	99	99	99	99	99	99	99	97	96	97	96	93	100	100	100
Aeh	97	98	96	97	100	96	95	87	83	89	87	64	99	100	100
Bhv	99	99	85	99	100	98	94	96	55	92	96	48	99	100	98
II P	99	100	96	100	100	99	97	98	84	97	98	84	100	100	100
III P-Cv	100	98	96	100	99	100	98	87	87	69	78	86	99	100	100
Profil 4															
AhxAl	98	98	94	98	99	97	91	81	64	81	77	49	98	100	99
Ahl-Bv	98	98	89	99	100	97	91	59	42	85	61	33	98	100	99
II Btv	99	99	71	99	100	97	85	83	16	85	83	6	99	100	96
Btv-Cv	99	99	81	100	100	98	94	96	35	94	99	28	100	100	96
Profil 5															
Ah	99	99	98	99	100	99	97	96	96	98	99	98	100	100	100
Al	98	96	99	100	100	99	97	81	84	99	82	87	99	99	100
SBt	98	100	89	100	100	100	83	99	78	82	98	75	99	100	99
II SP	99	100	95	100	100	100	100	98	91	99	98	90	99	100	99
III P-Cv	100	98	94	100	99	100	100	96	89	99	96	88	100	100	99
Profil 6															
Ah	98	95	99	98	99	100	97	73	99	95	70	98	100	100	100
Al	97	100	78	98	100	95	85	95	44	80	95	35	100	100	98
Al-Sw	100	100	92	100	100	99	98	99	74	98	99	71	100	100	99
II Bt-Sd	100	100	99	100	100	100	100	99	94	99	100	94	100	100	100
Bt-Sd 2	100	95	100	99	97	100	100	89	98	100	87	99	100	99	100
Profil 7															
Ah	95	95	94	95	99	94	91	78	84	83	77	76	99	99	100
Al	98	100	73	99	100	96	90	98	40	87	97	33	100	99	97
SAl+SBt	100	100	95	100	100	100	99	99	87	98	98	85	99	100	100
SBt	100	100	99	99	99	99	100	100	94	99	99	92	100	100	100
Bv	100	100	100	98	100	99	100	99	99	100	99	99	100	100	100
Profil 8															
Ah	99	100	100	99	100	100	99	100	100	99	100	100	99	100	100
Al	99	100	100	100	100	100	100	100	100	99	99	100	99	100	100
SAl	100	100	100	100	100	100	100	100	100	99	99	100	98	100	100
II SBt	100	100	100	99	100	100	100	100	100	99	100	100	99	100	100
III eCv	100	100	100	100	100	100	100	100	100	100	100	100	99	100	100
Profil 9															
O	99	100	100	99	100	99	99	99	98	98	99	97	100	100	100
Ah	98	98	99	98	99	98	96	95	96	87	93	93	100	100	100
Ah x Al	99	99	93	99	100	99	95	90	66	91	90	60	99	100	99
SAl	100	100	98	99	100	100	96	98	92	94	99	90	100	100	100
II SBt	100	100	100	99	100	100	100	100	98	96	99	97	100	100	100
III Bcv	100	100	100	99	100	100	100	100	100	100	100	100	100	100	99
Profil 10															
Ah	98	99	100	98	100	100	98	99	100	97	99	98	100	100	100
Al	100	100	100	100	100	100	100	100	100	99	100	99	100	100	100
II Bt	100	100	100	100	100	100	100	100	100	100	100	99	100	100	100
III eCv	100	100	100	100	100	100	100	100	100	100	100	100	100	100	100
eC-Cv	100	100	100	100	100	100	100	100	100	100	100	100	99	100	100
Profil 11															
Ah	97	98	98	97	98	97	96	95	94	88	92	88	100	99	100
Al	96	93	86	97	98	94	83	74	54	75	70	44	99	99	99
II Bt	100	100	96	100	100	100	99	95	81	98	95	76	99	100	100
III P	100	100	99	99	100	100	99	98	95	99	99	95	99	100	100
Cv	100	100	100	99	99	100	99	98	96	100	99	96	100	100	100

Fortsetzung Tab. A4

	Cu			Cr			Ni			Zn			Pb		
	[25]	[50]	[250]	[25]	[50]	[250]	[25]	[50]	[250]	[25]	[50]	[250]	[25]	[50]	[250]
Profil 12															
Ah	98	98	99	98	98	99	96	96	92	95	95	90	99	100	100
Bv	98	99	98	99	99	99	97	95	89	96	96	87	100	100	100
II P	100	100	100	100	100	100	99	99	96	99	99	97	100	100	100
III P-Cv	100	100	100	100	99	100	100	100	99	100	100	100	100	100	100
IV P-Cv	100	100	100	99	99	100	100	99	100	100	100	100	100	100	100
Profil 13															
L-Of	99	99	99	99	99	99	99	98	100	97	98	96	100	100	100
Oh	99	99	99	99	99	99	98	98	92	96	96	89	100	100	100
Aeh	91	82	74	91	88	81	60	42	33	44	36	21	97	96	91
Bv	90	72	49	93	92	88	42	28	18	40	29	10	100	97	85
Cv	26	16	24	72	61	70	4	2	12	2	2	3	75	57	60
Profil 14															
O-Aeh	98	98	99	97	99	97	97	97	96	97	98	96	99	99	100
Ahe	97	98	98	98	99	98	97	97	88	96	96	82	99	99	100
Bvh	93	87	73	96	96	91	74	55	33	64	51	21	99	99	94
Bhv	96	86	75	97	95	93	98	43	30	98	40	19	100	99	94
Profil 15															
L-Of	99	100	100	100	100	99	100	99	98	99	99	97	100	100	100
Oh	99	99	99	99	99	99	100	99	95	97	96	88	100	100	100
Ahe	98	97	90	98	97	93	95	87	56	88	79	39	100	100	97
Bv-Cv	96	92	67	97	97	90	85	64	30	76	56	18	99	99	90
Profil 16															
O-Ah	99	99	99	99	99	99	98	98	97	97	98	96	100	100	100
Aeh	97	97	98	98	98	98	94	92	86	91	90	85	100	100	99
Al	97	97	94	98	98	97	100	89	74	100	89	76	100	100	99
II Bt	100	100	100	100	99	100	100	100	92	100	100	99	100	100	100
III eP	100	100	100	100	99	100	100	100	89	100	100	99	100	100	100
eCv	100	100	100	100	99	100	100	99	88	100	100	99	100	100	100
Profil 17															
Ah	98	98	99	98	98	98	96	95	82	94	96	95	100	98	100
Bv	98	97	96	99	99	98	95	90	66	92	90	74	100	98	100
II Btv	100	100	98	100	100	100	0	98	95	98	98	93	100	100	100
III P	100	100	99	100	100	100	99	98	94	99	100	93	100	100	100
P-Cv	100	100	99	100	100	100	99	98	95	99	100	93	100	100	100
eCv	100	100	100	100	100	100	99	99	99	100	100	98	100	100	100
Profil 18															
Ah	99	99	100	100	100	100	98	98	98	99	99	96	100	100	100
Bv	97	99	100	97	100	100	96	98	95	93	99	93	98	100	100
SBv	99	100	100	99	100	100	100	99	94	99	100	94	100	100	100
II SP	100	100	100	100	100	100	100	99	97	99	100	94	100	100	100
III SP-Cv	100	100	100	100	100	100	100	99	97	99	100	97	100	100	100
IV SP-cCv	100	100	100	96	98	99	100	100	100	100	100	98	100	100	100
Profil 19															
Ah	97	97	98	98	98	98	94	92	92	90	91	87	99	100	100
Al	61	37	60	86	80	90	8	2	35	1	0	23	91	83	91
II SBt	100	100	98	100	100	100	98	98	94	97	98	91	100	100	100
SBt-Bv	100	100	100	98	98	96	99	97	100	99	98	100	99	100	100
III Bcv	100	100	100	90	95	96	100	100	100	100	100	100	99	100	100
Bv-Cv	100	100	100	92	96	98	100	100	100	99	100	100	98	100	100
Profil 20															
O	99	100		99	100		99	99		98	99		100	100	
Ahe	99	99		99	99		97	95		94	92		100	100	
Bvh	98	93	81	99	99	97	78	55	32	70	52	20	100	100	97
II Btv-Cv	97	85	57	99	98	97	66	41	33	62	42	25	100	100	94
Cv-C	94	76		99	99		67	45		64	47		100	100	
Profil 21															
aAh	99	99	99	99	99	97	99	98	98	99	99	99	99	100	100
aM1	99	99	100	100	100	100	99	99	99	100	100	100	99	100	100
aM2	98	99	100	100	100	100	100	99	99	98	100	100	99	100	100
aM3	98	100	100	100	100	100	100	99	99	99	100	100	99	100	100
aGo	99	100	100	100	100	100	100	99	99	100	100	100	100	100	100

Tab. A5: Sorptionsleistung je Horizont, bei Versatz mit 500mg/l Multielement-Versatzlsg.
(je 5*100 mg/l Cu, Cr, Ni, Zn, Pb)

	Horizont	Sorp. Cu [%]	Sorp. Cu [mg/kg]	Sorp. Cr [%]	Sorp. Cr [mg/kg]	Sorp. Ni [%]	Sorp. Ni [mg/kg]	Sorp. Zn [%]	Sorp. Zn [mg/kg]	Sorp. Pb [%]	Sorp. Pb [mg/kg]
Profil 1	O	95,4	190,8	95,0	189,9	89,5	179,0	84,4	168,9	97,6	195,2
	Aeh	84,7	169,4	83,9	167,8	40,0	80,0	30,0	60,0	96,4	192,8
	Bhv	57,8	115,6	75,3	150,6	17,2	34,4	16,0	32,0	93,5	187,0
	Bv-Cv	41,0	82,0	73,2	146,4	14,2	28,4	14,0	28,0	86,5	173,0
Profil 2	Of-Oh	98,2	196,5	98,7	197,5	95,7	191,4	99,5	199,1	99,6	199,2
	Ahe	64,1	128,2	61,2	122,4	22,0	44,0	18,0	36,0	94,3	188,6
	Bvh	42,6	85,2	64,4	128,8	11,2	22,4	9,2	18,4	88,7	177,4
	Bsv-Cv	38,6	77,2	82,2	164,4	27,4	54,8	28,3	56,6	83,5	167,0
Profil 3	Aeh	90,1	180,2	87,2	174,4	57,0	114,0	47,2	94,4	98,1	196,2
	Bhv	63,4	126,8	89,6	179,2	28,0	56,0	27,4	54,8	96,4	192,8
	II P	86,5	173,0	98,2	196,4	67,0	134,0	67,0	134,0	99,0	198,0
	III P-Cv	84,0	168,0	98,6	197,2	72,6	145,2	73,0	146,0	98,4	196,8
Profil 4	AhxAl	86,5	173,0	90,1	180,2	37,4	74,8	29,4	58,8	97,8	195,6
	Ahl-Bv	71,5	143,0	88,9	177,8	19,4	38,8	18,3	36,6	97,0	194,0
	II Btv	55,8	111,6	87,5	175,0	7,0	14,0	3,8	7,6	94,5	189,0
	Btv-Cv	52,6	105,2	85,3	170,6	11,0	22,0	7,8	15,6	93,0	186,0
Profil 5	Ah	98,2	196,4	98,4	196,8	86,6	173,2	91,0	182,0	99,3	198,6
	Al	91,9	183,8	97,4	194,8	58,2	116,4	59,5	119,0	99,2	198,4
	SBt	78,7	157,4	98,4	196,8	65,2	130,4	65,0	130,0	97,9	195,8
	II SP	81,3	162,6	98,3	196,6	74,1	148,2	75,0	150,0	98,5	197,0
	III P-Cv	79,7	159,4	98,2	196,4	72,0	144,0	74,0	148,0	97,9	195,8
Profil 6	Ah	96,6	193,2	96,9	193,8	75,3	150,6	73,0	146,0	100,0	200,0
	Al	51,4	102,8	70,6	141,2	19,8	39,6	15,8	31,6	92,1	184,2
	Al-Sw	69,7	139,4	96,5	193,0	48,0	96,0	47,5	95,0	97,9	195,8
	II Bt-Sd	95,9	191,8	99,6	199,2	83,4	166,8	84,5	169,0	100,0	200,0
	Bt-Sd 2	99,4	198,8	99,7	199,4	88,8	177,6	92,0	184,0	100,0	200,0
Profil 7	Ah	91,2	182,4	81,2	162,4	62,8	125,6	57,4	114,8	98,6	197,2
	Al	46,4	92,8	77,9	155,8	17,8	35,6	15,4	30,8	91,0	182,0
	SAl+SBt	84,3	168,6	99,1	198,2	69,8	139,6	71,0	142,0	98,8	197,6
	SBt	93,0	186,0	99,2	198,4	81,5	163,0	82,5	165,0	99,5	199,0
	Bv	99,6	199,2	99,5	199,0	98,3	196,6	100,0	200,0	100,0	200,0
Profil 9	Ah	98,2	196,4	95,8	191,6	88,8	177,6	86,2	172,4	99,6	199,2
	Ah x Al	73,0	146,0	92,9	185,8	33,6	67,2	32,2	64,4	97,2	194,4
	SAl	91,5	183,0	98,9	197,8	76,4	152,8	77,0	154,0	99,0	198,0
	II SBt	99,6	199,2	99,8	199,6	88,7	177,4	91,0	182,0	100,0	200,0
	III Bcv	99,5	199,0	99,9	199,8	99,4	198,8	99,7	199,4	99,8	199,6
Profil 11	Ah	96,0	192,0	88,2	176,5	78,2	156,3	73,6	147,2	100,0	200,0
	Al	67,0	134,0	79,7	159,4	25,4	50,8	22,4	44,8	96,0	192,0
	II Bt	79,9	159,8	97,5	195,0	51,4	102,8	50,0	100,0	98,0	196,0
	III P	97,0	194,0	99,5	199,0	85,5	171,0	86,0	172,0	100,0	200,0
	Cv	99,2	198,4	99,6	199,2	83,5	167,0	88,0	176,0	100,0	200,0
Profil 13	L-Of	98,8	197,6	97,4	194,9	92,5	185,0	90,8	181,7	99,8	199,6
	Oh	97,3	194,5	96,0	191,9	82,9	165,8	81,9	163,7	99,2	198,5
	Aeh	55,6	111,2	37,4	74,8	12,6	25,2	6,8	13,6	85,8	171,6
	Bv	28,8	57,6	57,0	114,0	6,0	12,0	3,0	6,0	78,4	156,8
	Cv	10,2	20,4	19,2	38,4	2,0	4,0	0,0	0,0	55,9	111,8
Profil 14	O-Aeh	97,5	195,1	96,9	193,9	88,1	176,1	87,6	175,3	99,5	199,0
	Ahe	91,4	182,9	87,4	174,7	68,6	137,2	66,0	132,0	97,6	195,2
	Bvh	51,0	102,0	63,7	127,4	11,8	23,6	6,4	12,8	88,5	177,0
	Bhv	53,2	106,4	73,4	146,8	8,6	17,2	3,3	6,6	89,4	178,8
Profil 15	L-Of	98,9	197,8	97,6	195,2	92,0	184,0	89,8	179,6	99,6	199,1
	Oh	96,6	193,2	94,6	189,2	79,4	158,7	62,1	124,3	98,8	197,6
	Ahe	58,0	116,0	53,0	106,0	20,0	40,0	19,0	38,0	93,0	186,0
	Bv-Cv	48,0	96,0	63,5	127,0	11,2	22,4	5,5	11,0	85,4	170,8
Profil 17	Ah	97,9	195,8	95,3	190,6	88,8	177,6	87,8	175,6	99,9	199,7
	Bv	87,5	175,0	93,0	186,0	52,6	105,2	53,4	106,8	98,8	197,6
	II Btv	93,6	187,2	99,2	198,4	84,1	168,1	84,2	168,5	100,0	200,0
	III P	97,2	194,4	98,9	197,8	85,9	171,8	87,0	174,0	99,4	198,8
	P-Cv	97,5	195,0	99,1	198,2	86,0	172,0	87,0	174,0	99,3	198,6
	eCv	99,8	199,6	100,0	200,0	94,7	189,4	99,2	198,4	99,5	199,0

Fortsetzung Tab. A5:

	Horizont	Sorp. Cu [%]	Sorp. Cu [mg/kg]	Sorp. Cr [%]	Sorp. Cr [mg/kg]	Sorp. Ni [%]	Sorp. Ni [mg/kg]	Sorp. Zn [%]	Sorp. Zn [mg/kg]	Sorp. Pb [%]	Sorp. Pb [mg/kg]
Profil 19	Ah	96,5	193,0	96,1	192,2	77,6	155,2	74,4	148,8	100,0	200,0
	Al	34,0	68,0	52,6	105,2	10,6	21,2	5,9	11,8	85,4	170,8
	II SBt	93,7	187,4	99,4	198,8	82,9	165,8	82,2	164,4	99,5	199,0
	SBt-Bv	99,5	199,0	99,4	198,8	98,0	196,0	99,4	198,8	100,0	200,0
	III Bcv	99,6	199,2	96,6	193,2	99,5	199,0	99,6	199,2	100,0	200,0
	Bv-Cv	99,8	199,6	99,0	198,0	94,0	188,0	98,8	197,6	100,0	200,0
Profil 20	O	98,0	196,0	97,0	194,0	89,0	178,0	80,0	160,0	97,0	194,0
	Ahe	89,0	178,0	86,0	172,0	69,0	138,0	63,0	126,0	95,0	190,0
	Bvh	52,0	104,0	68,0	136,0	13,0	26,0	10,0	20,0	91,0	182,0
	IIBtv-Cv	54,0	108,0	70,0	140,0	11,0	22,0	5,0	10,0	89,0	178,0

Tab. AX: Sorptionsleistung je Horizont, bei Versatz mit 1000mg/l Multielement-Versatzlsg.
(je 5*200 mg/l Cu, Cr, Ni, Zn, Pb)

	Horizont	Sorp. Cu [%]	Sorp. Cu [mg/kg]	Sorp. Cr [%]	Sorp. Cr [mg/kg]	Sorp. Ni [%]	Sorp. Ni [mg/kg]	Sorp. Zn [%]	Sorp. Zn [mg/kg]	Sorp. Pb [%]	Sorp. Pb [mg/kg]
Profil 8	Ah	92,8	371,2	92,0	368,0	86,6	346,3	85,8	343,3	97,2	388,7
	SAl	84,8	339,1	89,6	358,5	80,3	321,4	80,9	323,5	93,0	371,9
	II SBt	85,7	342,9	90,8	363,4	80,5	322,0	81,0	324,1	94,3	377,1
	III eCv	100,0	399,8	100,0	400,0	89,6	358,6	96,4	385,7	99,9	399,7
Profil 10	Ah	95,1	380,3	97,5	390,2	68,0	272,1	63,6	254,4	98,6	394,5
	Al	90,1	360,5	97,8	391,1	57,6	230,3	57,1	228,4	98,9	395,8
	II Bt	94,9	379,7	99,2	396,7	66,3	265,3	66,3	265,3	99,6	398,4
	III eCv	100,0	400,0	100,0	400,0	95,1	380,6	100,0	400,0	100,0	400,0
	eC-Cv	100,0	400,0	100,0	400,0	91,8	367,1	100,0	400,0	100,0	400,0
Profil 12	Ah	69,6	278,5	82,9	331,4	35,3	141,3	34,3	137,4	90,7	363,0
	Bv	39,0	156,1	67,1	268,4	21,6	86,4	25,5	101,9	72,8	291,2
	II P	70,8	283,4	94,7	378,6	55,8	223,1	53,8	215,3	94,1	376,3
	III P-Cv	99,7	398,8	99,9	399,6	89,6	358,2	98,5	394,0	100,0	400,0
	IV P-Cv	99,9	399,6	100,0	399,8	87,8	351,2	97,6	390,2	100,0	400,0
Profil 16	O-Ah	95,3	381,0	94,9	379,6	67,1	268,3	58,8	235,4	99,8	399,2
	Aeh	46,5	185,9	48,9	195,4	19,2	76,9	20,7	82,6	97,7	390,6
	Al	20,8	83,4	28,9	115,6	9,9	39,8	11,4	45,4	62,1	248,3
	II Bt	76,1	304,4	93,2	372,7	56,6	226,3	58,0	232,1	92,9	371,5
	III eP	99,8	399,0	100,0	399,8	91,6	366,2	98,5	394,0	99,1	396,4
	eCv	99,8	399,0	100,0	399,8	82,2	328,7	94,2	376,9	99,2	396,7
Profil 18	Ah	78,7	314,8	82,7	330,9	42,4	169,6	40,0	159,9	92,5	370,2
	Bv	64,5	258,1	82,5	330,0	33,9	135,6	34,4	137,6	89,4	357,4
	SBv	73,1	292,6	89,9	359,5	38,0	152,2	37,6	150,3	94,3	377,3
	II SP	85,7	342,8	96,4	385,7	54,4	217,7	53,5	213,8	96,8	387,3
	III SP-Cv	82,0	327,8	98,2	392,8	57,5	230,0	59,5	238,0	98,8	395,2
	IV SP-cC	99,6	398,4	99,7	398,8	90,7	363,0	98,0	392,2	100,0	400,0
Profil 21	aAh	98,2	393,0	97,7	390,6	78,0	312,2	75,1	300,4	99,5	398,0
	aM1	99,1	396,5	99,3	397,1	70,7	282,9	79,0	316,1	99,7	398,6
	aM2	99,4	397,6	99,6	398,2	70,4	281,4	83,2	332,8	100,0	400,0
	aM3	99,1	396,4	99,4	397,6	62,2	248,6	78,1	312,4	100,0	400,0
	aGo	99,2	396,8	99,7	398,6	54,4	217,5	72,2	288,9	100,0	400,0

Tab. A6: Sorptionsanteile der SM-Fraktionen je Horizont, bei Versatz mit 500 mg/l Multielement-Versatzlsg.' (je 5*100 mg/l Cu, Cr, Ni, Zn, Pb)

	Horizont	Σ sorbierter Gesamt-SM [mg/kg]	Anteil Cu [%]	Anteil Cr [%]	Anteil Ni [%]	Anteil Zn [%]	Anteil Pb [%]
Profil 1	O	924	21	21	19	18	21
	Aeh	670	25	25	12	9	29
	Bhv	520	22	29	7	6	36
	Bv-Cv	458	18	32	6	6	38
Profil 2	Of-Oh	984	20	20	19	20	20
	Ahe	519	25	24	8	7	36
	Bvh	432	20	30	5	4	41
	Bsv-Cv	520	15	32	11	11	32
Profil 3	Aeh	759	24	23	15	12	26
	Bhv	610	21	29	9	9	32
	II P	835	21	24	16	16	24
	III P-Cv	853	20	23	17	17	23
Profil 4	AhxAl	682	25	26	11	9	29
	Ahl-Bv	590	24	30	7	6	33
	II Btv	497	22	35	3	2	38
	Btv-Cv	499	21	34	4	3	37
Profil 5	Ah	947	21	21	18	19	21
	Al	812	23	24	14	15	24
	SBt	810	19	24	16	16	24
	II SP	854	19	23	17	18	23
	III P-Cv	844	19	23	17	18	23
Profil 6	Ah	884	22	22	17	17	23
	Al	499	21	28	8	6	37
	Al-Sw	719	19	27	13	13	27
	II Bt-Sd	927	21	21	18	18	22
	Bt-Sd 2	960	21	21	19	19	21
Profil 7	Ah	782	23	21	16	15	25
	Al	497	19	31	7	6	37
	SAl+SBt	846	20	23	17	17	23
	SBt	911	20	22	18	18	22
	Bv	995	20	20	20	20	20
Profil 9	Ah	937	21	20	19	18	21
	Ah x Al	658	22	28	10	10	30
	SAl	886	21	22	17	17	22
	II SBt	958	21	21	19	19	21
	III Bcv	997	20	20	20	20	20
Profil 11	Ah	872	22	20	18	17	23
	Al	581	23	27	9	8	33
	II Bt	754	21	26	14	13	26
	III P	936	21	21	18	18	21
	Cv	941	21	21	18	19	21
Profil 13	L-Of	959	21	20	19	19	21
	Oh	914	21	21	18	18	22
	Aeh	396	28	19	6	3	43
	Bv	346	17	33	3	2	45
	Cv	175	12	22	2	0	64
Profil 14	O-Aeh	939	21	21	19	19	21
	Ahe	822	22	21	17	16	24
	Bvh	443	23	29	5	3	40
	Bhv	456	23	32	4	1	39
Profil 15	L-Of	956	21	20	19	19	21
	Oh	863	22	22	18	14	23
	Ahe	486	24	22	8	8	38
	Bv-Cv	427	22	30	5	3	40

Fortsetzung Tab. A6

	Horizont	Σ sorbierter Gesamt-SM [mg/kg]	Anteil Cu [%]	Anteil Cr [%]	Anteil Ni [%]	Anteil Zn [%]	Anteil Pb [%]
Profil 17	Ah	939	21	20	19	19	21
	Bv	771	23	24	14	14	26
	II Btv	922	20	22	18	18	22
	III P	937	21	21	18	19	21
	P-Cv	938	21	21	18	19	21
	eCv	986	20	20	19	20	20
Profil 19	Ah	889	22	22	17	17	22
	Al	377	18	28	6	3	45
	II SBt	915	20	22	18	18	22
	SBt-Bv	993	20	20	20	20	20
	III Bcv	991	20	20	20	20	20
	Bv-Cv	983	20	20	19	20	20
Profil 20	O	922	21	21	19	17	21
	Ahe	804	22	21	17	16	24
	Bvh	468	22	29	6	4	39
	II Btv-Cv	458	24	31	5	2	39

Tab. AX: Sorptionsanteile der SM-Fraktionen je Horizont, bei Versatz mit 10 Multielement-Versatzlsg. (je 5*200 mg/l Cu, Cr, Ni, Zn, Pb)

	Horizont	Σ sorbierter Gesamt-SM [mg/kg]	Anteil Cu [%]	Anteil Cr [%]	Anteil Ni [%]	Anteil Zn [%]	Anteil Pb [%]
Profil 8	Ah	1817	20	20	19	19	21
	SAl	1714	20	21	19	19	22
	II SBt	1729	20	21	19	19	22
	III eCv	1944	21	21	18	20	21
Profil 10	Ah	1691	22	23	16	15	23
	Al	1606	22	24	14	14	25
	II Bt	1705	22	23	16	16	23
	III eCv	1981	20	20	19	20	20
	eC-Cv	1967	20	20	19	20	20
Profil 12	Ah	1251	22	26	11	11	29
	Bv	904	17	30	10	11	32
	II P	1477	19	26	15	15	25
	III P-Cv	1951	20	20	18	20	21
	IV P-Cv	1941	21	21	18	20	21
Profil 16	O-Ah	1664	23	23	16	14	24
	Aeh	931	20	21	8	9	42
	Al	532	16	22	7	9	47
	II Bt	1507	20	25	15	15	25
	III eP	1955	20	20	19	20	20
	eCv	1901	21	21	17	20	21
Profil 18	Ah	1345	23	25	13	12	28
	Bv	1219	21	27	11	11	29
	SBv	1332	22	27	11	11	28
	II SP	1547	22	25	14	14	25
	III SP-Cv	1584	21	25	15	15	25
	IV SP-cCv	1952	20	20	19	20	20
Profil 21	aAh	1794	22	22	17	17	22
	aM1	1791	22	22	16	18	22
	aM2	1810	22	22	16	18	22
	aM3	1755	23	23	14	18	23
	aGo	1702	23	23	13	17	24

Tab. A7: pH-Werte und- Differenzen von Gleichgewichtslsgn. gegenüber dem Boden-pH

Probe		pH(25) $pH_L=4,2$	pH(50) $pH_L=3,8$	pH(250) $pH_L=3,5$	pH(500) $pH_L=3,3$	pH(1000) $pH_L=1,5$	Differenz (25-100)	Boden-pH (CaCl$_2$)	pH-Diff. (CaCl$_2$)-(100)	pH-Diff. (CaCl$_2$)-(200)
Profil 1	O	4,4	4,4	4,1	3,9		1,1	4,2	0,30	
	Aeh	3,7	3,6	3,3	3,2		0,5	3,4	0,20	
	Bhv	4,0	3,7	3,4	3,4		0,6	3,6	0,20	
	Bv-Cv	4,3	4,0	3,5	3,5		0,8	3,8	0,30	
Profil 2	Of-Oh	4,1	3,9	3,3	3,1		1,0	3,3	0,20	
	Ahe	3,5	3,3	2,9	2,9		0,6	3,1	0,20	
	Bvh	3,8	3,7	3,5	3,4		0,4	3,5	0,10	
	Bsv-Cv	4,3	4,1	3,6	3,6		0,7	3,6	0,00	
Profil 3	Of-Oh	4,1	4,1	3,6	3,5		0,6	3,6	0,10	
	Aeh	3,9	3,7	3,4	3,4		0,5	3,5	0,10	
	Bhv	4,2	4,0	3,6	3,5		0,7	3,7	0,20	
	II P	4,6	4,4	4,0	3,9		0,7	3,8	-0,10	
	III P-Cv	4,8	4,5	4,1	4,0		0,8	4,2	0,20	
Profil 4	AhxAl	4,0	3,9	3,5	3,4		0,6	3,5	0,10	
	Ahl-Bv	4,3	4,2	3,7	3,6		0,7	3,8	0,20	
	II Btv	4,5	4,4	3,8	3,8		0,7	4,1	0,30	
	Btv-Cv	4,7	4,6	3,9	3,8		0,9	4,2	0,40	
Profil 5	Ah	6,1	6,2	5,7	5,4		0,7	5,8	0,40	
	Al	6,0	6,0	4,9	4,6		1,4	5,5	0,90	
	SBt	4,3	4,1	4,0	4,0		0,3	4,0	0,00	
	II SP	4,6	4,3	4,0	3,9		0,7	3,5	-0,40	
	III P-Cv	4,6	4,3	3,9	3,8		0,8	3,5	-0,30	
Profil 6	Ah	5,0	5,1	4,9	4,5		0,5	4,8	0,30	
	Al	4,1	3,9	3,6	3,6		0,5	3,7	0,10	
	Al-Sw	4,7	4,6	4,0	3,9		0,8	4,0	0,10	
	II Bt-Sd	5,4	5,3	4,8	4,6		0,8	5,1	0,50	
	Bt-Sd 2	6,5	6,3	5,8	5,2		1,3	6,1	0,90	
Profil 7	Ah	4,4	4,2	4,1	3,9		0,5	3,9	0,00	
	Al	4,4	4,2	3,8	3,7		0,7	3,8	0,10	
	SAl+SBt	4,9	4,8	4,3	4,2		0,7	4,0	-0,20	
	SBt	5,2	5,0	4,6	4,4		0,8	4,4	0,00	
	Bv	7,4	7,2	7,0	6,8		0,6	7,0	0,20	
Profil 8	Ah	6,3	6,3	6,1	6,0	2,6	0,3	5,8		4,20
	Al	6,5	6,4	6,1	5,7	2,4	0,8	6,3		3,90
	SAl	6,8	6,7	6,3	5,9	2,5	0,9	6,5		3,60
	II SBt	7,1	7,2	6,7	6,3	2,5	0,8	6,9		3,80
	III eCv	8,0	7,8	7,3	6,9	5,6	1,1	7,6		3,30
Profil 9	O	3,9	3,8	3,7	3,6		0,3	3,6	0,00	
	Ah	4,8	4,7	4,7	4,6		0,2	4,6	0,00	
	Ah x Al	4,5	4,3	4,0	3,8		0,7	3,8	0,00	
	SAl	4,7	4,5	4,2	4,2		0,5	4,0	-0,20	
	II SBt	6,1	5,8	5,4	4,7		1,4	5,6	0,90	
	III Bcv	8,0	7,8	7,3	6,1		1,9	7,5	1,40	
Profil 10	Ah	5,7	5,7	5,5	5,3	3,7	0,4	5,4	0,10	1,70
	Al	6,2	6,1	5,7	5,4	3,5	0,8	5,7	0,30	2,20
	II Bt	6,5	6,3	6,0	5,8	3,7	0,7	6,3	0,50	2,60
	III eCv	7,5	7,3	7,1	6,8	5,9	0,7	7,4	0,60	1,50
	eC-Cv	7,9	7,6	7,2	6,9	5,9	1,0	7,6	0,70	1,70
Profil 11	Ah	4,9	4,3	4,3	4,1		0,8	4,1	0,00	
	Al	4,2	3,7	3,6	3,5		0,7	3,4	-0,10	
	II Bt	4,6	4,2	4,0	3,8		0,8	3,7	-0,10	
	III P	5,1	4,8	4,5	4,5		0,6	4,4	-0,10	
	Cv	6,0	5,5	5,3	4,9		1,1	5,7	0,80	
Profil 12	Ah	4,8	4,6	4,5	4,4	4,1	0,4	4,3	-0,10	0,20
	Bv	4,6	4,4	4,2	4,1	3,0	0,5	4,1	0,00	1,10
	II P	5,8	5,2	5,1	5,1	3,3	0,7	5,1	0,00	1,80
	III P-Cv	7,4	7,2	7,0	6,6	5,7	0,8	7,1	0,50	1,40
	IV P-Cv	7,7	7,7	7,2	6,8	5,8	0,9	7,3	0,50	1,50

Fortsetzung Tab. A7

Probe		pH(25) $pH_L=4,2$	pH(50) $pH_L=3,8$	pH(250) $pH_L=3,5$	pH(500) $pH_L=3,3$	pH(1000) $pH_L=1,5$	Differenz (25-100)	Boden-pH (CaCl$_2$)	pH-Diff. (CaCl$_2$)-(100)	pH-Diff. (CaCl$_2$)-(200)
Profil 13	L-Of	4,4	4,3	4,1	3,9		0,5	3,9	0,00	
	Oh	3,8	3,6	3,4	3,3		0,5	3,4	0,10	
	Aeh	3,3	3,0	2,9	2,9		0,4	3,1	0,20	
	Bv	4,0	3,8	3,6	3,5		0,5	3,8	0,30	
	Cv	3,5	3,3	3,3	3,3		0,2	3,3	0,00	
Profil 14	O-Aeh	5,1	4,9	4,5	4,2		0,9	4,7	0,50	
	Ahe	4,1	3,8	3,4	3,0		1,1	3,5	0,50	
	Bvh	3,7	3,4	3,1	3,0		0,7	3,3	0,30	
	Bhv	4,0	3,7	3,5	3,4		0,6	3,8	0,40	
Profil 15	L-Of	4,3	4,0	3,5	3,2		1,1	3,3	0,10	
	Oh	3,5	3,2	2,9	2,7		0,8	2,8	0,10	
	Ahe	3,4	3,1	2,8	2,6		0,8	2,9	0,30	
	Bv-Cv	3,6	3,3	3,1	3,0		0,6	3,4	0,40	
Profil 16	O-Ah	4,8	4,7	4,5	4,3	4,3	0,5	4,3	0,00	0,00
	Aeh	4,4	4,2	4,1	4,0	3,2	0,4	3,9	-0,10	0,70
	Al	4,2	4,0	3,8	3,7	2,6	0,5	3,5	-0,20	0,90
	II Bt	6,5	6,3	6,1	5,5	3,4	1,0	6,1	0,60	2,70
	III eP	7,6	7,5	7,2	6,3	6,0	1,3	7,4	1,10	1,40
	eCv	7,9	7,7	7,2	6,7	6,0	1,2	7,6	0,90	1,60
Profil 17	Ah	5,4	5,4	5,1	5,0		0,4	4,9	-0,10	
	Bv	4,6	4,4	4,2	4,0		0,6	4,0	0,00	
	II Btv	4,6	4,4	4,1	4,0		0,6	3,9	-0,10	
	III P	5,7	5,6	4,9	4,4		1,3	3,8	-0,60	
	P-Cv	5,8	5,5	4,9	4,6		1,2	5,3	0,70	
	eCv	7,1	6,9	6,7	5,8		1,3	6,8	1,00	
Profil 18	Ah	5,7	5,6	5,3	5,3	3,5	0,4	5,2	-0,10	1,70
	Bv	5,4	5,3	4,9	4,8	3,0	0,6	4,9	0,10	1,90
	SBv	5,6	5,4	5,1	4,8	3,2	0,8	5,1	0,30	1,90
	II SP	5,6	5,4	5,0	4,8	3,3	0,8	5,0	0,20	1,70
	III SP-Cv	6,5	6,2	5,7	5,1	3,5	1,4	5,8	0,70	2,30
	IV SP-cCv	7,7	7,6	7,1	6,8	5,9	0,9	7,4	0,60	1,50
Profil 19	Ah	4,8	4,6	4,5	4,3		0,5	4,3	0,00	
	Al	3,2	2,9	3,2	3,1		0,1	2,9	-0,20	
	II SBt	4,5	4,3	4,2	4,1		0,4	3,9	-0,20	
	SBt-Bv	6,4	6,2	7,0	6,2		0,2	5,8	-0,40	
	III Bcv	7,5	7,4	7,1	6,8		0,7	6,6	-0,20	
	Bv-Cv	7,5	7,3	6,7	6,0		1,5	6,5	0,50	
Profil 20	O	4,5	4,5							
	Ahe	3,9	3,7							
	Bvh	4,1	3,9	3,8						
	II Btv-Cv	4,1	3,9	3,7						
	Cv-C	4,0	3,8							
Profil 21	aAh	6,7	6,5	6,2	6,1	4,5	0,6	6,5	0,40	2,00
	aM1	7,1	6,9	6,6	6,5	5,3	0,6	6,8	0,30	1,50
	aM2	7,2	7,1	6,8	6,6	5,6	0,6	7,1	0,50	1,50
	aM3	7,5	7,4	6,9	6,7	5,6	0,8	7,1	0,40	1,50
	aGo	7,4	7,3	6,9	6,7	5,3	0,7	7,1	0,40	1,80

Erläuterung: pH(25) = pH der Gleichgewichtslsg. bei Multielement-Versatzlsg. von 25mg/l
$pH_L=4,2$ = pH der Multielement-Versatzlösung

Tab. A8: Horizontbezogene Sorptions-Begleitparameter I

	Horizont	Summe (1) sorbieter SM [mg/kg]	Horizont-Mächtigk. [dm]	Rohdichte nach (2) [kg/dm^3]	Skelett [%]	Fein-Boden [kg\m^2]	sorbierbare SM-Menge [g/m^2]
Profil 1	O	924	0,20	0,30		6	5,54
	Aeh	670	0,40	0,90		36	24,12
	Bhv	520	1,40	1,45		203	105,48
	Bv-Cv	458	1,50	1,45		218	99,57
Profil 2	Of-Oh	984	0,50	0,30		15	14,75
	Ahe	519	0,20	0,90		18	9,35
	Bvh	432	2,60	1,45		377	162,94
	Bsv-Cv	520	2,70	1,45	3	380	197,47
Profil 3	Aeh	759	0,30	0,90		27	20,50
	Bhv	610	2,20	1,45		319	194,46
	II P	835	1,20	1,45	2	171	142,45
	III P-Cv	853	2,30	1,45	3	323	276,01
Profil 4	AehxAhl	682	0,40	0,90		36	24,57
	Ahl-Bv	590	1,10	1,45		160	94,14
	II Btv	497	3,00	1,45	30	305	151,40
	Btv-Cv	499	0,50	1,45	70	22	10,86
Profil 5	Ah	947	1,10	0,90		99	93,75
	Al	812	2,00	1,45	1	287	233,24
	SBt	810	2,90	1,45		421	340,77
	II SP	854	3,00	1,45		435	371,66
	III P-Cv	844	1,00	1,45		145	122,32
Profil 6	Ah	884	0,80	0,90		72	63,62
	Al	499	1,50	1,45		218	108,62
	Al-Sw	719	2,70	1,45		392	281,57
	II Bt-Sd	927	3,50	1,60		560	519,01
	Bt-Sd 2	960	1,50	1,60		240	230,35
Profil 7	Ah	782	0,80	0,90		72	56,33
	Al	497	3,00	1,45		435	216,20
	SAl + SBt	846	2,50	1,45		363	306,68
	SBt	911	4,70	1,60		752	685,37
	Bv	995	0,00	1,45		0	0,00
Profil 9	Ah	937	0,30	0,90		27	25,30
	Ah x Al	658	1,50	1,45		218	143,07
	SAl	886	3,70	1,45	20	429	380,10
	II SBt	958	3,00	1,60		480	459,94
	III Bcv	997	1,50	1,45		218	216,76
Profil 11	Ah	872	0,40	0,90		36	31,39
	Al	581	1,50	1,45	2	213	123,84
	II Bt	754	2,00	1,45		290	218,54
	III P	936	1,50	1,60	2	235	220,15
	Cv	941	1,60	1,45	70	70	65,47
Profil 13	L-Of	959	0,05	0,15		1	0,72
	Oh	914	0,30	0,40		12	10,97
	Aeh	396	1,00	0,90	5	86	33,89
	Bv	346	3,60	1,45	25	392	135,62
	Cv	175	1,10	1,45	85	24	4,18
Profil 14	O-Aeh	939	0,30	0,70		21	19,72
	Ahe	822	1,20	0,90	25	81	66,59
	Bvh	443	2,00	1,45	50	145	64,21
	Bhv	456	2,50	1,45	50	181	82,61
Profil 15	L-Of	956	0,30	0,15		5	4,30
	Oh	863	0,50	0,40		20	17,26
	Ahe	486	0,20	0,90		18	8,75
	Bv-Cv	427	3,10	1,45	70	135	57,61

Fortsetzung Tab. A8

	Horizont	Summe (1) sorbierter SM [mg/kg]	Horizont-Mächtigk. [dm]	Rohdichte nach (2) [kg/dm³]	Skelett [%]	Fein-Boden [kg\m²]	sorbierbare SM-Menge [g/m²]
Profil 17	Ah	939	0,50	0,90		45	42,27
	Bv	771	1,00	1,45	1	144	110,62
	II Btv	922	1,50	1,45	30	152	140,40
	III P	937	3,00	1,45		435	407,51
	P-Cv	938	1,60	1,45		232	217,57
	eCv	986	2,40	1,45		348	343,27
Profil 19	Ah	889	0,80	0,90		72	64,02
	Al	377	1,80	1,45	1	258	97,41
	II SBt	915	4,60	1,45		667	610,57
	SBt-Bv	993	2,20	1,60		352	349,40
	III Bcv	991	0,60	1,45	5	83	81,87
	Bv-Cv	983	0,00	1,45	25	0	0,00
Profil 20	O	922	0,10	0,30		3	2,76
	Ahe	804	0,30	0,90		27	21,60
	Bvh	468	2,30	1,45	1	330	148,57
	II Btv-Cv	458	1,50	1,45	60	87	36,54
	Cv-C	420	1,00	1,45	95	7	3,05
	Horizont	Summe (3) sorbierter SM [mg/kg]	Horizont-Mächtigk. [dm]	Rohdichte nach (2) [kg/dm³]	Skelett [%]	Fein-Boden [kg\m²]	sorbierbare SM-Menge [g/m²]
Profil 8	Ah	1817	1,00	0,90		90	164
	SAl	1714	4,00	1,45		580	994
	II SBt	1729	4,00	1,60		640	1107
	III eCv	1944	1,00	1,45	2	142	276
Profil 10	Ah	1691	1,30	0,90		117	198
	Al	1606	1,80	1,45		261	419
	II Bt	1705	1,50	1,45	5	207	352
	III eCv	1981	0,70	1,45		102	201
	eC-Cv	1967				0	0
Profil 12	Ah	1251	0,50	0,90		45	56
	Bv	904	1,50	1,45	3	211	191
	II P	1477	2,50	1,45		363	535
	III P-Cv	1951	2,50	1,45	10	326	636
	IV P-Cv	1941	3,00	1,45	45	239	464
Profil 16	O-Ah	1664	0,40	0,70		28	47
	Aeh	931	0,20	0,90		18	17
	Al	533	1,50	1,45	2	213	114
	II Bt	1507	2,60	1,45		377	568
	III eP	1955	2,20	1,45		319	624
	eCv	1901	3,10	1,45		450	855
Profil 18	Ah	1345	0,80	0,90		72	97
	Bv	1219	1,80	1,45		261	318
	SBv	1332	1,70	1,45		247	328
	II SP	1547	2,00	1,45		290	449
	III SP-Cv	1584	2,50	1,45	50	181	287
	IV SP-cCv	1952	1,20	1,45	50	87	170
Profil 21	aAh	1794	1,20	0,90		108	194
	aM1	1791	1,90	1,45	1	273	489
	aM2	1810	1,40	1,45	10	183	331
	aM3	1755	2,50	1,45	40	218	382
	aGo	1702	3,00	1,45	30	305	518

Erläuterungen:
(1) bei maximal möglicher Sorption von 1000mg/kg (Multielement-Versatzlsg. von 500 mg/l)
(2) abgeleitete Schätzwerte nach UMWELTMINISTERIUM BAWÜ 1995, Anlage 3, Tafel 4
(3) bei maximal möglicher Sorption von 2000mg/kg (Multielement-Versatzlsg. von 1000 mg/l)

Tab. A9: Horizontbezogene Sorptions-Begleitparameter II

	Horizont	Feinboden [kg\m²]	Ton [%]	Humus [%]	pH [CaCl₂]	TM [kg/m²]	HM [kg/m²]	ΣpH-S bis Interflow
Profil 1	O	6		46,96	4,2	0,00	2,82	
	Aeh	36	8,80	11,70	3,4	3,17	4,21	
	Bhv	203	12,80	5,33	3,6	25,98	10,82	
	Bv-Cv	218	8,80	1,89	3,8	19,18	4,12	3,7
Profil 2	Of-Oh	15		75,85	3,3	0,00	11,38	
	Ahe	18	7,00	8,94	3,1	1,26	1,61	
	Bvh	377	8,50	3,27	3,5	32,05	12,32	
	Bsv-Cv	380	11,20	2,41	3,6	42,53	9,14	3,6
Profil 3	Aeh	27	10,20	12,04	3,5	2,75	3,25	
	Bhv	319	15,40	5,50	3,7	49,13	17,56	3,7
	II P	171	30,00	1,55	3,8	51,30	2,65	
	III P-Cv	323	29,20	1,38	4,2	94,32	4,44	
Profil 4	AehxAhl	36	6,90	10,32	3,5	2,48	3,72	
	Ahl-Bv	160	8,40	4,99	3,8	13,40	7,96	
	II Btv	305	9,70	2,75	4,1	29,59	8,39	
	Btv-Cv	22	6,70	2,24	4,2	1,46	0,49	3,9
Profil 5	Ah	99	12,20	8,08	5,8	12,08	8,00	
	Al	287	14,00	2,24	5,5	40,18	6,42	5,6
	SBt	421	38,20	2,41	4,0	160,63	10,13	
	II SP	435	41,50	0,86	3,5	180,53	3,74	
	III P-Cv	145	28,00	0,17	3,5	40,60	0,25	
Profil 6	Ah	72	10,10	10,32	4,8	7,27	7,43	
	Al	218	16,30	3,44	3,7	35,45	7,48	
	Al-Sw	392	20,10	1,55	4,0	78,79	6,07	4,0
	II Bt-Sd	560	39,80	0,86	5,1	222,88	4,82	
	Bt-Sd 2	240	39,90	0,86	6,1	95,76	2,06	
Profil 7	Ah	72	9,40	12,21	3,9	6,77	8,79	
	Al	435	13,30	3,27	3,8	57,86	14,22	3,8
	SAl+SBt	363	28,10	3,27	4,0	102,00	11,86	
	SBt	752	34,50	0,86	4,4	259,44	6,47	
	Bv	0	27,90	3,27	7,0	0,00	0,00	
Profil 9	Ah	27	14,70	9,80	4,6	3,97	2,65	
	Ah x Al	218	21,30	3,78	3,9	46,33	8,23	4,0
	SAl	429	49,70	1,55	4,3	213,21	6,64	
	II SBt	480	54,60	1,55	5,6	262,08	7,43	
	III Bcv	218	40,70	1,38	7,5	88,73	3,00	
Profil 11	Ah	36	14,90	14,45	4,1	5,36	5,20	
	Al	213	23,40	4,82	3,4	49,88	10,27	
	II Bt	290	33,60	2,06	3,7	97,44	5,99	3,6
	III P	235	55,10	3,10	4,4	129,60	7,28	
	Cv	70	29,90	2,92	5,7	20,93	2,05	
Profil 13	L-Of	1		55,04	3,9	0,00	0,41	
	Oh	12		35,95	3,4	0,00	4,31	
	Aeh	86	4,10	7,05	3,1	3,51	6,03	
	Bv	392	6,00	3,44	3,8	23,52	13,48	
	Cv	24	3,80	1,55	3,3	0,91	0,37	3,5
Profil 14	O-Aeh	21	2,20	17,72	4,7	0,46	3,72	
	Ahe	81	0,90	14,10	3,5	0,73	11,42	
	Bvh	145	7,40	10,32	3,3	10,73	14,96	
	Bhv	181	10,20	5,50	3,8	18,49	9,98	3,6
Profil 15	L-Of	5		56,93	3,3	0,00	2,56	
	Oh	20		38,36	2,8	0,00	7,67	
	Ahe	18	4,00	9,98	2,9	0,72	1,80	3,2
	Bv-Cv	135	5,80	3,27	3,4	7,83	4,41	
Profil 17	Ah	45	8,20	21,50	4,9	3,69	9,68	
	Bv	144	16,80	18,23	4,0	24,12	26,17	
	II Btv	152	21,20	12,04	3,9	32,28	18,33	4,1
	III P	435	48,70	5,68	3,8	211,85	24,69	
	P-Cv	232	50,10	5,50	5,3	116,23	12,77	
	eCv	348	64,80	4,13	6,8	225,50	14,37	

Fortsetzung Tab. A9

	Horizont	Feinboden [kg\m²]	Ton [%]	Humus [%]	pH	TM [kg/m²]	HM [kg/m²]	ΣpH-S bis Stauschicht
Profil 19	Ah	72	16,00	6,54	4,3	11,52	4,71	
	Al	258	23,10	4,30	2,9	59,69	11,11	3,2
	II SBt	667	65,90	2,06	3,9	439,55	13,77	
	SBt-Bv	352	37,20	1,03	5,8	130,94	3,63	
	III Bcv	83	24,80	0,86	6,6	20,58	0,71	
	Bv-Cv	0	23,30	1,03	6,5	0,00	0,00	
Profil 20	O	3		55,04	3,9		1,65	
	Ahe	27	14,40	29,24	3,4	3,89	7,89	
	Bvh	330	16,30	14,62	3,8	53,82	48,27	
	II Btv-Cv	87	21,10	14,28	3,9	18,36	12,42	
	Cv-C	7		6,36	3,8		0,46	3,8
Profil 8	Ah	90	24,80	20,64	5,8	22,32	18,58	
	SAl	580	45,30	6,36	6,4	262,74	36,91	6,3
	II SBt	640	63,40	2,92	6,9	405,76	18,71	
	III eCv	142	33,40	1,89	7,6	47,43	2,69	
Profil 10	Ah	117	34,60	9,46	5,4	40,48	11,07	
	Al	261	43,40	4,30	5,7	113,27	11,22	5,6
	II Bt	207	63,40	3,61	6,3	131,00	7,46	
	III eCv	102	42,80	2,06	7,4	43,44	2,09	
	eC-Cv	0	53,50	1,72	7,6	0,00	0,00	
Profil 12	Ah	45	25,90	7,40	4,3	11,66	3,33	
	Bv	211	34,30	1,72	4,1	72,36	3,63	4,1
	II P	363	61,40	0,86	5,1	222,58	3,12	
	III P-Cv	326	54,00	1,20	7,1	176,18	3,93	
	IV P-Cv	239	42,80	0,52	7,3	102,29	1,23	
Profil 16	O-Ah	28		34,06	4,3	0,00	9,54	
	Aeh	18	26,80	10,49	3,9	4,82	1,89	
	Al	213	27,30	7,40	3,5	58,19	15,76	3,6
	II Bt	377	68,10	1,89	6,1	256,74	7,13	
	III eP	319	58,10	1,89	7,4	185,34	6,04	
	eCv	450	40,00	1,03	7,6	180,00	4,64	
Profil 18	Ah	72	20,80	17,37	5,2	14,98	12,51	
	Bv	261	26,60	8,94	4,9	69,43	23,34	
	SBv	247	31,00	11,35	5,1	76,42	27,98	5,0
	II SP	290	57,00	8,77	5,0	165,30	25,44	
	III SP-Cv	181	49,60	4,13	5,8	89,90	7,48	
	IV SP-cCv	87	43,10	5,85	7,4	37,50	5,09	
Profil 21	aAh	108	14,00	8,08	6,5	15,12	8,73	
	aM1	273	13,20	4,99	6,8	36,00	13,60	
	aM2	183	12,20	2,75	7,1	22,29	5,03	
	aM3	218	9,80	2,41	7,1	21,32	5,24	
	aGo	305	0,00	0,00	0,0	0,00	0,00	6,9

Ergänzung zu Tab. 33, Kap.7.3.1, Berechnung der Feinbodenmenge
nach Umweltministerium BaWü 1995, 28

FB = RD * M * 100 ((100 - SK) / 100)

FB = Feinbodenmenge je Horizont der Kontrollsektion [kg/m²]
RD = Rohdichte trocken [kg/dm³] geschätzt nach Umweltministerium BaWü 1995, Anlage 3, Tafel 4
M = Mächtigkeit des Horizonts in [dm]
SK = Skelettanteil [Vol %]

Tab. A10: Vergleich gemessener und berechneter Sorptionsleistungen unterschiedlicher Kontrollsektionen (Ergänzung zu Abb. 72a-c)

Vergleich zu Abb. 72b) nach SV = (ΣpH-S (ΣTM + ΣHM) + 90) / 2,2 $R^2 = 0,85$

Profil	ph-S	Σ Ton [kg/m^2]	Σ Humus [kg/m^2]	FB [kg/m^2]	SV gemessen [g/m^2]	SV berechnet [g/m^2]	F
8	7	453	22	782	1383	1435	3325
18	5,6	294	38	558	906	836	1859
10	6,7	174	10	309	553	581	1233
6	5,5	318	7	792	749	807	1788
11	4,7	150	10	305	285	384	752
5	3,7	382	14	1002	835	676	1465
17	5,2	554	52	1015	969	1364	3151
7	5,1	361	18	940	992	866	1933
12	6,4	501	8	928	1635	1407	3258
3	4,1	145	7	494	418	332	623
16	7,1	622	18	1146	2047	1932	4544
9	5,5	564	17	1127	1057	1382	3196
19	4,7	591	18	1102	1042	1246	2862

Vergleich zu Abb. 72c) nach SV = (ΣpH-S (ΣTM + ΣHM) + 8,8) / 1,05 $R^2 = 0,98$

Profil	ph-S	Σ Ton [kg/m^2]	Σ Humus [kg/m^2]	FB [kg/m^2]	SV gemessen [g/m^2]	SV berechnet [g/m^2]	F
2	3,6	76	34	790	385	384	396
4	3,9	47	21	523	281	260	265
1	3,7	48	22	463	235	254	259
14	3,6	30	40	428	233	247	252
13	3,5	28	24	515	185	181	182
15	3,2	9	15	178	88	81	77

Vergleich zu Abb. 72c) nach SV = (ΣpH-S (ΣTM + ΣHM) + 106) / 1,8 $R^2 = 0,97$

Profil	ph-S	Σ Ton [kg/m^2]	Σ Humus [kg/m^2]	FB [kg/m^2]	SV gemessen [g/m^2]	SV berechnet [g/m^2]	F
8	6,3	285	55	670	1158	1235	2142
18	5	160	64	580	743	674	1120
10	5,6	154	22	378	617	600	986
6	4	122	21	682	454	373	572
11	3,6	153	21	539	374	403	626
5	5,6	52	14	386	327	261	370
17	4,1	60	54	341	293	315	467
7	3,8	65	23	507	273	242	334
12	4,1	84	7	256	247	263	373
3	3,7	52	21	346	215	207	270
16	3,6	63	27	259	178	236	324
9	4	50	11	245	168	192	244
19	3,2	71	16	330	161	211	278

Tübinger Geographische Studien
(Lieferbare Titel)

Heft 1	M. König:	Die bäuerliche Kulturlandschaft der Hohen Schwabenalb und ihr Gestaltswandel unter dem Einfluß der Industrie. 1958. 83 S. Mit 14 Karten, 1 Abb. u. 5 Tab. 2. Aufl. 1991, im Rems-Murr-Verlag, Remshalden (ISBN 3-927981-07-9) **DM 34,-**
Heft 2	I. Böwing-Bauer:	Die Berglen. Eine geographische Landschaftsmonographie. 1958. 75 S. Mit 15 Karten. 2. Aufl. 1991, im Natur-Rems-Murr-Verlag, Remshalden (kartoniert: ISBN 3-927981-05-2) **DM 34,-** (broschiert: ISBN 3-927981-06-0) **DM 34,-**
Heft 3	W. Kienzle:	Der Schurwald. Eine siedlungs- und wirtschaftsgeographische Untersuchung. 1958. Mit 14 Karten u. Abb. 2. Aufl. 1991, im Natur-Rems-Murr-Verlag, Remshalden (kartoniert: ISBN 3-927981-08-7) **DM 34,-** (broschiert: ISBN 3-927981-09-5) **DM 34,-**
Sbd. 1	A. Leidlmair: (Hrsg.):	Hermann von Wissmann – Festschrift. 1962. Mit 68 Karten u. Abb., 15 Tab. u. 32 Fotos **DM 29,-**
Heft 12	G. Abele:	Die Fernpaßtalung und ihre morphologischen Probleme. 1964. 123 S. Mit 7 Abb., 4 Bildern, 2 Tab. im Text u. 1 Karte als Beilage. **DM 8,-**
Heft 13	J. Dahlke:	Das Bergbaurevier am Taff (Südwales). 1964. 215 S. Mit 32 Abb., 10 Tab. im Text u. 1 Kartenbeilage **DM 11,-**
Heft 16	A. Engel:	Die Siedlungsformen in Ohrnwald. 1964. 122 S. Mit 1 Karte im Text u. 17 Karten als Beilagen **DM 11,-**
Heft 17	H. Prechtl:	Geomorphologische Strukturen. 1965. 144 S. Mit 26 Fig. im Text u. 14 Abb. auf Tafeln **DM 15,-**
Sbd. 2	M. Dongus:	Die Agrarlandschaft der östlichen Poebene. 1966. 308 S. Mit 42 Abb. u. 10 Karten **DM 40,-**
Heft 21	D. Schillig:	Geomorphologische Untersuchungen in der Saualpe (Kärnten). 1966. 81 S. Mit 6 Skizzen, 15 Abb., 2 Tab. im Text und 5 Karten als Beilagen **DM 13,-**
Heft 23	C. Hannss:	Die morphologischen Grundzüge des Ahrntales. 1967. 144 S. Mit 5 Karten, 4 Profilen, 3 graph. Darstellungen. 3 Tab. im Text u. 1 Karte als Beilage **DM 10,-**
Heft 24	S. Kullen:	Der Einfluß der Reichsritterschaft auf die Kulturlandschaft im Mittleren Neckarland. 1967. 205 S. Mit 42 Abb. u. Karten, 24 Fotos u. 15 Tab. 2. Aufl. 1991, im Natur-Rems-Murr-Verlag, Remshalden (ISBN 3-927981-25-7) **DM 42,-**
Heft 25	K.-G. Krauter:	Die Landwirtschaft im östlichen Hochpustertal. 1968. 186 S. Mit 7 Abb., 15 Tab. im Text u. 3 Karten als Beilagen **DM 9,-**

Heft 36 (Sbd. 4)	R. Jätzold:	Die wirtschaftsgeographische Struktur von Südtanzania. 1970. 341 S., Mit 56 Karten u. Diagr., 46 Tab. u. 26 Bildern. Summary **DM 35,–**
Heft 38	H.-K. Barth:	Probleme der Schichtstufenlandschaft West-Afrikas am Beispiel der Bandiagara-, Gambaga- und Mampong-Stufenländer. 1970. 215 S. Mit 6 Karten, 57 Fig. u. 40 Bildern **DM 15,–**
Heft 42	L. Rother:	Die Städte der Çukurova: Adana – Mersin – Tarsus. 1971. 312 S. Mit 51 Karten u. Abb., 34 Tab. **DM 21,–**
Heft 43	A. Roemer:	The St. Lawrence Seaway, its Ports and its Hinterland. 1971. 235 S. With 19 maps and figures, 15 fotos and 64 tables **DM 21,–**
Heft 44 (Sbd. 5)	E. Ehlers:	Südkaspisches Tiefland (Nordiran) und Kaspisches Meer. Beiträge zu ihrer Entwicklungsgeschichte im Jung- und Postpleistozän. 1971. 184 S. Mit 54 Karten u. Abb., 29 Fotos. Summary **DM 24,–**
Heft 45 (Sbd. 6)	H. Blume und H.-K. Barth:	Die pleistozäne Reliefentwicklung im Schichtstufenland der Driftless Area von Wisconsin (USA). 1971. 61 S. Mit 20 Karten, 4 Abb., 3 Tab. u. 6 Fotos. Summary **DM 18,–**
Heft 46 (Sbd. 7)	H. Blume (Hrsg.):	Geomorphologische Untersuchungen im Württembergischen Keuperbergland. Mit Beiträgen von H.-K. Barth, R. Schwarz und R. Zeese. 1971. 97 S. Mit 25 Karten u. Abb. u. 15 Fotos **DM 20,–**
Heft 48	K. Schliebe:	Die jüngere Entwicklung der Kulturlandschaft des Campidano (Sardinien). 1972. 198 S. Mit 40 Karten u. Abb., 10 Tab. im Text u. 3 Kartenbeilagen **DM 18,–**
Heft 50	K. Hüser:	Geomorphologische Untersuchungen im westlichen Hintertaunus. 1972. 184 S. Mit 1 Karte, 14 Profilen, 7 Abb., 31 Diagr., 2 Tab. im Text u. 5 Karten, 4 Tafeln u. 1 Tab. als Beilagen **DM 27,–**
Heft 51	S. Kullen:	Wandlungen der Bevölkerungs- und Wirtschaftsstruktur in den Wölzer Alpen. 1972. 87 S. Mit 12 Karten u. Abb. 7 Fotos u. 17 Tab. **DM 15,–**
Heft 52	E. Bischoff:	Anbau und Weiterverarbeitung von Zuckerrohr in der Wirtschaftslandschaft der Indischen Union, dargestellt anhand regionaler Beispiele. 1973. 166 S. Mit 50 Karten, 22 Abb., 4 Anlagen u. 22 Tab. **DM 24,–**
Heft 53	H.-K. Barth und H. Blume:	Zur Morphodynamik und Morphogenese von Schichtkamm- und Schichtstufenreliefs in den Trockengebieten der Vereinigten Staaten. 1973. 102 S. Mit 20 Karten u. Abb., 28 Fotos. Summary **DM 21,–**
Heft 54	K.-H. Schröder: (Hrsg.):	Geographische Hausforschung im südwestlichen Mitteleuropa. Mit Beiträgen von H. Baum, U. Itzin, L. Kluge, J. Koch, R. Roth, K.-H. Schröder und H.P. Verse. 1974. 110 S. Mit 20 Abb. u. 3 Fotos **DM 19,50**

Heft 56	C. Hanss:	Val d'Isère. Entwicklung und Probleme eines Wintersportplatzes in den französischen Nordalpen. 1974. 173 S. Mit 51 Karten u. Abb., 28 Tab. Résumé.	**DM 42,–**
Heft 57	A. Hüttermann:	Untersuchungen zur Industriegeographie Neuseelands. 1974. 243 S. Mit 33 Karten, 28 Diagrammen und 51 Tab. Summary	**DM 36,–**
Heft 59	J. Koch:	Rentnerstädte in Kalifornien. Eine bevölkerungs- und sozialgeographische Untersuchung. 1975. 154 S. Mit 51 Karten u. Abb., 15 Tab. und 4 Fotos. Summary	**DM 30,–**
Heft 60 (Sbd. 9)	G. Schweizer:	Untersuchungen zur Physiogeographie von Ostanatolien und Nordwestiran. Geomorphologische, klima- und hydrogeographische Studien im Vansee- und Rezaiyehsee-Gebiet. 1975. 145 S. Mit 21 Karten, 6 Abb., 18 Tab. und 12 Fotos. Summary. Résumé	**DM 39,–**
Heft 61 (Sbd. 10)	W. Brücher:	Probleme der Industrialisierung in Kolumbien unter besonderer Berücksichtigung von Bogotá und Medellín. 1975. 175 S. Mit 26 Tab. und 42 Abb. Resumen	**DM 42,–**
Heft 62	H. Reichel:	Die Natursteinverwitterung an Bauwerken als mikroklimatisches und edaphisches Problem in Mitteleuropa. 1975. 85 S. Mit 4 Diagrammen, 5 Tab. und 36 Abb. Summary. Résumè.	**DM 30,–**
Heft 63	H.-R. Schömmel:	Straßendörfer im Neckarland. Ein Beitrag zur geographischen Erforschung der mittelalterlichen regelmäßigen Siedlungsformen in Südwestdeutschland. 1975. 118 S. Mit 19 Karten, 2 Abb., 11 Tab. und 6 Fotos. Summary	**DM 30,–**
Heft 64	G. Olbert:	Talentwicklung und Schichtstufenmorphogenese am Südrand des Odenwaldes. 1975. 121 S. Mit 40 Abb., 4 Karten und 4 Tab. Summary	**DM 27,–**
Heft 65	H. M. Blessing:	Karstmorphologische Studien in den Berner Alpen. 1976. 77 S. Mit 3 Karten, 8 Abb. und 15 Fotos. Summary. Résumé	**DM 30,–**
Heft 66	K. Frantzok:	Die multiple Regressionsanalyse, dargestellt am Beispiel einer Untersuchung über die Verteilung der ländlichen Bevölkerung in der Gangesebene. 1976. 137 S. Mit 17 Tab., 4 Abb. und 19 Karten. Summary. Résumé.	**DM 36,–**
Heft 67	H. Stadelmaier:	Das Industriegebiet von West Yorkshire. 1976. 155 S. Mit 38 Karten, 8 Diagr. u. 25 Tab. Summary	**DM 39,–**
Heft 69	A. Borsdorf:	Valdivia und Osorno. Strukturelle Disparitäten und Entwicklungsprobleme in chilenischen Mittelstädten. Ein geographischer Beitrag zu Urbanisierungserscheinungen in Lateinamerika. 1976. 155 S. Mit 28 Fig. u. 48 Tab. Summary. Resumen.	**DM 39,–**
Heft 70	U. Rostock:	West-Malaysia – ein Einwicklungsland im Übergang. Probleme, Tendenzen, Möglichkeiten. 1977. 199 S. Mit 22 Abb. und 28 Tab. Summary	**DM 36,–**

Heft 71 (Sbd. 12)	H.-K. Barth:	Der Geokomplex Sahel. Untersuchungen zur Landschaftsökologie im Sahel Malis als Grundlage agrar- und weidewirtschaftlicher Entwicklungsplanung. 1977. 234 S. Mit 68 Abb. u. 26 Tab. Summary **DM 42,–**
Heft 72	K.-H. Schröder:	Geographie an der Universität Tübingen 1512-1977. 1977. 100 S. **DM 30,–**
Heft 73	B. Kazmaier:	Das Ermstal zwischen Urach und Metzingen. Untersuchungen zur Kulturlandschaftsentwicklung in der Neuzeit. 1978. 316 S. Mit 28 Karten, 3 Abb. und 83 Tab. Summary **DM 48,–**
Heft 74	H.-R. Lang:	Das Wochenend-Dauercamping in der Region Nordschwarzwald. Geographische Untersuchung einer jungen Freizeitwohnsitzform. 1978. 162 S. Mit 7 Karten, 40 Tab. und 15 Fotos. Summary **DM 36,–**
Heft 75	G. Schanz:	Die Entwicklung der Zwergstädte des Schwarzwaldes seit der Mitte des 19. Jahrhunderts. 1979. 174 S. Mit 2 Abb., 10 Karten und 26 Tab. **DM 36,–**
Heft 76	W. Ubbens:	Industrialisierung und Raumentwicklung in der nordspanischen Provinz Alava. 1979. 194 S. Mit 16 Karten, 20 Abb. und 34 Tab. **DM 40,–**
Heft 77	R. Roth:	Die Stufenrandzone der Schwäbischen Alb zwischen Erms und Fils. Morphogenese in Abhängigkeit von lithologischen und hydrologischen Verhältnissen. 1979. 147 S. Mit 29 Abb. **DM 32,–**
Heft 78	H. Gebhardt:	Die Stadtregion Ulm/Neu-Ulm als Industriestandort. Eine industriegeographische Untersuchung auf betrieblicher Basis. 1979. 305 S. Mit 31 Abb., 4 Fig., 47 Tab. und 2 Karten. Summary **DM 48,–**
Heft 79 (Sbd. 14)	R. Schwarz:	Landschaftstypen in Baden-Württemberg. Eine Untersuchung mit Hilfe multivariater quantitativer Methodik. 1980. 167 S. Mit 31 Karten, 11 Abb. u. 36 Tab. Summary **DM 35,–**
Heft 80 (Sbd. 13)	H.-K. Barth und H. Wilhelmy (Hrsg.):	Trockengebiete. Natur und Mensch im ariden Lebensraum. (Festschrift für H. Blume) 1980. 405 S. Mit 89 Abb., 51 Tab., 38 Fotos. **DM 68,–**
Heft 81	P. Steinert:	Górly Stolowe – Heuscheuergebirge. Zur Morphogenese und Morphodynamik des polnischen Tafelgebirges. 1981. 180 S., 23 Abb., 9 Karten. Summary, Streszszenie **DM 24,–**
Heft 82	H. Upmeier:	Der Agrarwirtschaftsraum der Poebene. Eignung, Agrarstruktur und regionale Differenzierung. 1981. 280 S. Mit 26 Abb., 13 Tab., 2 Übersichten und 8 Karten. Summary, Riassunto **DM 27,–**
Heft 83	C.C. Liebmann:	Rohstofforientierte Raumerschließungsplanung in den östlichen Landesteilen der Sowjetunion (1925-1940). 1981. 466 S. Mit 16 Karten, 24 Tab. Summary **DM 54,–**
Heft 84	P. Kirsch:	Arbeiterwohnsiedlungen im Königreich Württemberg in der Zeit vom 19. Jahrhundert bis zum Ende des Ersten Weltkrieges. 1982. 343 S. Mit 39 Kt., 8 Abb., 15 Tab., 9 Fotos. Summary **DM 40,–**

Heft 85	A. Borsdorf u. H. Eck:	Der Weinbau in Unterjesingen. Aufschwung, Niedergang und Wiederbelebung der Rebkultur an der Peripherie des württembergischen Hauptanbaugebietes. 1982. 96 S. Mit 14 Abb., 17 Tab. Summary **DM 15,–**
Heft 86	U. Itzin:	Das ländliche Anwesen in Lothringen. 1983. 183 S. Mit 21 Karten, 36 Abb., 1 Tab. **DM 35,–**
Heft 87	A. Jebens:	Wirtschafts- und sozialgeographische Untersuchungen über das Heimgewerbe in Nordafghanistan unter besonderer Berücksichtigung der Mittelstadt Sar-e-Pul. Ein geographischer Beitrag zur Stadt-Umland-Forschung und zur Wirtschaftsform des Heimgewerbes. 1983. 426 S. Mit 19 Karten, 29 Abb., 81 Tab. Summary u. persische Zusammenfassung **DM 59,–**
Heft 88	G. Remmele:	Massenbewegungen an der Hauptschichtstufe der Benbulben Range. Untersuchungen zur Morphodynamik und Morphogenese eines Schichtstufenreliefs in Nordwestirland. 1984. 233 S. Mit 9 Karten, 22 Abb., 3 Tab. u. 30 Fotos. Summary. **DM 44,–**
Heft 89	C. Hannss:	Neue Wege der Fremdenverkehrsentwicklung in den französischen Nordalpen. Die Antiretortenstation Bonneval-sur-Arc im Vergleich mit Bessans (Hoch-Maurienne). 1984. 96 S. Mit 21 Abb. u. 9 Tab. Summary. Resumé. **DM 16,–**
Heft 90 (Sbd. 15)	S. Kullen (Hrsg.):	Aspekte landeskundlicher Forschung. Beiträge zur Sozialen und Regionalen Geographie unter besonderer Berücksichtigung Südwestdeutschlands. (Festschrift für Hermann Grees) 1985. 483 S. Mit 42 Karten (teils farbig), 38 Abb., 18 Tab., Lit. **DM 59,–**
Heft 91	J.-W. Schindler:	Typisierung der Gemeinden des ländlichen Raumes Baden-Württembergs nach der Wanderungsbewegung der deutschen Bevölkerung. 1985. 274 S. Mit 14 Karten, 24 Abb., 95 Tab. Summary. **DM 40,–**
Heft 92	H. Eck:	Image und Bewertung des Schwarzwaldes als Erholungsraum – nach dem Vorstellungsbild der Sommergäste. 1985. 274 S. Mit 31 Abb. und 66 Tab. Summary. **DM 40,–**
Heft 94 (TBGL 2)	R. Lücker:	Agrarräumliche Entwicklungsprozesse im Alto-Uruguai-Gebiet (Südbrasilien). Analyse eines randtropischen Neusiedlungsgebietes unter Berücksichtigung von Diffusionsprozessen im Rahmen modernisierender Entwicklung. 1986. 278 S. Mit 20 Karten, 17 Abb., 160 Tab., 17 Fotos. Summary. Resumo. **DM 54,–**
Heft 97 (TBGL 5)	M. Coy:	Regionalentwicklung und regionale Entwicklungsplanung an der Peripherie in Amazonien. Probleme und Interessenkonflikte bei der Erschließung einer jungen Pionierfront am Beispiel des brasilianischen Bundesstaates Rondônia. 1988. 549 S. Mit 31 Karten, 22 Abb., 79 Tab. Summary. Resumo. **DM 48,–**
Heft 98	K.-H. Pfeffer (Hrsg.):	Geoökologische Studien im Umland der Stadt Kerpen/Rheinland. 1989. 300 S. Mit 30 Karten, 65 Abb., 10 Tab. **DM 39,50**

Heft 99	Ch. Ellger:	Informationssektor und räumliche Entwicklung – dargestellt am Beispiel Baden-Württembergs. 1988. 203 S. Mit 25 Karten, 7 Schaubildern, 21 Tab., Summary. **DM 29,-**
Heft 100	K.-H. Pfeffer: (Hrsg.)	Studien zur Geoökolgie und zur Umwelt. 1988. 336 S. Mit 11 Karten, 55 Abb., 22 Tab., 4 Farbkarten, 1 Faltkarte. **DM 67.-**
Heft 101	M. Landmann:	Reliefgenerationen und Formengenese im Gebiet des Lluidas Vale-Poljes/Jamaika. 1989. 212 S. Mit 8 Karten, 41 Abb., 14 Tab., 1 Farbkarte. Summary. **DM 63.-**
Heft 102 (Sbd. 18)	H. Grees u. G. Kohlhepp (Hrsg.):	Ostmittel- und Osteuropa. Beiträge zur Landeskunde. (Festschrift für Adolf Karger, Teil 1). 1989. 466 S. Mit 52 Karten, 48 Abb., 39 Tab., 25 Fotos. **DM 83.-**
Heft 103 (Sbd. 19)	H. Grees u. G. Kohlhepp (Hrsg.):	Erkenntnisobjekt Geosphäre. Beiträge zur geowissenschaftlichen Regionalforschung, ihrer Methodik und Didaktik. (Festschrift für Adolf Karger, Teil 2). 1989. 224 S. 7 Karten, 36 Abb., 16 Tab. **DM 59,-**
Heft 104 (TBGL 6)	G. W. Achilles:	Strukturwandel und Bewertung sozial hochrangiger Wohnviertel in Rio de Janeiro. Die Entwicklung einer brasilianischen Metropole unter besonderer Berücksichtigung der Stadtteile Ipanema und Leblon. 1989. 367 S. Mit 29 Karten. 17 Abb., 84 Tab., 10 Farbkarten als Dias. **DM 57.-**
Heft 105	K.-H. Pfeffer (Hrsg.):	Süddeutsche Karstökosysteme. Beiträge zu Grundlagen und praxisorientierten Fragestellungen. 1990. 382 S. Mit 28 Karten, 114 Abb., 10 Tab., 3 Fotos. Lit. Summaries. **DM 60.-**
Heft 106 (TBGL 7)	J. Gutberlet:	Industrieproduktion und Umweltzerstörung im Wirtschaftsraum Cubatão/São Paulo (Brasilien). 1991. 338 S. 5 Karten, 41 Abb., 54 Tab. Summary. Resumo. **DM 45,-**
Heft 107 (TBGL 8)	G. Kohlhepp (Hrsg.):	Lateinamerika. Umwelt und Gesellschaft zwischen Krise und Hoffnung. 1991. 238 S. Mit 18 Abb., 6 Tab. Resumo. Resumen. **DM 38,-**
Heft 108 (TBGL 9)	M. Coy, R. Lücker:	Der brasilianische Mittelwesten. Wirtschafts- und sozialgeographischer Wandel eines peripheren Agrarraumes. 1993. 305 S. Mit 59 Karten, 14 Abb., 14 Tab. **DM 39,-**
Heft 109	M. Chardon, M. Sweeting K.-H. Pfeffer (Hrsg.):	Proceedings of the Karst-Symposium-Blaubeuren. 2nd International Conference on Geomorphology, 1989, 1992. 130 S., 47 Abb., 14 Tab. **DM 29,-**
Heft 110	A. Megerle	Probleme der Durchsetzung von Vorgaben der Landes- und Regionalplanung bei der kommunalen Bauleitplanung am Bodensee. Ein Beitrag zur Implementations- und Evaluierungsdiskussion in der Raumplanung. 1992. 282 S. Mit 4 Karten, 18 Abb., 6 Tab. **DM 39,-**
Heft 111 (TBGL 10)	M. J. Lopes de Souza:	Armut, sozialräumliche Segregation und sozialer Konflikt in der Metropolitanregion von Rio de Janeiro. Ein Beitrag zur Analyse der »Stadtfrage« in Brasilien. 1993. 445 S. Mit 16 Karten, 6 Abb. u. 36 Tabellen. **DM 45,-**

Heft 113	H. Grees:	Wege geographischer Hausforschung. Gesammelte Beiträge von Karl Heinz Schröder zu seinem 80. Geburtstag am 17. Juni 1994. Hrsg. v. H. Grees. 1994. 137 S.	**DM 33,-**
Heft 114 *(TGBL 12)*	G. Kohlhepp (Hrsg.):	Mensch-Umwelt-Beziehungen in der Pantanal-Region von Mato Grosso/Brasilien. Beiträge zur angewandten geographischen Umweltforschung. 1995. 389 S. Mit 23 Abb., 15 Karten und 13 Tabellen.	**DM 39,-**
Heft 115 *(TGBL 13)*	F. Birk:	Kommunikation, Distanz und Organisation. Dörfliche Organisation indianischer Kleinbauern im westlichen Hochland Guatemalas. 1995. 376 S. Mit 5 Karten, 20 Abb. und 15 Tabellen.	**DM 39,-**
Heft 116	H. Förster u. K.-H. Pfeffer (Hrsg.):	Interaktion von Ökologie und Umwelt mit Ökonomie und Raumplanung. 1996. 328 S. Mit 94 Abb. und 28 Tabellen.	**DM 30,-**
Heft 117 *(TGBL 14)*	M. Czerny und G. Kohlhepp (Hrsg.):	Reestructuración económica y consecuencias regionales en América Latina. 1996. 194 S. Mit 18 Abb. und 20 Tabellen.	**DM 27,-**
Heft 120 *(TGBL 16)*	C. L. Löwen:	Der Zusammenhang von Stadtentwicklung und zentralörtlicher Verflechtung der brasilianischen Stadt Ponta Grossa/Paraná. Eine Untersuchung zur Rolle von Mittelstädten in der Nähe einer Metropolitanregion. 1998. 328 S. Mit 39 Karten, 7 Abb. und 18 Tabellen.	**DM 35,-**
Heft 121	R. K. Beck:	Schwermetalle in Waldböden des Schönbuchs. Bestandsaufnahme – ökologische Verhältnisse – Umweltrelevanz. 1998. 150 S. und 24 S. Anhang sowie 72 Abb. und 34 Tabellen.	**DM 27,-**